개정판

항공기 전기전자 고장탐구와 수리

김재술 저

도서출판 진영사

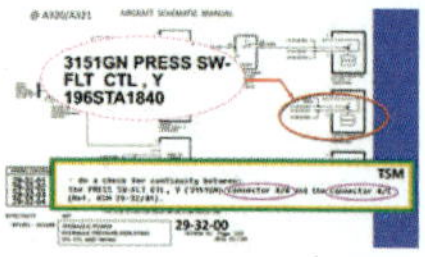

Airlines Passenger Aircraft
Aviation Maintenance Technician

항공기 전기전자 고장탐구와 수리

김재술 저

2023년 05월 08일 초판 인쇄
2023년 05월 10일 초판 발행
2023년 08월 04일 개정판 발행

발행인: 박진영
발행처: 도서출판 진영사
인천광역시 부평구 주부토로 236 인천테크노밸리 U1 지식산업센터 B동 1507호
전화: 032)505-4207
팩스: 032)505-4206
E-mail: 0183734207@hanmail.net
신고번호: 제2007-000001호(2007.01.19.)

ISBN 978-89-6541-616-6 93550
값 23,500원

항공기 전기전자 고장탐구와 수리

김재술 저

도서출판 진영사

머리말

본 교재는, 특성화고, 직업전문학교, 대학교 항공 정비학과 전기 · 전자 정비사(B-2 Certifying staff)양성과정 실습수업 교재이며 대학에서는 제반 교육에 필요한 여객기 접근이 어려운 실정인 것을 고려하여 어떻게 하면 좀 더 능률적이면서, 효과적으로 첨단 여객기 기초 고장탐구 교육을 하면서 학기를 더 효과적으로 운영하고자 하는 목적에서 집필하였다.

주요 내용으로는, 저자가 32년 동안 항공사에서 현장 전기 · 전자 정비사와 정비훈련원 전임강사로 경험한 내용 중 학교에서 실습할 수 있는 내용으로 현장 전기 · 전자 정비사에게 꼭 필요한 전문지식과 실습, 이론만으로 구성하였다. 더 깊은 내용은 항공사에서 Manual을 실제 보면서 실전 훈련과 경험이 필요하다. 주요 참고문헌으로는, 국토교통부 표준교재, A320F TM, BOEING 사 B737 Manual, NCS 학습 모듈 등을 활용하였다.

본 교재가 부족한 점이 많겠지만, 담당 교수가 적절히 추가적인 내용과 자료를 활용해서 조금이나마 교수와 학생들에게 수업 진행에 도움이 되기를 바란다.

김재술 저자 씀

김재술 저

R2(Jun 23, 2023)

항공기 전기 · 전자 고장탐구와 수리

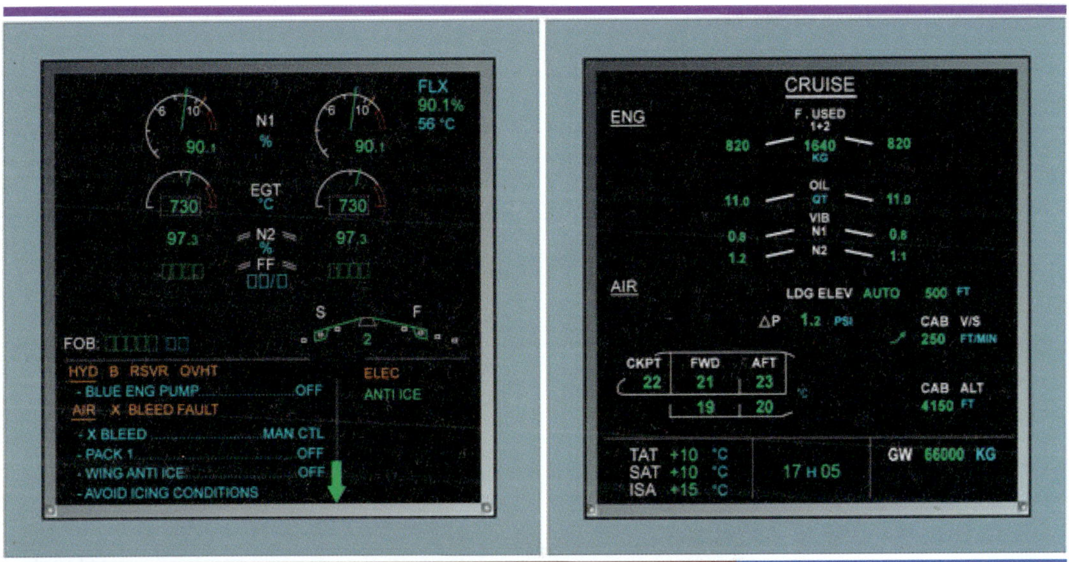

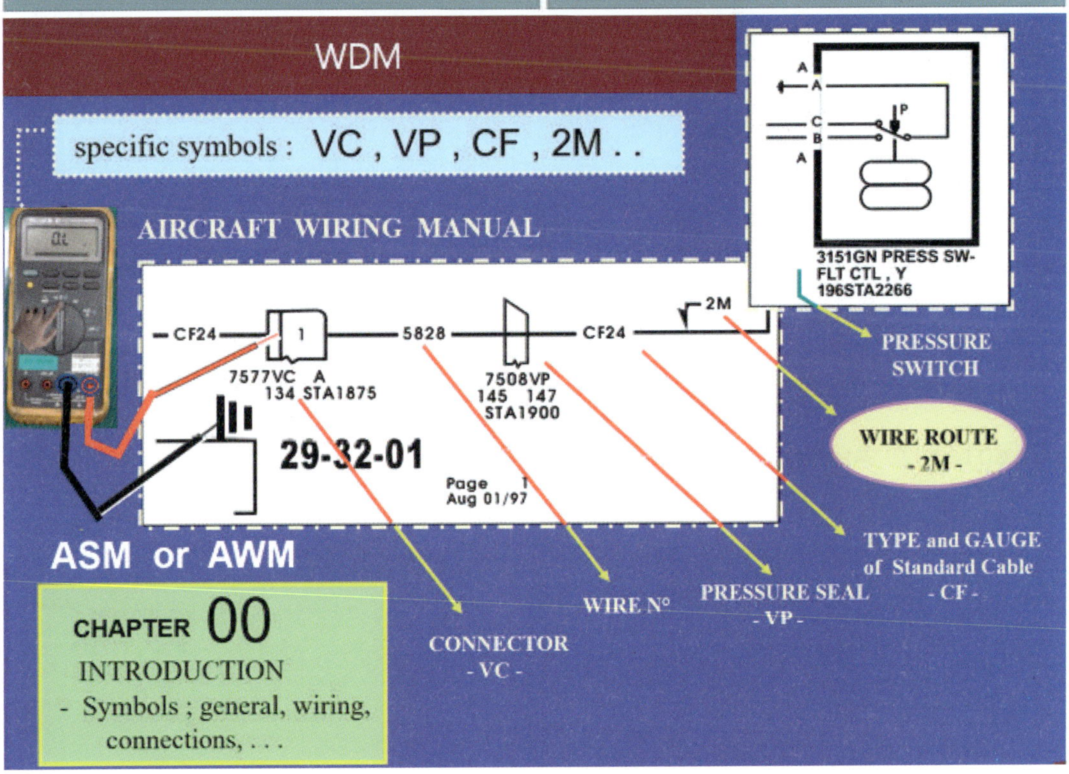

목차 (이론, 실습)

Chapter 1

Introduction

- Aircraft single wire system 제작

Chapter 1. Introduction

□ 항공기 정비업무는 운항정비, 계획 정비로 구분된다. 본 교재의 목적은 주로 운항 중 PREP(Pilot reporting)에 의한 결함 발견 시, 1차 고장탐구 해소로 해결되지 않는 주요 결함들에 대한 고장탐구 방법에 관해 학습하는 교재이면서도 빈번하게 수행하는 기초 작업도 포함되어 있다.

따라서, 고장탐구에 대한 능력을 향상하기 위한 전기·전자 기초지식과 안전에 관한 내용들을 익히고 Manual을 사용하여 고장탐구를 진행해 나가는 방법과 Manual에 의한 수리 방법을 익히는 것이 주목적이다.

항공기 운항 중에 발생한 결함에 대한 1, 2차 고장탐구 절차는 대략 다음과 같고, 이와 같은 관점에서 본 교재 내용을 만들었다.

항공기 고장탐구의 시작은 EICAS(Engine indicating crew alerting system),

ECAM(Electronics centralized aircraft monitor) Message로부터 시작한다. 따라서 EICAS, ECAM Message 이해부터 시작하기로 한다.

※ AIRBUS ECAM도 이와 유사하다.

■ B777 EICAS

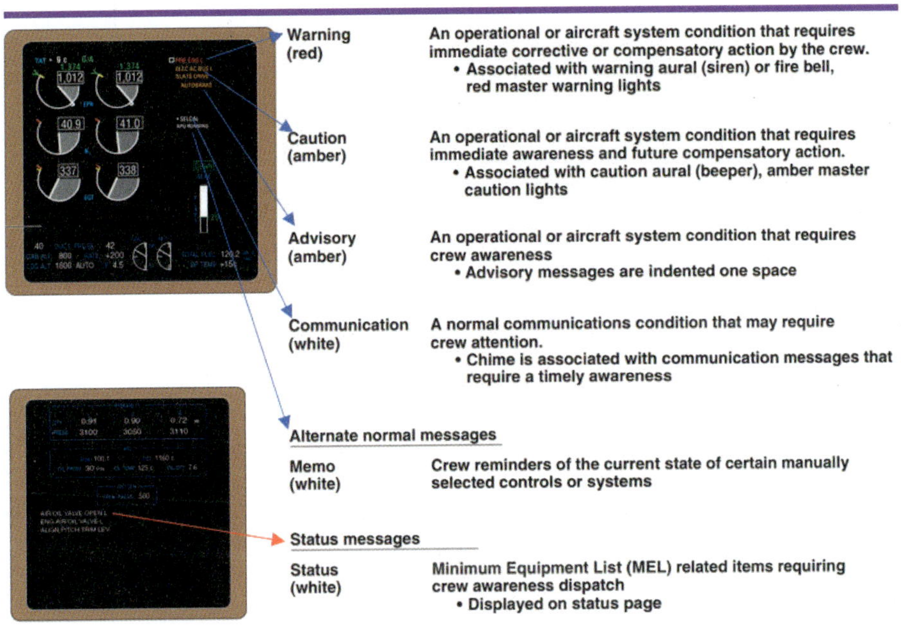

[그림 1-1] EICAS MESSAGES CATEGORY[1)]

■ ENGINE STARTING SYSTEM

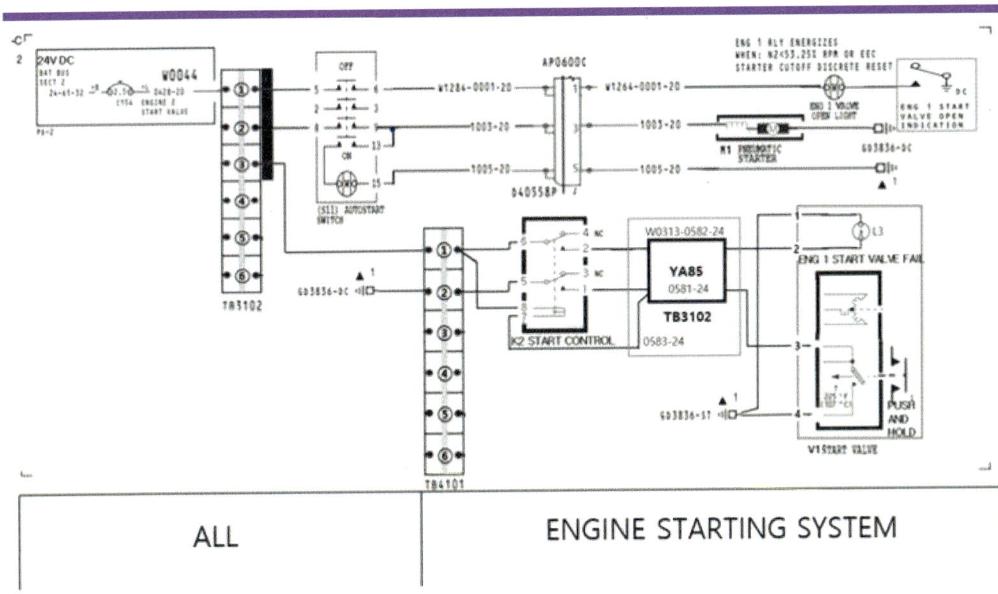

1) "Status" message는 흰색으로 지시되며, 시동 전 MEL에 따라 수정조치를 하여야 한다. (공중에서 QRH는 없다)

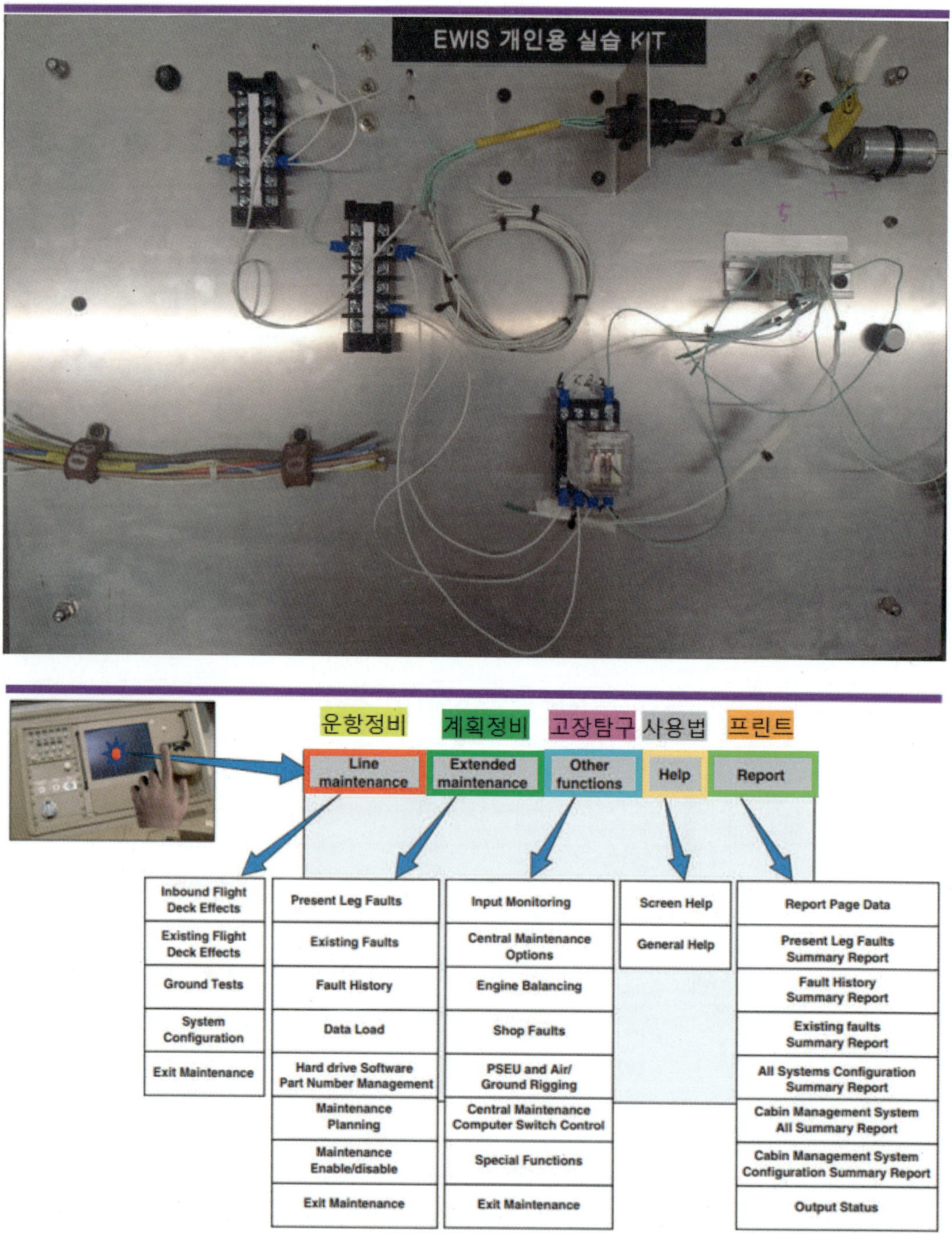

[그림 1-2] 항공기 회로 & 실습 KIT

- PIREP-> • Squawk • Malfunction • Discrepancy
- 전원 Recycle, reinstall, swap, exchange, erase, ground test etc.-> 1차 고장탐구
- 2차 T/S후,발견된 결함을 Manual에 의거 Termination device 를 Repair하여야 한다.
- 그럼 무엇을 알아야 하는가?
- Multimeter사용법!
- Wire troubleshooting방법!
- P/N찾는 방법! (AIRBUS, BOEING Wire & Contact)
- SAP에서 P/N 조회방법
- ESPM, SWPM사용 방법!
- 공구 사용 방법!
- PRACTICE!

[그림 1-3] MAT2)

■ Correlated Maintenance Messages

▶ The CMCS(Central maintenance control system) knows which maintenance message is related to each EICAS message. The CMCS shows the EICAS message and the related maintenance message together on the CDU(Control display unit) or MAT(Maintenance access terminal).

▶ When the EICAS message and the maintenance message show together on the CDU or MAT, you know that the maintenance message is "correlated" to the EICAS message.

■ Non-Correlated Maintenance Messages

▶ Some maintenance messages are never correlated to EICAS messages. These maintenance messages are for airplane system problems which are not critical enough to show an EICAS message. They are "non-correlated" maintenance messages.

▶ Non-correlated maintenance messages show on the CDU or MAT in a separate list. They give you information that helps you prevent dispatch-related faults on future flights.

2) CMC System을 B777 MAT, B747은 CMCS, B767 MCDP, AIRBUS 계열은 CFDS, CMS, OMT 등의 이름을 사용한다.

■ Each maintenance message is either "non-latchable" or "latchable."

- ▶ A non-latchable message is a message that does not stay after the fault condition stops.
- ▶ A latchable message is a message that stays after the fault condition stops. It lets you see a fault that only occurs when the airplane is in a specific flight phase.
- ▶ If a message latches, the MAT will show LATCHED for the message. The MAT will continue to show LATCHED after the fault condition goes away, until you do the steps necessary to unlatch the fault.

항공기 고장탐구의 일반적인 Flow review

결함 내용: Stall shake, Weather radar message displayed and etc.

- ▶ 결함이 수신부인지, 처리부인지, 지시 부인지 생각한다.
- ▶ LRU(Line Replaceable Unit)를 교환하고자 할 때는 반듯이 Rear plug와 Rear rack, Connector 등을 Visual check 한다. (AAA항공사 Cabin pressure control panel 결함, AOA(Angle Of Attack) Sensor 결함 사례)
- ▶ C/B가 POP OUT 되는 결함은 C/B에서 가까운 LRU부터 장탈 해 보고 주변 Wiring을 Visual check 한다. (BBB항공사 Passenger address 결함 사례)
- ▶ 전압 Check 후 저항 Check 한다.
- ▶ 결함이 Steady 되는 것은 LRU 또는 전압 Check 나 Wire cut 결함 추적에 집중한다.
- ▶ Circuit isolation을 잘한다.
- ▶ Radio 결함은, 주로 Transceiver보단, Antenna coaxial cable 접촉 결함이 많다. 또 Boom set, PA Mic도 이물질이 끼는 결함이 많다.
- ▶ HF는 주로 Coupler 결함이 대부분이다. (NO-GO item으로 Coupler 교환 작업 준비하면서 간단한 것을 해본다. -> 지연시간 줄이는 방법.
- ▶ Weather radar 결함은, 거의 Antenna drive unit 결함이다. (NO-GO item으로 Drive unit 교환작업 준비하면서 간단한 것을 해본다. -> 지연시간 줄이는 방법.
- ▶ 단순 결함은, LRU Reinstall, Swap, C/B Recycle, Power Recycle, Ground test, Erase etc. 해 본다.

▶ 前 작업자의 상황과 LRU Store 결함 가능성 고려 해 본다.

▶ 다수 Message 결함과 특이한 결함은 주요 중정비 작업 이력을 살펴본다.

▶ Wire의 결함은 자연적인 것보다 Human 적인 것이 훨씬 많다.

■ 전기전자 기초

▶원자핵

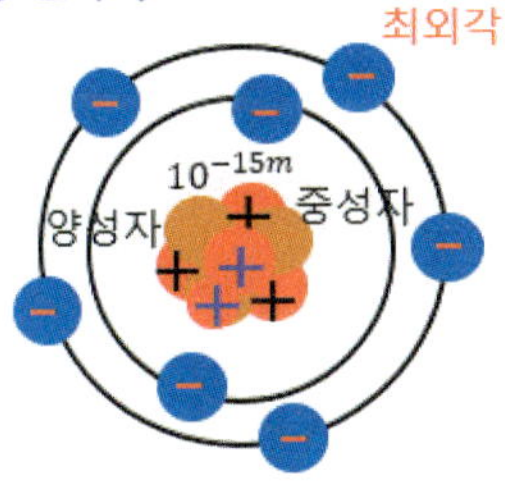

▶원자핵 양성자수=전자수

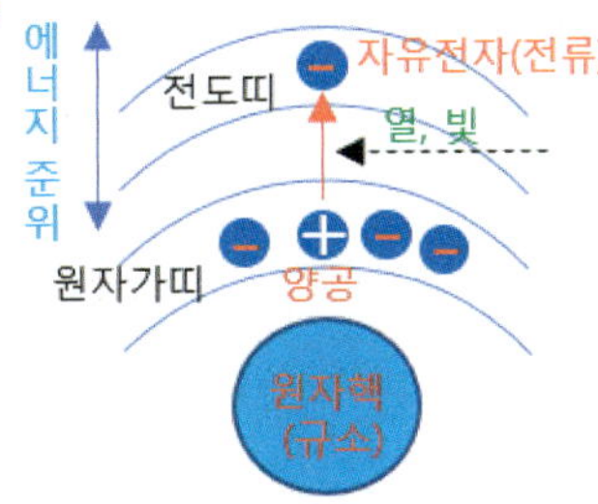

▶도체-구리

▶부도체-나무(절연체)

▶반도체-규소

▶옴의 법칙
어떤 전선에 흐르는 전류는 전압에 비례하고, 전압에 반비례 한다.

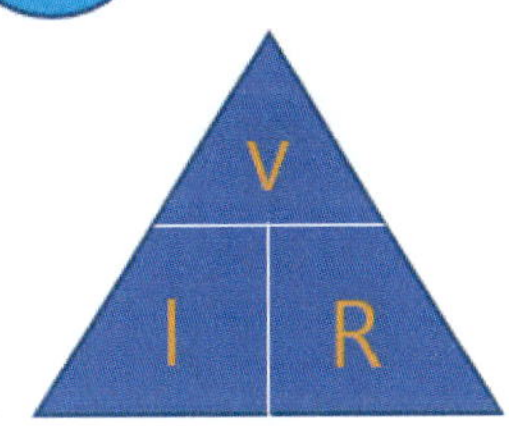

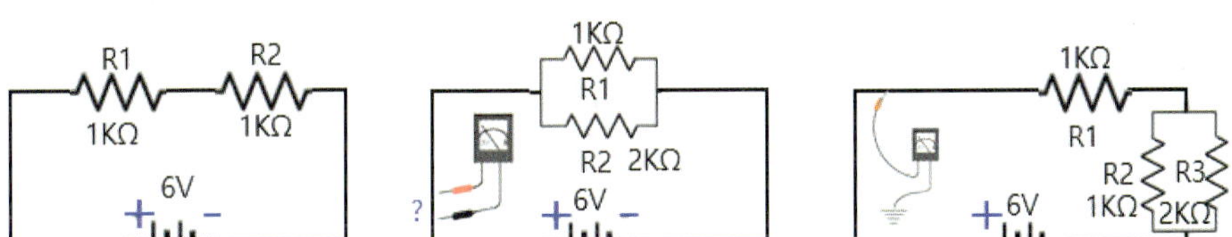

▶RLC교류회로

▶ 고주파(저주파는 반대) 통과필터 RL->저항이 크야, 소리가 잘 나옴.

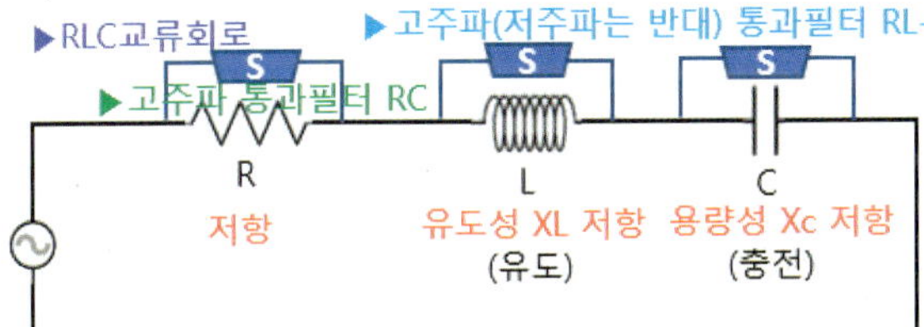

▶진동수크다->Xc작음->전류많다.
$xc = \frac{1}{2\pi fc}$ (저주파는 반대)

▶진동수크다->XL크다->전류작다.
$x_L = 2\pi f_L$ (저주파는 반대)

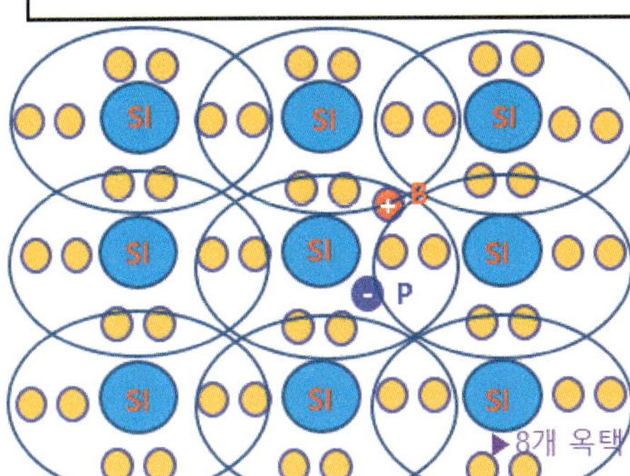

▶순수반도체 Si에 100만개당 1개불순물 첨가하면 자유전자 10억배 커진다.
자유전자, 양공을 대량 만듬.

▶**N형** 5가 원자 P첨가->캐리어가 자유전자⊖전하 운반. 전자 잃어 Donnor 양이온 됨전자부족.

▶**P형** 3가 원자 B첨가->캐리어가 양공⊕전하 운반. 전자 얻어 Acceptor 음이온됨 전자남음.

∴DIODE, TR로 만든다.

■ B777 NAVIGATION LIGHTS 제작

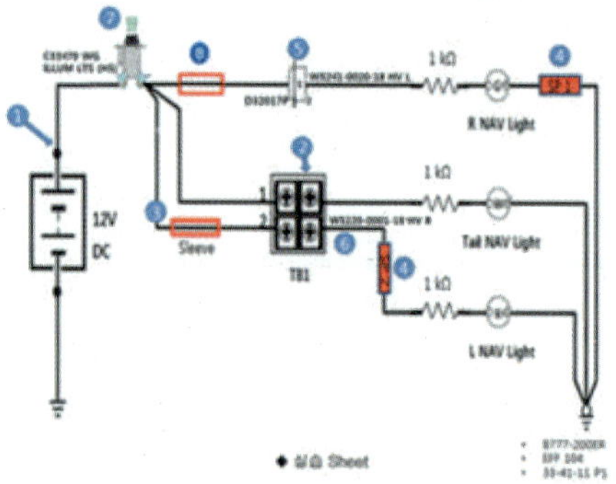

실습번호	1-1	과목명	항공기 WDM & 고장탐구	회로도명	Aircraft single wire system
자재		LED G, W, R		각 1EA	
		Resistor 1kΩ		3EA	
		Splice		4EA	
공구		Hand crimping tool			
		Hot air generator			
적용 Manual		SWPM, ESPM		20-30-12 20-56-31	

[실습번호 1-1] AIRCRAFT SINGLE WIRING SYSTEM 제작

■ B777 ANSWER SHEET

이름		학번		교수		P □ F □
문제 1	1번 지점에서 전압체크					
문제 2	2번 지점에서 전류 체크					
문제 3	3번 지점에서 Insulation수리					
문제 4	4번 S/P 1저온, S/P 2고온으로 수리					
문제 5	5번 1번 Contact교환작업을 하시오					
문제 6	6번 Wire교환 작업을 하시오					
문제 7	7번 C/B교환 작업을 하시오					
문제 8	8번 C-Wrap교환 작업을 하시오					
문제 9	C/B ON시 Light모두 ON되는가					
문제 10	Wire점검방법 6가지 연습 하시오					

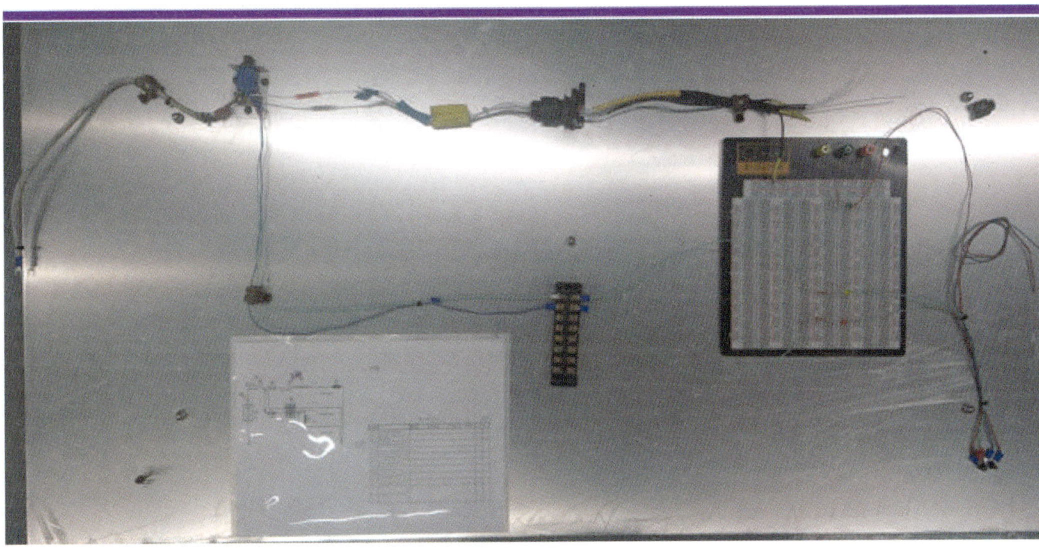

[실습번호 1-1] AIRCRAFT SINGLE WIRE SYSTEM KIT

[실습번호 1-1] AIRCRAFT SINGLE WIRE SYSTEM 제작

[실습목표]

(1) 회로를 제작한다.

(2) ESPM(Electrical Standard Practice Manual), SWPM(Standard Wiring Practice Manual) 사용 방법을 학습한다.

[도면]

[재료] 12V DC, Plug/Jack, C/B 5A, 저항 1kΩ 3ea, LED RGW 3ea, AWG 22, Terminal 2ea, Sleeve etc.

[장비나 공구, Manual] 기본 공구, WDM(Wiring Diagram Manual), ESPM, SWPM.

[안전 및 유의 사항]

(1) Manual 절차를 준수한다.

(2) 정확한 공구를 사용한다.

[실습순서]

(1) 부품으로 회로를 제작한다.

(2) 2인 1조로 제작한다.

[관계 지식] 항공기 회로도 이해 능력

[평가] Answer sheet에 의거 평가한다. (일부 항목 구술로 가능)

NOTE

Chapter 2

Avionics System

- Circuit breaker reset
- Circuit breaker 교환 실습

Chapter 2. Avionics System

□ Introduction, 부분에서도 언급하였다시피, 본 교제의 목적은 회로도를 이용한 고장탐구가 주목적인바 따로 엔진, 기계, 유압시스템 등, 별도로 Avionics system을 구분하지는 않는다. 다만, 고장탐구 전에 전파와 소프트웨어와 같은 장치로 동작하는 주요 Avionics system을 보면 다음과 같다.

※ REI: ATA22, 23, 24, 31, 34, 46[3)]

1. ATA 22 AUTO FLIGHT

가. 목적: 2차 세계 대전을 거치고 난 후 군용기가 급속도로 발전하였고 더불어 민항기도 이에 못지않게 엔진과 기체가 빠르게 발전하여 항공기가 대형화되고 비행시간 즉 체공 시간이 증가함에 따라 초기 항법처럼 지문이나 천문항법으로는 비행이 불가하기에 이르렀다. 이에 따라 전파항법, 관성항법이 발전되었고 나아가 현재는 위성항법이 보편화함에 따라 이륙할 때 사용하는 FD(Flight Director) Mode, Semi-auto mode를 제외한 자동 착륙을 포함하여 비행 전 과정이 자동조종장치로 가능하게 되었다. 대략적인 항공기 비행과 정은 Take-off -> Climb -> Cruise/En-route -> Descend -> Approach and Landing으로 Flight phase가 진행되는데 Take-off 때는 자동이륙이 불가하며 바로 위에서 언급한 FD Mode로 이륙한다. 자동조종장치는 조종사의 Work load 즉 비행 업무를 덜어 주어 안전 운항을 높이는 것이 주요 목적 중 하나이며 또한 안개로 인한 저 시정 시 시정이 불량해도 계기를 이용한 AUTOLAND가 가능한데 그 Category는 안개 정도에 따라 조종석에서 활주로 Aiming point 식별이 가능한 거리인 RVR(Runway Visibility Range)과 조종석에서 Aiming point가 보이는 높이인 DH(Decision height)에 따라 CAT-I, II, IIIabc로 구분되어있다. 현재 거의 모든 여객기는 CAT-III c급 최고의 자동 착륙 능력을 갖추고 있고 나머지는 활주로 성능 등급, 조종사 자격, 정비상태와 정비사 자격에 의해 구분된다.

☞ 항공기 합법은 PILOTAGE(지문항법) ->DEAD RECKONING(추측항법, 막연히 속도+시간=거리로 추측하는 것) -> RADIO RANGE -> NDB(Non directional

3) REI, AVIONICS etc.

beacon) -> VOR(Very high frequency Omni-directional Range), DME(Distance Measuring Equipment) -> IRS(Initial Reference System) -> GPIRS(Global Positioning system Initial Reference System), PBN(Performance Based Navigation)순으로 발전되었다. 항법을 총괄하는 시스템은 FMC(Flight Management Computer)이다.

여기서 자동 비행 원리를 조금 살펴보면, 항공기가 지상에서 출발 전 ADIRS(Air data reference system-관성항법장치)로 Alignment를 수행하여 위도, 경도와 진북으로 대표되는 현 위치 즉 출발점을 계산하고 항공기가 자력으로 움직이기 시작하면 가속도를 적분하여 속도와 이동 거리를 계산 3차원 운동한다. 적분으로 인한 관성항법장치에서 오는 축적되는 위치 오차는(Accumulating position error) 무선항법 원조 장치인 DME이나 VOR Raw data로 수정할 수도 있지만 현대 항공기는 거의 모두 GPS로 수정하고 있다. 이를 GP+IRS PRIMARY 항법이라 칭하고, 이와 같은 계산으로 현 위치를 연속적으로 계산하여 비행계획과 비교하여 비행에 필요한 추력은 엔진으로 얻고 조종 면은 EFCS(Electrical Flight Control System)인 FBW(Fly By Wire) 방식으로 조종 면을 움직여 자동 비행이 이루어진다.

■ 미적분의 기초

▶적분 : 쌓아온 것을 계산->면적->차원을 높인다.

▶미분 : 작은 변화 추이->차원을 낮춘다->즉, 쌓아온 것을 근거로 작은 구간들의 변화로 미래예측.

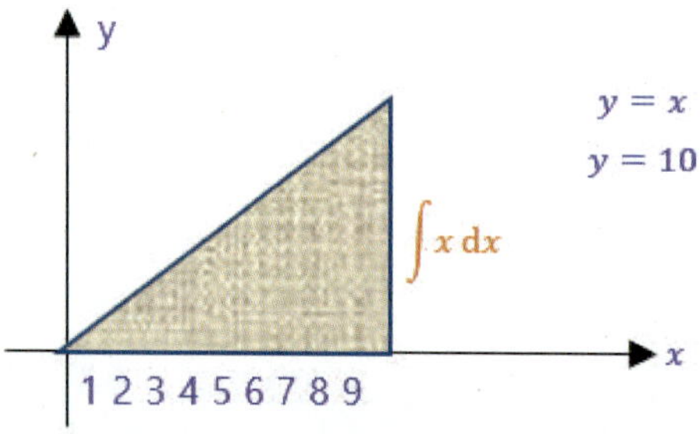

하루에 1명식 증가 1->1 $y = x'$

$\therefore\ y' = 1^{x^0} = 1 \times 1$

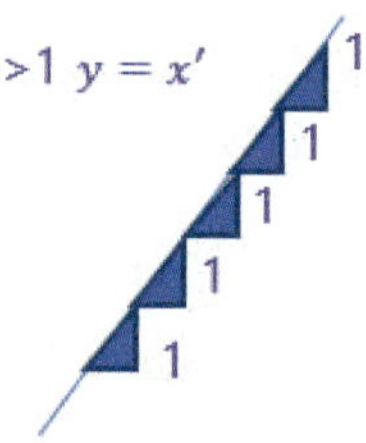

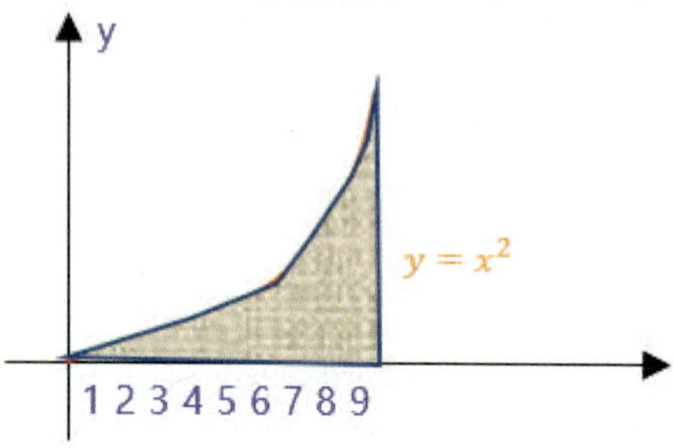

기울기가 많이 증가 5->10 $y = x^2$

$\therefore\ y' = 2^{x'} = 2x$

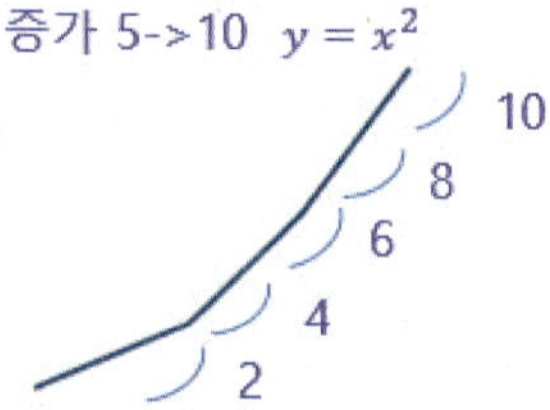

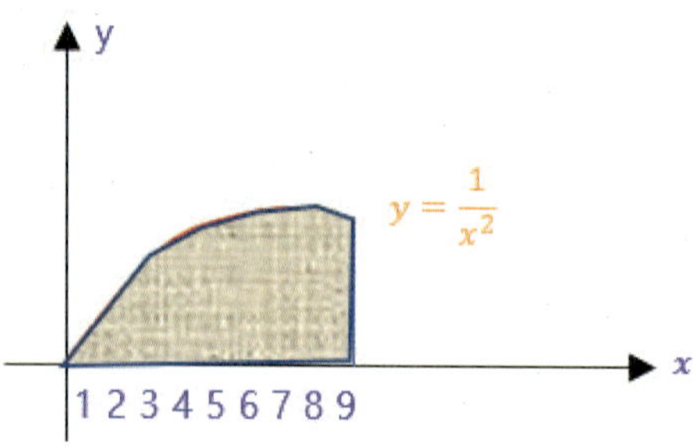

기울기가 감소 $10 \rightarrow 3$ $y = \frac{1}{x^2}$

$= \frac{1}{2x^{\frac{1}{2}}}$

$\therefore = \frac{1}{2\sqrt{x}}$

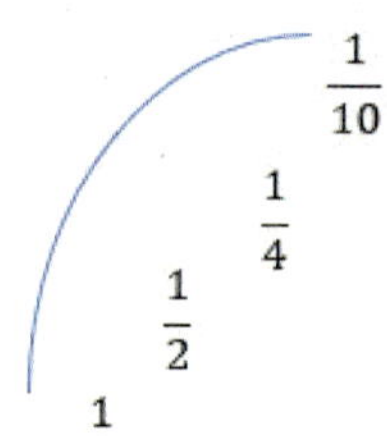

▶미분

① $\frac{d}{dx} = 3x^1 = (3x) = 3 \times 1^{x^0} = 3x^0 = 3$

② $\frac{d}{dx} = 5x^2 = 5 \times 2x' = 10x$

③ $\frac{d}{dx} = 2x^3 = 2 \times 3x^2 = 6x^2$

▶적분

① $\int (3x^1) = \frac{3}{2}x^2_{+c} = 1.5x^2$

② $\int (5x^2) = \frac{5}{3}x^3_{+c} = 1.6x^3$

③ $\int (2x^3) = \frac{2}{4}x^4_{+c} = 0.5x^4$

주요 시스템 구성은,

(1) AFS (Automatic Flight System): 자동조종장치로 FMGC(Flight Management Guidance System)가 현 위치를 구하는 항법 기능과 유도기능을 제어하는 FG(Flight guidance) Software 값과 추력 값을 계산하고 EIS(Electronic Instrument Display)지시 기능도 FMGC가 한다.

(2) EIS (Electronics Instrument System): 비행자세, 헤딩, 고도, 속도를 지시하는 PFD(Primary flight display), 항법 상태를 지시하는 ND(Navigation Display), 엔진과 항공기 시스템을 Monitoring 하는 ECAM, 이들의 장치를 컨트롤하는 ECAM/EFIS(Electronic Flight Instrument System) Control panel이다.

(3) ADIRS (Air Data Inertial Reference System): PITOT, Static port로 유체 흐름 전압과 정압의 차이를 측정 속도, 고도, 승강계 정보를 계산하는 부분으로 이루어진 ADC(Air Data Computer)와 항공기 자세와 진 북극을 계산하는 Gyro 그리고 속도와 이동 거리를 계산하기 위해 석분하는 Accelerometer(가속도계)로 구성되어 있다.

(4) A/THR (Auto Thrust System): FMGC FM Part에서 추력 값을 받아, FCU(Flight Control Unit)를 경유 엔진에 있는 EEC(Electronic Engine Control) 가 LP(Low Pressure) Fuel shut off valve, FMU(Fuel Metering Unit), Fuel nozzle을 통해 연료를 공급 추력을 조절한다.

(5) EFCS: ELAC(Elevator Aileron Computer), SEC(Spoiler Elevator Computer)로 구성된 FCC(Flight Control Computer) ELAC은 Elevator와 Aileron을 움직이고 SEC은 Spoiler와 Elevator를 Back-up으로 움직인다. Rudder는 FAC(Flight Augmentation Computer)가 움직인다. 이처럼 FCC(Flight Control Computer)가 FMGC FG Part에서 조종면 값을 받아 XYZ 3축 운동하는 FBW(Fly-By-Wire) 주요 부분이다.

☞ **3축 운동. (3차원->물체의 위치를 표현하려면 3점이 필요하다)**

(가) X축 운동: Rolling-Longitudinal axis-Aileron-옆놀이 운동

(나) Y축 운동: Pitching-Lateral axis-Elevator-키 놀이 운동

(다) Z축 운동: Yawing-Normal axis-Rudder-빗 놀이 운동

나. 주요 구성품:

FMGC, FCU(Flight Control Unit), MCDU(Multi purpose Control Display Unit)각 2개, EFCS ELAC 2개, SEC(Spoiler Elevator Computer) 3개, FAC(Flight augmentation computer) 2개, 각 엔진에 EEC(Electronic Engine Control) 1개로 된 EEC Channel A & B 2개가 있다.

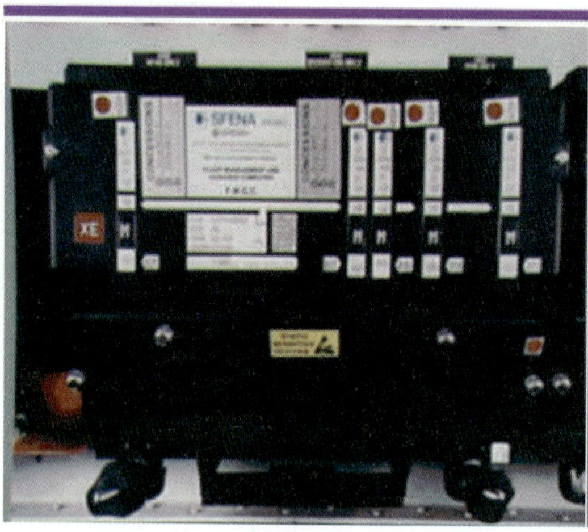

FMGC

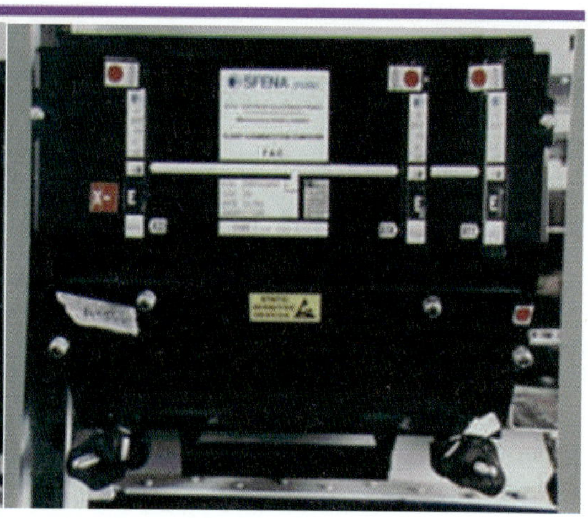

FAC

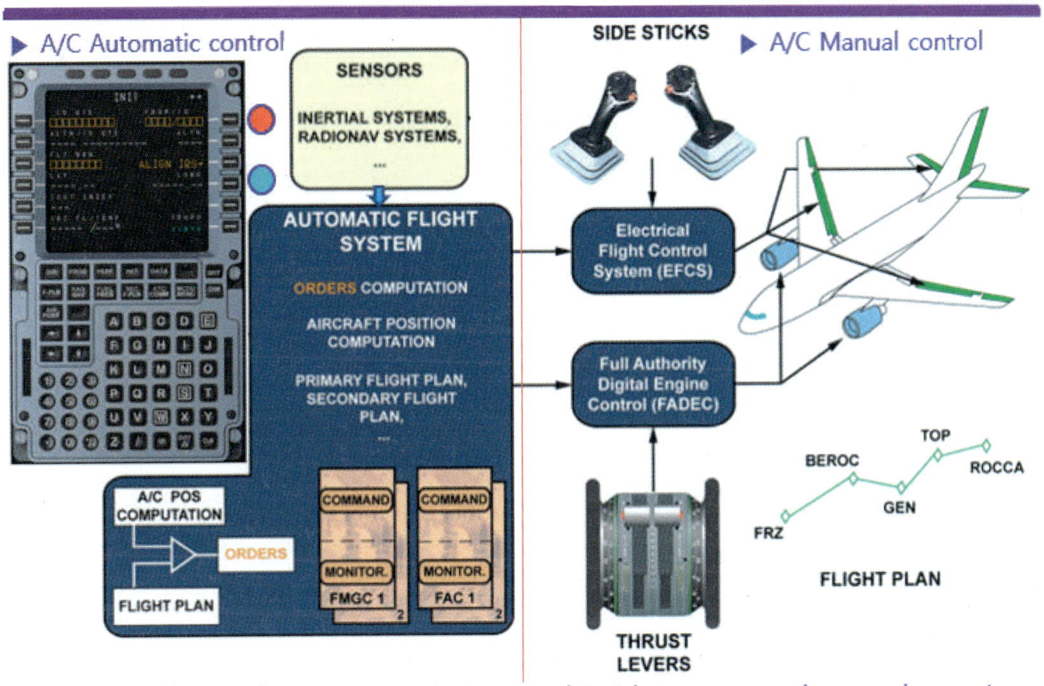

※ It is a FAIL OPERATIVE system. Each FMGC and FAC has a command part and a monitor part to be FAIl PASSIVE

※ Prompt box must be entered, Dashes option or in time

[그림 2-1] AUTO FLIGHT

※ SOFTWARE

- Operation Program Software?

OPS는 코어 소프트웨어고 Avionics 기능을 하는 App 소프트웨어이다. 각 LRM에 해당 특정 소프트웨어 파트넘버를 가지고 있다. 모듈이 같은, 모든 IOM과 GG는 파트넘버가 같다. OPS는 NVM에 저장된다. 따라서 캐비닛에서 모듈을 장탈해도 OPS 소프트웨어는 지워지지 않는다. Loading은 Shop에서나, 항공에서나 해도 된다. ☞ 로딩 시간이 오래 걸린다, 파트넘버를 잘 확인한다.

- Operation Program Configuration?

  OPC는 항공기의 형식을 선택하는 것이다. 즉 구형 항공기에 하드웨어 프로그램 핀을 대체하는 것이다. OPC 파트넘버는 캐비닛에 한 개밖에 없다. 하나의 OPC가 여러 Avionics 기능을 하고, 저장은 NVM에 한다. ☞ 로딩 시간이 1~2분 이내다.

- Airline Modifiable Information?

  AMI는 항공기의 형식은 선택하는 것이다. 이 소프트웨어는 GBST로 제작하며, 항공사가 항공기 형식을 선택하도록 선택사항을 더 제공하는 것이다. AMI가 몇 개의 Avionics 기능도 포함하고 있다. 각기 다른 파트넘버를 가지고 있고, 저장은 NVM에 한다.
  ☞ 로딩 시간이 걸린다, 파트넘버를 잘 확인한다.

- Database?

  AIMS에 하나밖에 없고, 항법 데이터베이스다. FMCF가 이 데이터베이스를 사용한다. 파트넘버는 하나밖에 없고, 저장은 NVM에 한다. ☞ 로딩 시간이 오래 걸린다, 파트넘버와 유효기간을 잘 확인한다.
  (IOM에는 OPS만 장착, CPM에는 OPS, OPC장착, CPM COMM, ACMF에는 OPS, OPC, NDB장착)

[표 2-1] AUTOLAND CATEGORY

CATEGORY	RVR	DH
CAT-I	550~800 meter	60 meter(200 feet)
CAT-II	300~550 meter	30(100 feet)~60 meter(200 feet)
CAT-IIIa	175~300 meter	30 meter(100 feet)
CAT-IIIb	50~175 meter	15 meter(50 feet)
CAT-IIIc	0 meter	0 meter

■ A/L 원리

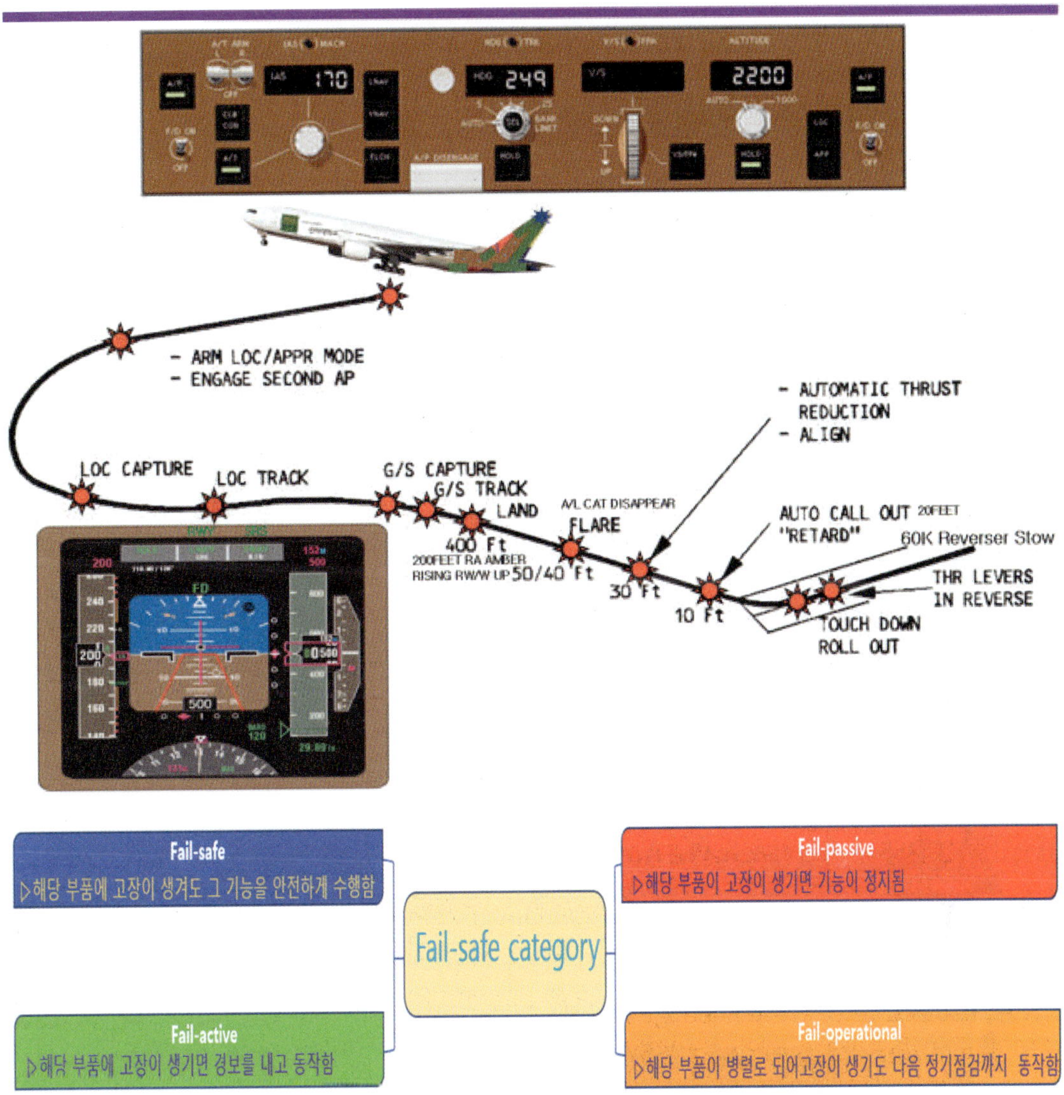

[그림 2-2] AUTO LAND & FAIL-SAFE OPERATION

(5) **양력의 발생**: 양력의 발생은 베르누이 정리로 설명되고 항공기에 작용하는 힘은 양력 이외도 추력, 중력, 항력이 있다.

※ 학교에서는 2015년부터 베르누이 정리(Bernoulli's equation)를 일반화하여 나비에-스토크스 방정식으로 배운다.

(6) **파스칼의 원리**: 자동조종장치와 밀접한 관련이 있는 또 하나의 법칙, 파스칼의 원리는 아래 그림과 같다.

1. 양력발생과 양력 공식

① $\frac{1}{2}\rho v^2 C_L S$ (밀도 속도 양력계수 날개면적)

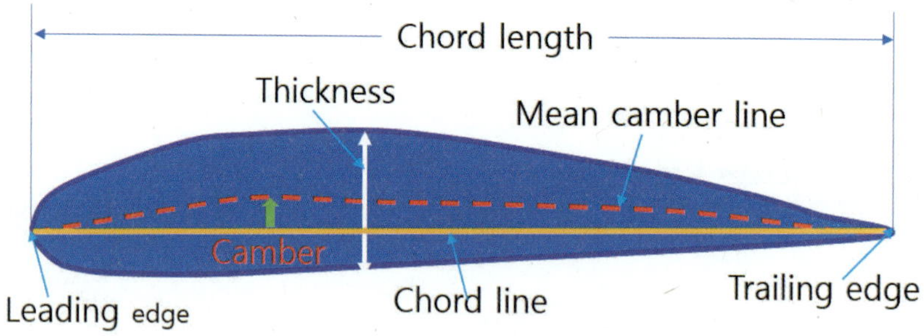

[※ 베르누이 정리 연구]

1. 파스칼의원리와 공식

$F_2=F_1*A_2/A_1$

큰 면적 F2는 F1과 A2에 비례하고 A1에 반비례.
즉, A2와 A1 면적비가 클수록 힘이 크다.

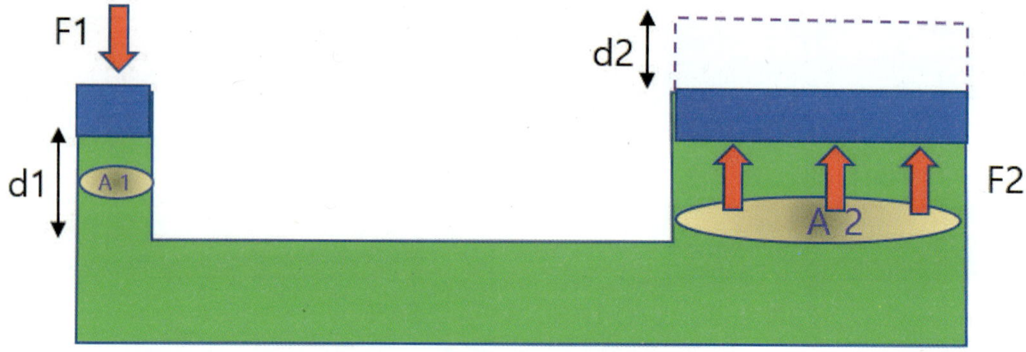

[※ 파스칼의 정리 연구]

■ GPS 원리

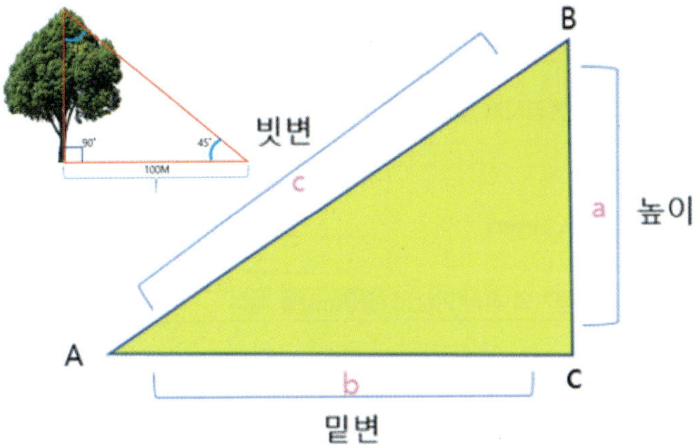

$$\text{Sin A} = \frac{\text{높이}}{\text{빗변}} = \frac{a}{c}$$

$$\text{Cos A} = \frac{\text{밑변}}{\text{빗변}} = \frac{b}{c}$$

$$\text{Tan A} = \frac{\text{높이}}{\text{밑변}} = \frac{a}{b}$$

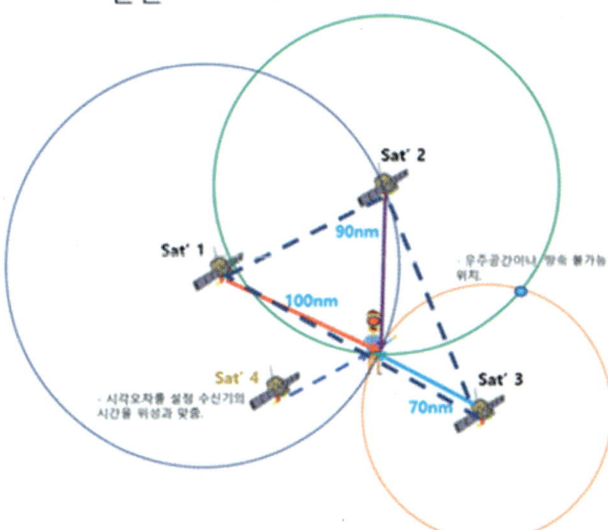

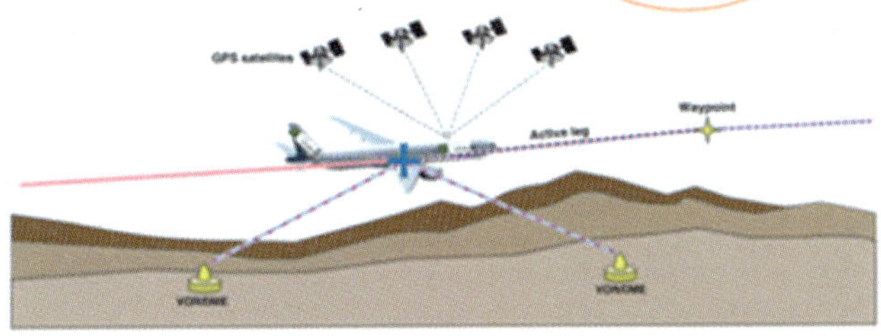

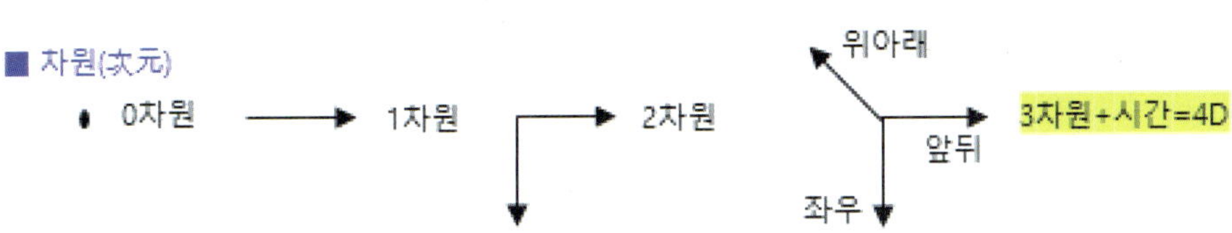

[※ GPS 원리 연구]

■ ROTOR AIRCRAFT

■ 주조종 계통

▶ 콜렉티브 피치 조종 레버(Collective Pitch Control Lever)
- 조종사 왼쪽에 주로 위치
- 주 로터의 로터피치를 변경, 수직축 양력을 변경시켜 항공기의 상승/하강을 제어

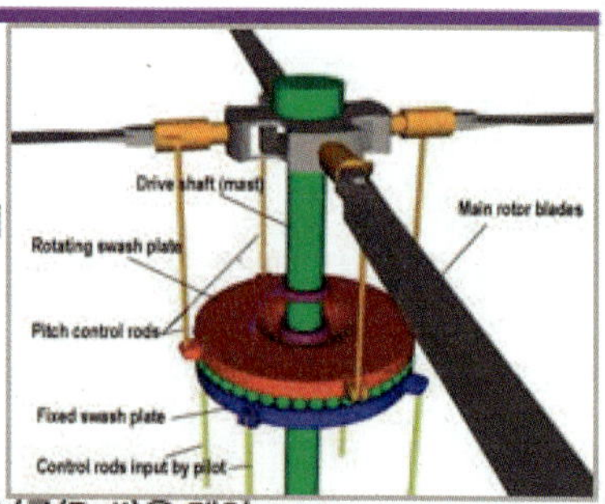

▶ 사이클릭 피치 조종 레버(Cyclic Pitch Control Lever)
- 조종사 중앙(다리사이)에 주로 위치
- 주 로터의 로터피치를 주기적으로 변경, 항공기의 피치(Pitch)/롤(Roll)을 제어

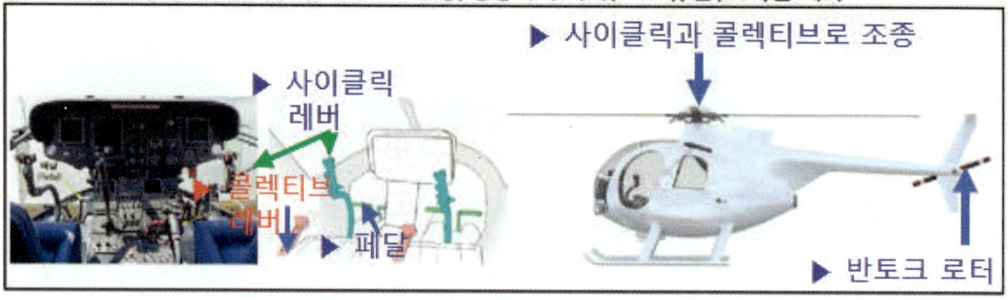

[※ 회전익 항공기 조종 원리 연구]

2. ATA 23 COMMUNICATIONS

가. 목적: 통신계통은 크게 VHF, HF, SATCOM으로 항공기 외부와 교신하는 Speech communication과 내부와 교신하는 On board communication인 Flight, Attendant interphone으로 나뉜다는 또한, 지상에서 정비 시 사용하는 Service interphone도 있다. 그리고 일반전화기는 이중 통신방식으로 송수신이 동시에 가능하나 항공기 통신은 반이중 통신으로 송수신이 각각 따로 이루어진다. 송신은 PTT(Push-To-Talk) Key를 누르고 있을 때만 되고 놓으면 상대방 송신내용이 수신된다. 주파수가 같아 상대방 송수신 내용을 전부 들을 수 있으므로 관제 상황과 기타 안전 상황이 신속히 공유된다.

주요 시스템 구성은,

(1) Speech communication

(가) VHF (Very High Frequency): 가시권 범위(Line of sight) 내 AM(Amplitude modulation) 방식통화로 항공법적으로 고도 7,000 meter 이상에서는 315km 이상 유효 통달 거리가 확보되어야 한다. 주파수는 108.00 to 117.95MHz이며 항공기와 항공기 간, 또는 지상 시설과 Voice mode & Data mode 통신목적이

다. 단 VHF #3만 Data mode로 사용하는데 이유는 Voice mode & Data mode 중 Voice mode가 더 중요하므로 VHF #1은 기장석, VHF #2는 부기장석 Voice mode로 사용한다. 만일 고장 나면 어느 한쪽이 VHF #3을 Voice mode로 사용해야 하기 때문이다. 이 경우 Data mode는 HF나 SATCOM으로 전환되어 계속 동작한다. VHF는 통화 품질이 우수하고 전자파 방해가 거의 없다.

(나) HF (High Frequency): VHF 가시권 범위를 벗어나는 전리층을 이용한 지구 전역 장거리 통화용으로 주로 장거리 해상 비행 시 항공기와 항공기 간, 또는 지상 시설과 Voice mode & Data mode 통신목적이다. 그리고 대형기가 북극항로를 이용하는 경우 극지방에서는 자장의 불안정으로 SATCOM이 안되므로 극지방 비행 시도 사용한다. 주파수는 3 to 30MHz이다.

☞ 전리층의 변화와 태양풍 활동으로 인해 통화 품질이 떨어진다. 송수신 전 안테나 길이를 맞추는 Impedance matching tuning을 하는데 주파수를 선택하고 송신키를 누르면 2~7초 이내에서 보통 4초 이내에 이루어진다. 이와 같은 이유로 HF 안테나는 Vertical stabilizer 전면에 있다. 그리고 HF 통신은 연료 보급 중이거나 격납고 내에서는 통신하지 말아야 한다.

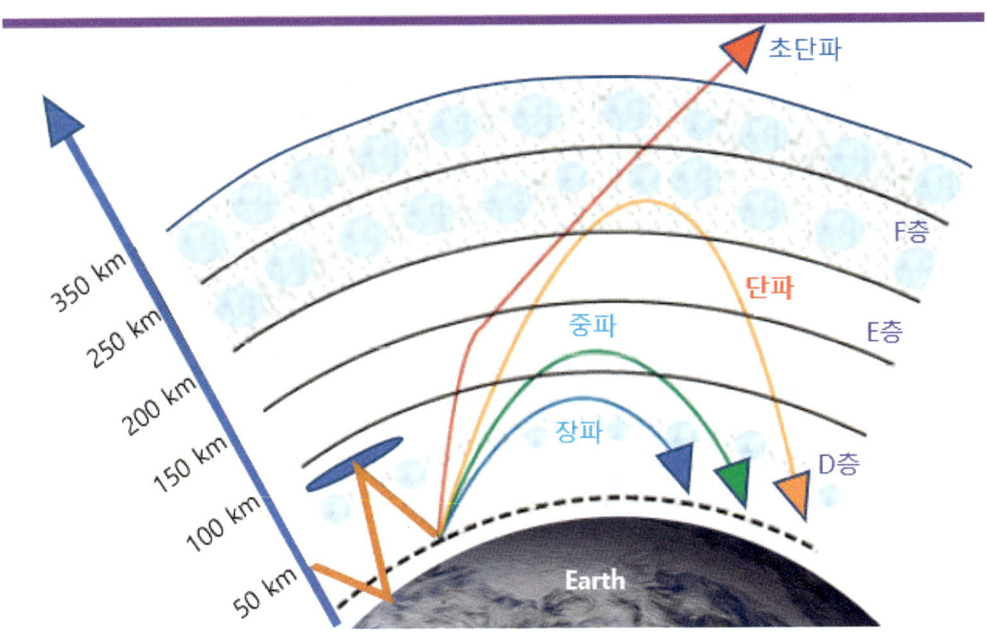

[그림 2-3] 전리층

(다) SATCOM (Satellite Communication): 이 통신은 주로 비행 중 결함이 발생하거나 비상시 항공사 주요부서와 사용하는 통화용과 Data mode로 Fax, e-mail, internet service도 가능하다. 주파수는 IRIDIUM사는 1616 to 1626.5MHz이고 INMARSAT 사는 1525 to 1646.5MHz이다. 통신위성을 사용하므로 통화에 비용이 든다.

(2) On board communication

(가) On board communication: 이 통신은 기내통화 시 주로 운항승무원과 기내승무원 간 또는 케빈 내에서 Zone 구역별 기내승무원 간 사용하는 Interphone이다.

(나) Service interphone: 지상에서 정비 시 지상 정비사와 조종석 간 교신목적으로 사용한다. 이 장치는 공중에서는 잡음 유입 가능성이 있으므로 이륙하면 자동으로 부작동 되게 되어있다.

나. 주요 구성품

(1) VHF Transceiver: 송수신기이다. 3개 조가 있고 Left, Right는 Voice mode용이고, Center VHF는 Data mode ACARS(Aircraft Communication Addressing and Report System)용이다.

(2) HF Transceiver: 송수신기이다. 2개 조가 있다.

(3) HF Coupler: 주파수와 전리층 사이에서 Impedance matching을 한다. 즉, 안테나 길이 조정.

(4) SDU (Satellite Data Unit): 위성통신의 심장으로서 송수신에 관련된 모든 기능을 수행하는 데 주요 기능은 송수신 감도를 증가시키기 위해 ADIRU와 연결되어 SATCOM안테나를 선택된 위성으로 향하게 한다. 그리고 ATSU(Air Traffic Service Unit)와는 VHF로 ACARS Data link가 안될 때 SATCOM Data link를 위해 CTU(Cabin Telecommunication Unit) SATCOM기능에도 위성 정보를 준다. 1개 조가 있다.

(5) **Control panel:** 각 통신 주파수 선택 Panel이다.

(6) **ANTENNA:** 각 통신 송수신 안테나이고, VHF안테나 장착 위치는 동체 위아래, HF는 Vertical stabilizer 전면, SATCOM은 동체 위쪽에 있다.

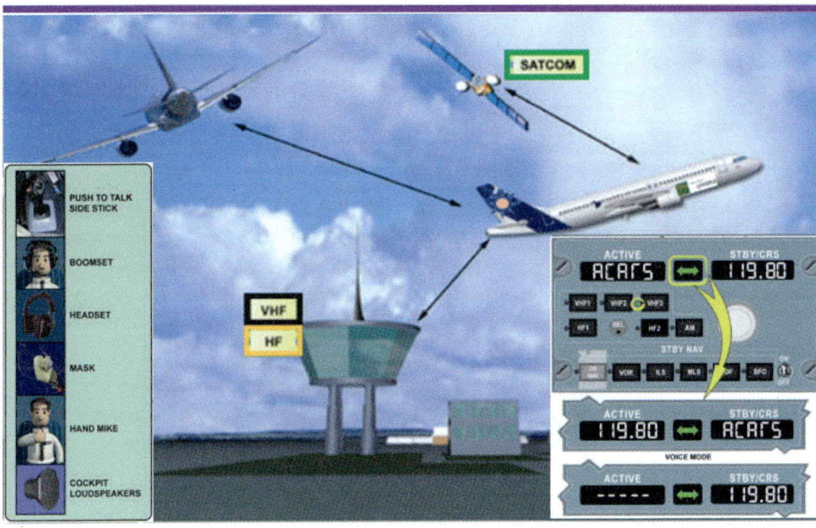

[그림 2-4] RADIO COMMUNICATION

(7) **ANTENNA의 원리:** 안테나의 원리는 아래 그림과 같고 지향성, 무지향성 안테나가 있다.

■ 안테나 원리

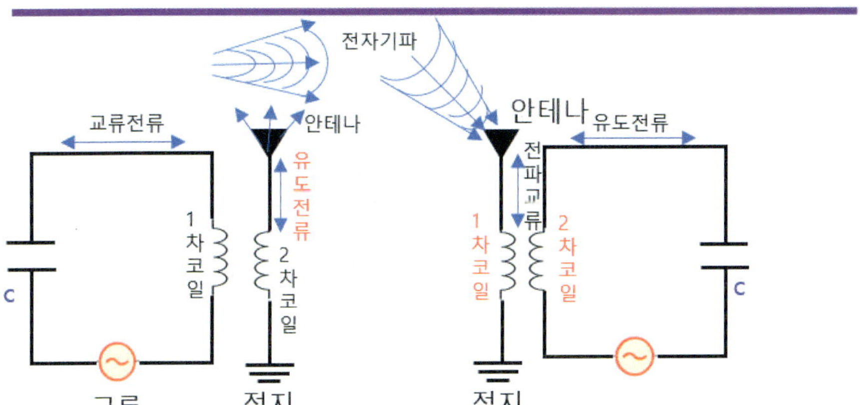

▶ LC회로(자기장변화+전기유도전류생성=공명 고유 진동수)->교류->1차 코일->2차코일에 유도전류->송신

▶ 코일(L)자체유도계수+축전기(C)전기용량을 조절 진동수 선택->수신

[※ 안테나 원리 연구]

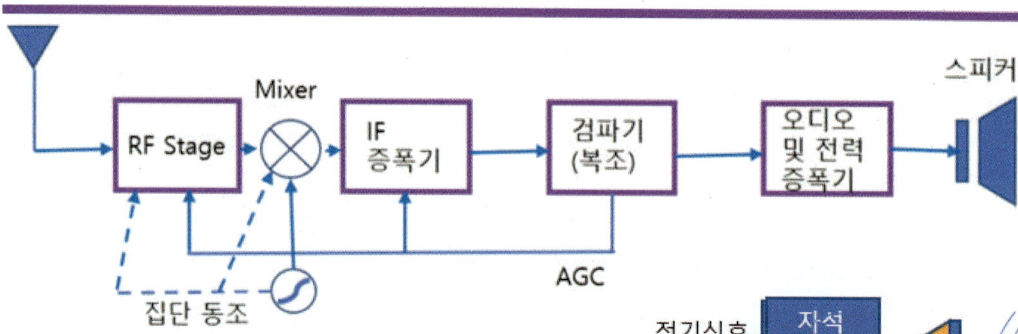

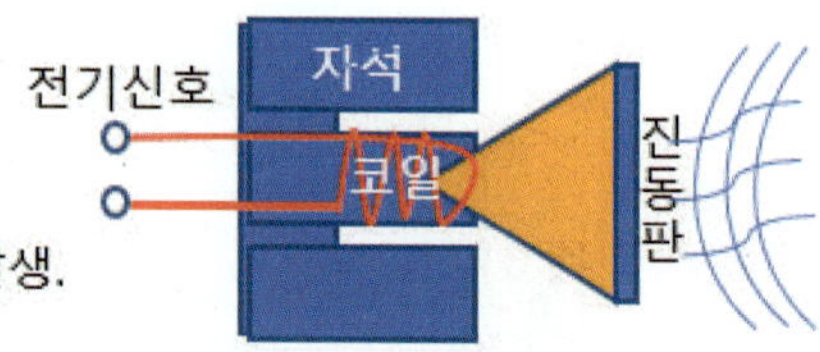

▶스피커의 원리(마이크는 소리->전기신호)
전기신호가와 영구자석 자기장이 코일에 전기장 전류발생.

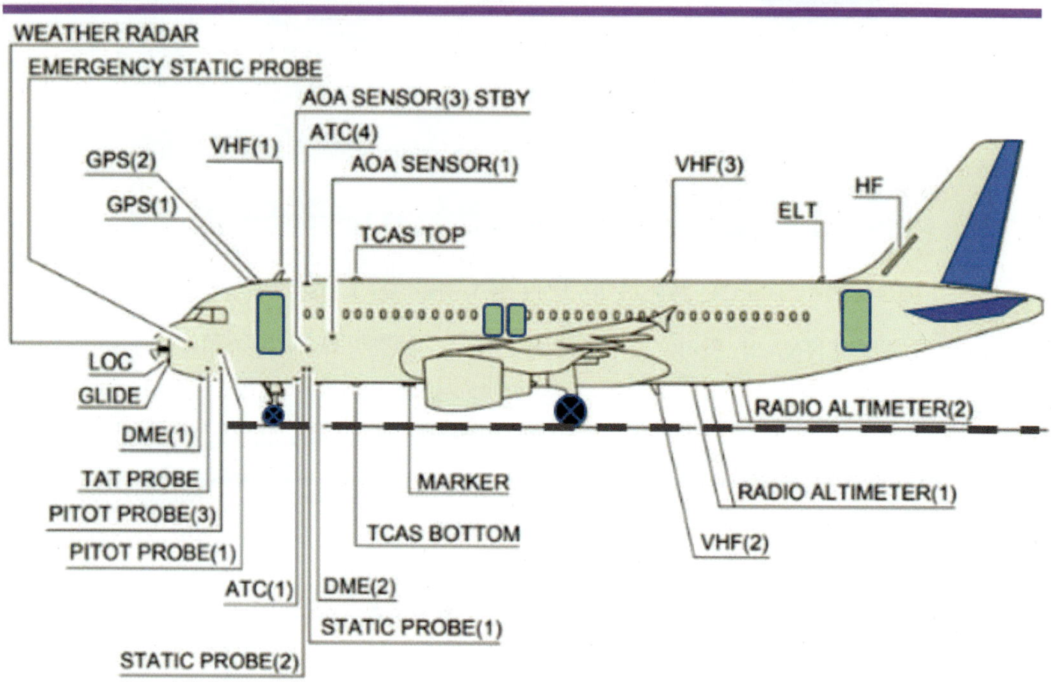

[그림 2-5] 항공기 안테나 LOCATIONS

■ RADIO STATION

Radio	Frequency	Station
VHF	122.55MHz	Company radio
	126.60MHz	SELCAL System test
	127.10MHz	Seoul radio
	126.40MHz	Weather information
	121.90MHz	Ground
Radio	**Frequency**	**Station**
HF	8.903MHz	Primary
	13.300MHz	Secondary
Radio	**Frequency**	**Station**
VOR	115.10MHz	안양
	113.60MHz	김포
Radio	**Frequency**	**Station**
ADF	328KHz	김포
Radio	**Frequency**	**Station**
ILS	110.10MHz	김포

[그림 2-6] RADIO STATION FREQUENCY

■ 전파와 파장

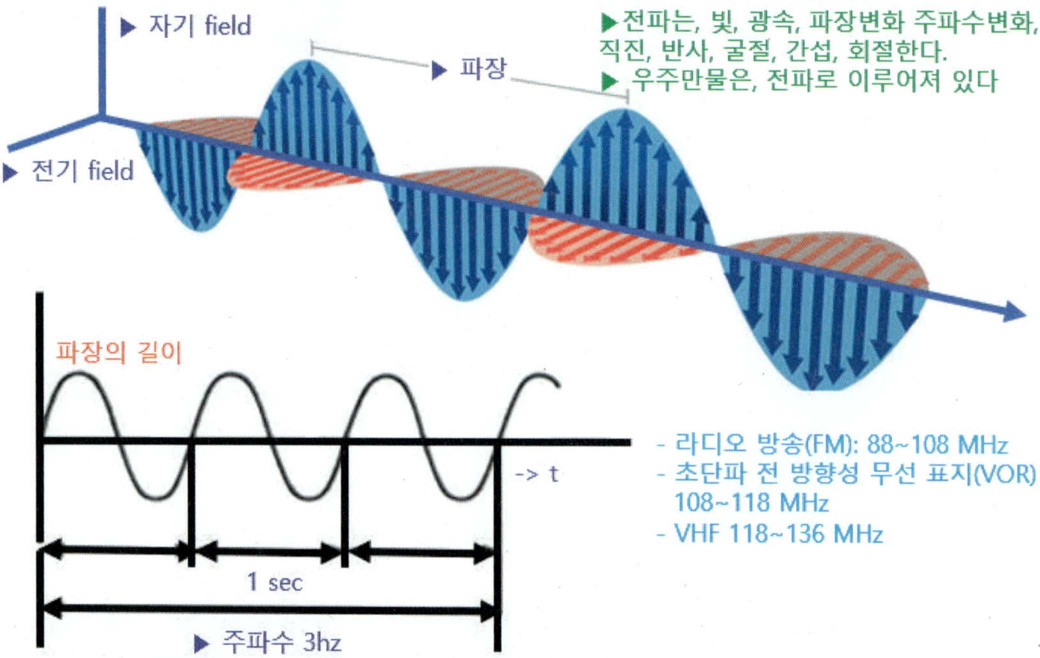
▶ 자기 field
▶ 파장
▶전파는, 빛, 광속, 파장변화 주파수변화, 직진, 반사, 굴절, 간섭, 회절한다.
▶ 우주만물은, 전파로 이루어져 있다
▶ 전기 field
파장의 길이
-> t
1 sec
▶ 주파수 3hz
- 라디오 방송(FM): 88~108 MHz
- 초단파 전 방향성 무선 표지(VOR) 108~118 MHz
- VHF 118~136 MHz

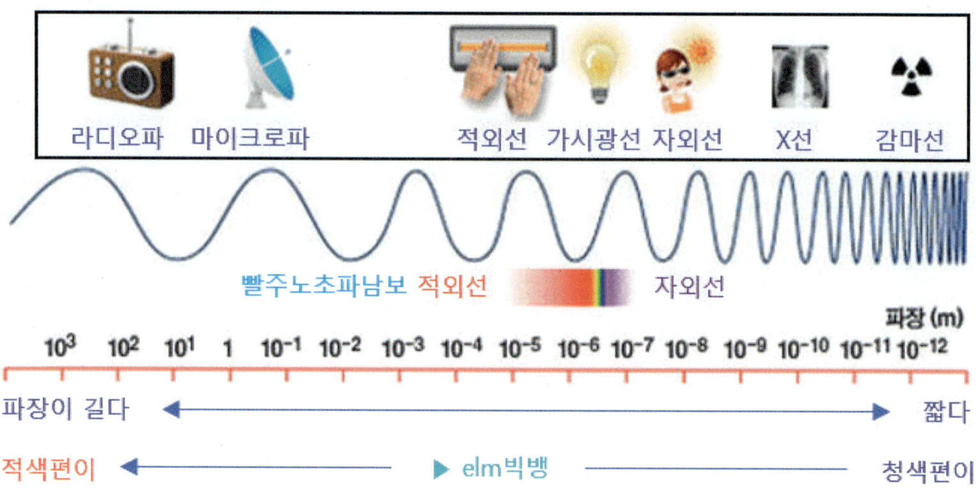
라디오파
마이크로파
적외선
가시광선
자외선
X선
감마선
빨주노초파남보 적외선
자외선
파장 (m)
10³ 10² 10¹ 1 10⁻¹ 10⁻² 10⁻³ 10⁻⁴ 10⁻⁵ 10⁻⁶ 10⁻⁷ 10⁻⁸ 10⁻⁹ 10⁻¹⁰ 10⁻¹¹ 10⁻¹²
파장이 길다
짧다
적색편이
▶ elm빅뱅
청색편이

3. ATA 24 ELECTRICAL POWER

가. 목적: 항공기 장치에서 어느 하나 중요하지 않은 것이 없겠지만, 전기 계통 역시 아주 중요한 장치이다. 전기가 없다면 그 어떤 시스템도 동작할 수가 없기 때문이다. 따라서 전기장치는 아주 높은 신뢰성이 요구되어 많은 Back-up과 Standby, 비상 전원 장치를 여러 다중화 장치를 갖추고 있다. 전원장치는 크게 시스템 동작에 필요한 전원(Operating power -115V AC)과 시스템 조작 전원(Control power -28V DC)로 나뉘고 그 외 지상에서 사용하는 연료 서비스, 청소, 화물 탑재 서비스 전원과 기내 IFE(In-Flight Entertainment)승객 서비스와 Galley power로 사용하는 유틸리티 전원(Utility power)이 있다. 이들의 시스템에 각 전원 공급은 시스템 우선순위 따라 AC BUS 1, 2, AC ESS, DC BUS, HOT BUS, DC ESS로 달리하고 한쪽 Generator가 부작동해도 BUS가 연결되게 되어있다. 그러나 Generator 고장으로 Single generator 동작 때는 Galley power & Utility power는 차단된다.

주요 시스템 구성은,

(1) **Engine IDG (Integrated Drive Generator):** 엔진 구동력으로 발전하며 Main AC (Alternate Current) 전원이다. 용량은 115V 3상 400Hz 90 KVA이다. 교류의 장점은, 변압용이, 전선의 무게 경감, 전송 등이 쉽다.

☞ IDG (Constant speed drive + Generator)로 CSD는 발전기의 회전속도를 1초당 400Hz로 일정하게 유지하는 부품과 발전기가 같이 있는 것을 말한다. 그러나 요즘은 VFG(Variable Frequency Generator)라 해서 엔진의 회전수와 관계없이 360~800Hz로 발전을 하고 GCB(Generator Control Breaker)가 주파수를 조절한다. VFG용량은 100K VA, 230V AC이다.

(2) **APU IDG:** 보조 전원장치 구동력으로 발전하며 주요 Main AC(Alternate Current) 전원이다. 용량은 115V 3상 400Hz 90 KVA이다.

$$T = \frac{1}{f}, \qquad f = \frac{1}{T}$$

☞ 전기적으로 Emergency 상태란 공중에서 Main Engine, APU IDG AC BUS 1, 2가 모두 고장 난 상태를 말한다.

(3) **CSM/G (Constant Speed Motor/Generator):** Main AC 전원장치 고장 시 사용하는 비상용 AC 전원장치이다. RAT(Ram Air Turbine)으로 유압 Motor를 돌려 발전하고 용량은 115V 3상 400Hz 5K VA이다.

(4) **Static inverter:** Main AC 전원장치 고장 시 Battery DC 전원을 AC로 전환하는 것이다. 이 전원을 사용하는 경우는 APU start (Supply of fuel pump), Engine start on battery (ignition), Emergency configuration이다. 용량은 115V 단상 400Hz 1 KVA이다.

(5) **TRU (Transformer Rectifier Unit):** AC를 DC로 전환해서 사용하는 정상적 DC 전원이다. 용량은 200A 28V DC이다.

(6) **Battery:** Battery는 APU 시동용 APU Battery와 TRU 고장 시 AC, DC ESS BUS 비상용으로 사용하는 2개 조가 있다. Battery가 사용으로 방전이 되면 Charger에 의해 바로 충전이 된다. 용량은 24V DC 23Ah이다. 그리고 OAT가 -15°C 이상 12시간 이상 지속되거나 -30°C 이하일 때는 Battery 장탈해서 보관한다.[4]

(7) **외부전원:** 항공기 지상조업 시 사용하는 외부전원 장치로, APU 사용을 줄여 연료비를 절감하는 목적과 APU 동작으로 인한 소음방지, 공해방지 목적도 있다. 그러나 해외 Station transit 때는 주로 APU를 사용한다. 용량은 115V 3상 400Hz 90 KVA이다.

나. 주요 구성품

(1) **IDG:** 발전기와 정속 구동기로 구성된 일체형 발전기이다. 엔진당 1개지만, 일부 대형기 Twin 엔진 항공기 B777에는 Back-up IDG도 있다. IDG 는 Oil service가 Life span 증가에 핵심 사항이므로 절차를 엄격히 준수하여야 한다.

(2) **GCU (Generator Control Unit):** 각 IDG 의 주파수, OV(Over voltage)/UV(Under voltage)를 제어한다.

4) Task 12-31-24-660-801 Cold weather maintenance.

(3) TRU (Transformer Rectifier Unit) 3개 조: AC 전원을 DC로 Inverting 한다.

(4) Battery: 화학 Battery Nickel-Cadmium 20 cells로 구성되어 있어서 무겁다.

(5) Electrical control panel: 모든 전원의 Bus를 Control 하는 Panel이다.

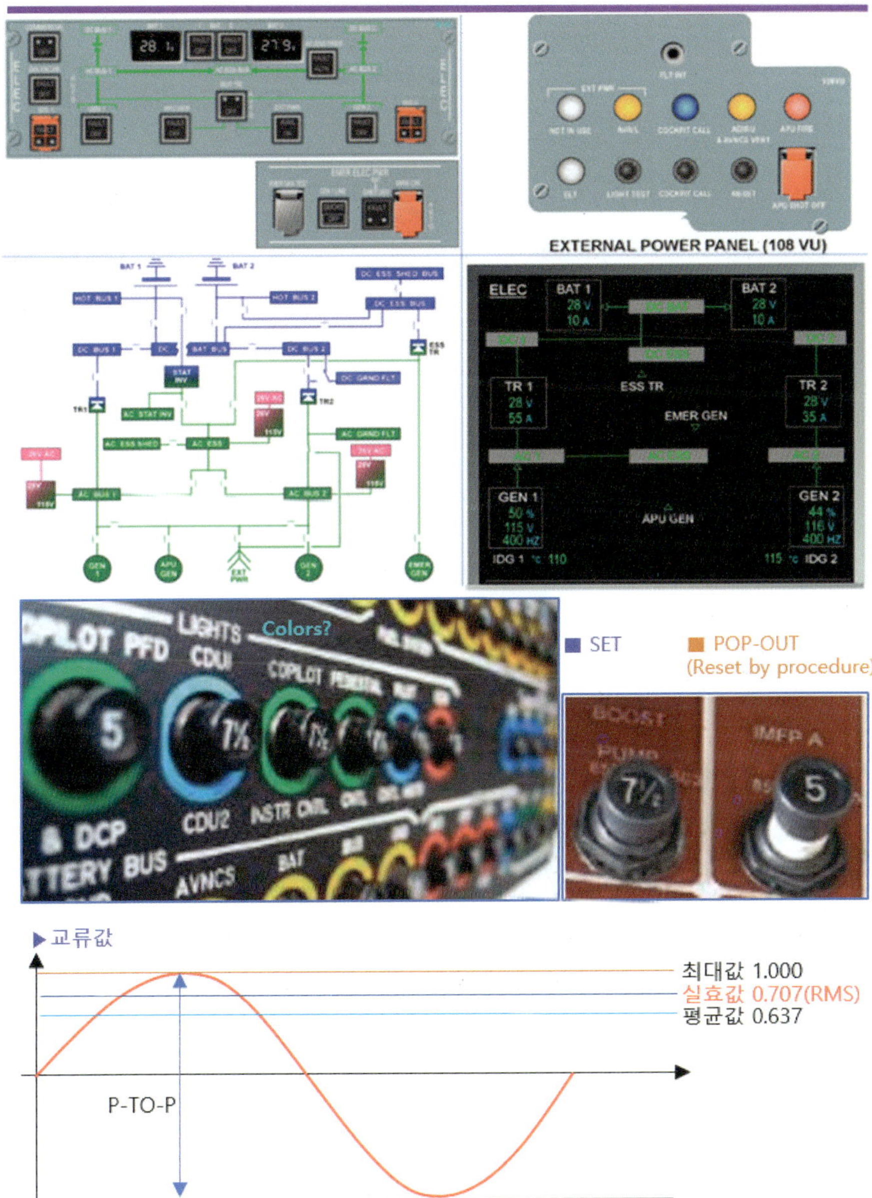

[그림 2-7] ELECTRICAL POWER

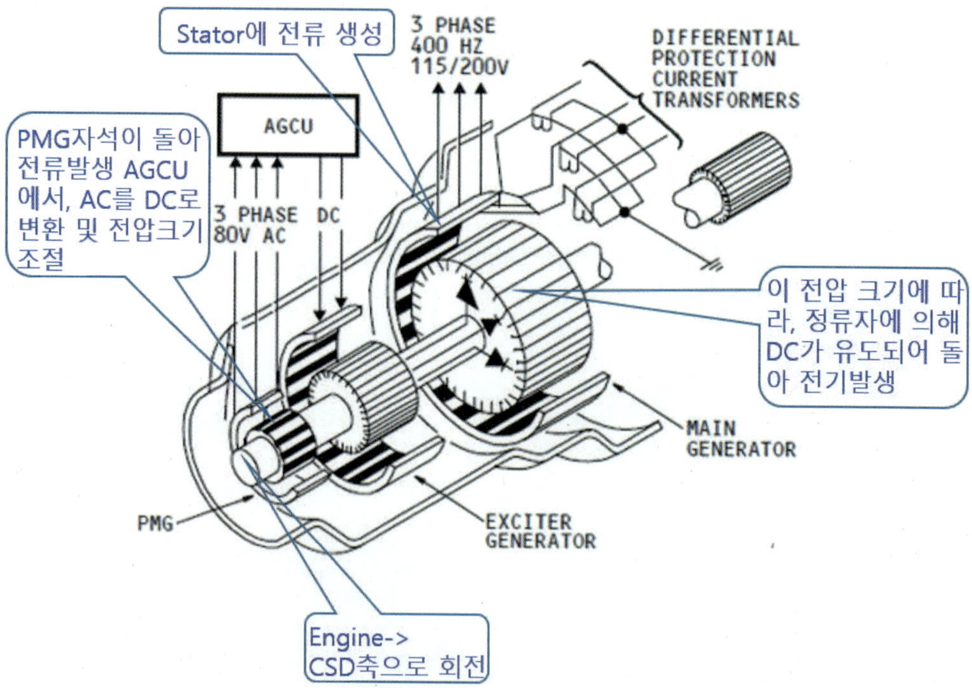

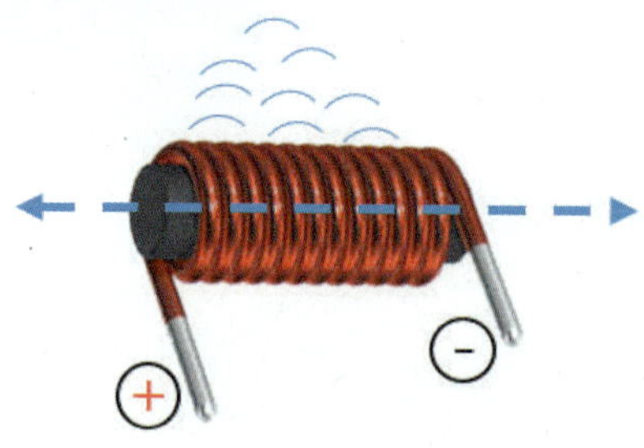

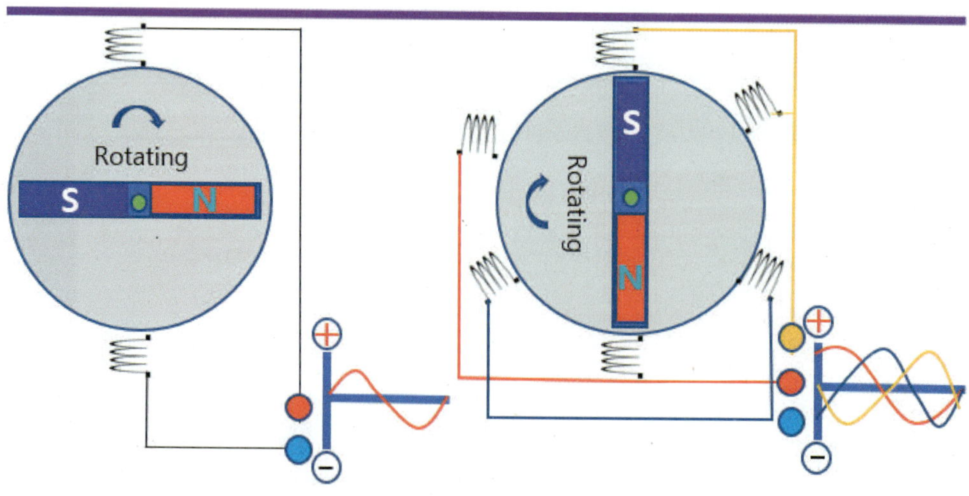

[그림 2-8] 단상 & 3상 발전기

■ 발전의 원리

■ 전기의 발생(전자유도)

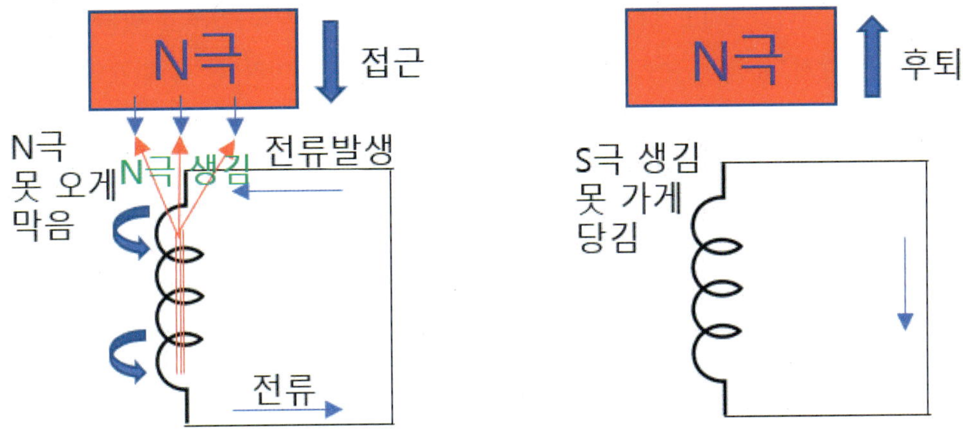

∴ 자석운동 방해하는 방향으로 전류흐름
전자기 유도 : 변화를 거부하는 속성 관성때문.
코일 내부를 통과하는 자기선속이 변할 때 그 변화를 반대하는 방향으로 자기선속이 생기도록 전류가 흐른다. =페러데이 법칙
공식 유도 기전력=- (감은수)x(선속 변화율)

$$v = -N\frac{\Delta\phi}{\Delta t}$$

■ 발전기

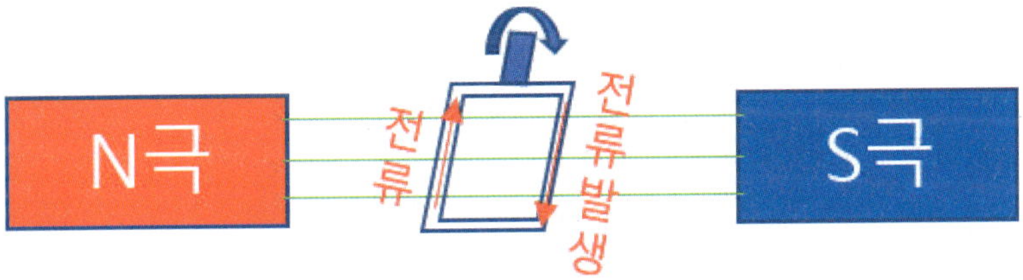

∴ 회전방향 방해 하도록 전류가 발생

[※ 발전기 원리 연구]

4. ATA 26 FIRE PROTECTION

가. 목적: 하늘을 날아다니는 항공기에 화재가 쉽게 발생하거나 그렇게 되어서도 안 되는 것이 자명한 사실이오나, 열원이 많이 있는 곳인 엔진, 보조 동력장치인 APU(Auxiliary Power Unit), 착륙 기어실(Whell well), 동체 아래 화물 실(Cargo compartment)에는 화재 발생 가능성에 대비한 화재 감지 장치와 소화기 (Bottle) 통을 갖추고 있

고, 전기 · 전자 장비실에는 연기 감지 장치기만 있다. 그리고 화장실에는 화재로 인해서 온도가 올라가면 소화기 통이 자동으로 녹아서 소화액이 나오는 방식으로 화재 진압을 하고 있다. 그리고 화재 감지 장치와 소화 장치를 모두 갖추고 있는 것을 Dual system, 감지 장치만 갖추고 있는 것을 Single system이라 한다. 화재의 종류는 A급 화재-일반화재 소화액은 물, B급 화재-유류 화재 소화액은 CO2, C급 화재-전기 화재 소화액은 CO2, D급 화재-금속 화재 소화액은 분말 소화제가 있으며 화재 종류에 따라 화재 진압방식이 다르다.

주요 장치 구성은.

(1) **Engine**: 엔진은 온도의 변화로 이중 감지기가 과열(Overheat)과 화재(Fire)를 감지하며 화재 시 조종석에서 조종사가 소화액을 분사시킬 수 있다. 소화기 통은 엔진당 2개가 엔진 위쪽(Pylon)에 있다. 온도 감자방식은 온도가 올라가면 센서(Loop)안에 있는 Helium 가스가 팽창해서 스위치가 닫혀서 감지하는 Responder 방식을 이용하고 있다.

(2) **APU**: APU는 온도의 변화로 하나의 2중 센서가 화재(Fire)를 감지하며 화재 시 공중에서는 조종석에서 조종사가 소화액을 분사시킬 수 있고 지상에서는 자동으로 APU 꺼지고 소화액이 분사된다, 이를 Unattended mode라 한다. 소화기 통은 1개가 APU 전면에 있다. 온도 감자방식은 엔진과 같아 온도가 올라가면 센서(Loop)안에 있는 Helium 가스가 팽창해서 스위치가 닫혀서 감지하는 Responder 방식을 이용하고 있다.

(3) **화물실 (Cargo Compartment)**: 화물 실에는 Cargo 천정에 Dual 연기 감지기가 있다. 화재 시 조종석에서 분사시키며, 첫 번째 소화기 통은 한번 만에 다 분사하는 식의 Single shot 방식을 이용하고 두 번째 소화기 통은 장거리(EDTO)[5] 운항에 대비한 천천히 분사하는 식의 Metered 방식을 이용한다.

(4) **전기 · 전자 장비실**: 이곳에는 컴퓨터에서 나오는 열을 냉각시키는 게 아주 중요한데 냉각 방식은 차가운 공기는 Blower fan으로 불어넣고 더운 공기는

5) EDTO(Extended divertion time operation)회항시간 연장운항.

Extraction fan으로 빼내는 방법으로 공기를 회전시켜 냉각하고 여기에 연기가 나오게 되면 광도 전 감지기가 연기를 감지한다. 화재 발생 시 공기를 차단하는 방식으로 화재를 진압한다.

(5) **타이어 기어 실 (Whell well)**: 이륙 시 타이어에서 발생하는 마찰력 열을 감지하는 방식으로 감지한다. Wheel well 연기 감지 장치는 대형기에만 있고 소형기는 마찰열이 작아 없다.

(6) **화장실 (Lavatory)**: 연기 감지기가 화장실 내 천정에 하나가 있고 화장실 쓰레기통에서 화재가 발생하면 소화기 통이 녹아 자동으로 화재가 진압된다.

나. 주요 구성품

(1) FDU (Fire Detection Unit): Loop sensor에서 신호를 받아, 과열인지, 화재인지를 판단하는 로직(Logic)이다. 화재 결정에 있어서 엔진과 APU는 AND Logic을 사용하고, 나머지는 OR Logic을 사용한다.

(2) BOTTLE: 소화액이 채워져 있는 통이다. 충격에 예민하므로 취급에 주의하여야 하고 교환 시 Bottle의 무게가 설명서에 명시된 데로 엄격히 관리되어야 하고 무게 부족 시 Unserviceable 처리한다. 또한, 소화기 분사 장치(Discharge cartridge)에 미세한 전기도 가해서는 안 된다.

(3) LOOP SENSOR: 감지기에는 온도에 팽창하는 헬륨이 들어있으므로 손으로 휘게 하거나 변형하게 해서는 안 된다. 장탈 착시에도 감지기에 무리한 힘을 주어서도 안 된다.

(4) AEVC(Avionics Equipment Ventilation Controller): 전기 · 전자 장비실에 냉각장치와 연기 감지기 장치를 컨트롤하는 컴퓨터이다.

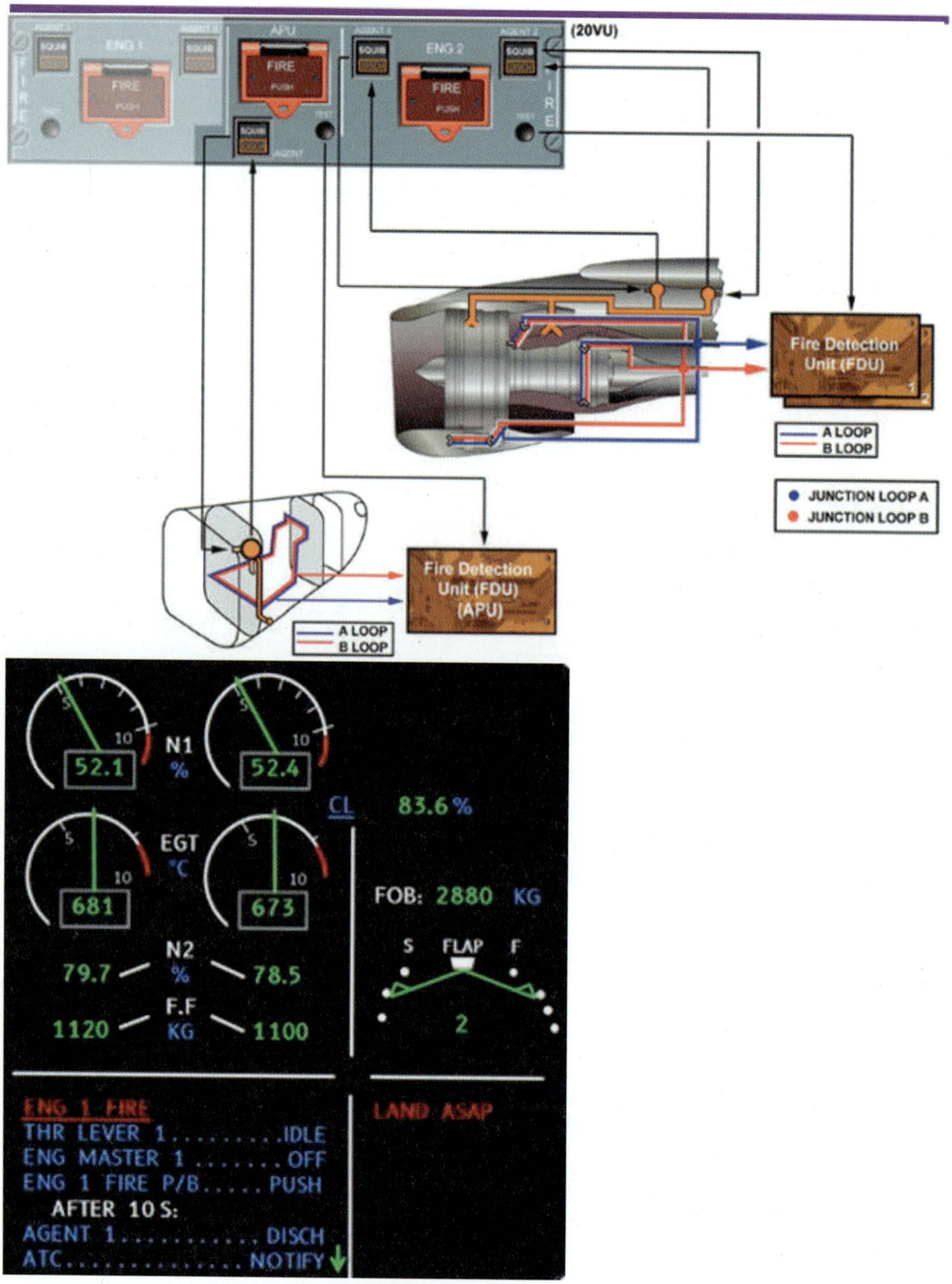
(20VU)
ENG 1
APU
ENG 2
FIRE
SQUIB
TEST
AGENT
Fire Detection Unit (FDU)
A LOOP
B LOOP
JUNCTION LOOP A
JUNCTION LOOP B
Fire Detection Unit (FDU) (APU)
N1 %
52.1
52.4
CL 83.6 %
EGT °C
681
673
FOB: 2880 KG
N2 %
79.7
78.5
S FLAP F
2
F.F KG
1120
1100
ENG 1 FIRE
THR LEVER 1.........IDLE
ENG MASTER 1........OFF
ENG 1 FIRE P/B.....PUSH
AFTER 10 S:
AGENT 1...........DISCH
ATC.............NOTIFY
LAND ASAP

[그림 2-9] FIRE

■ 화재 감지 장치

▶ 온도 감지

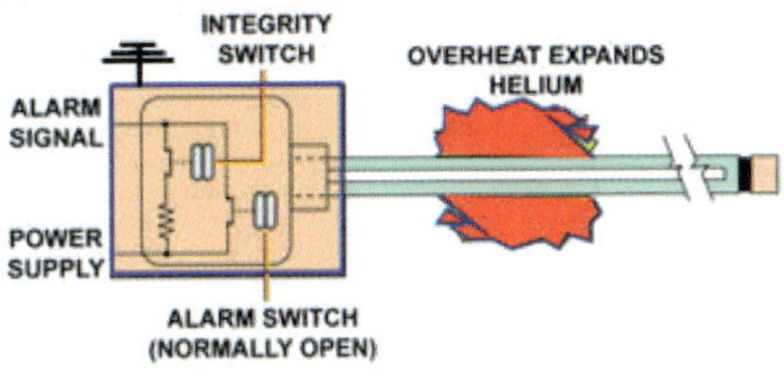

Helium expands, alarm switch closes.

▶ 온도 감지

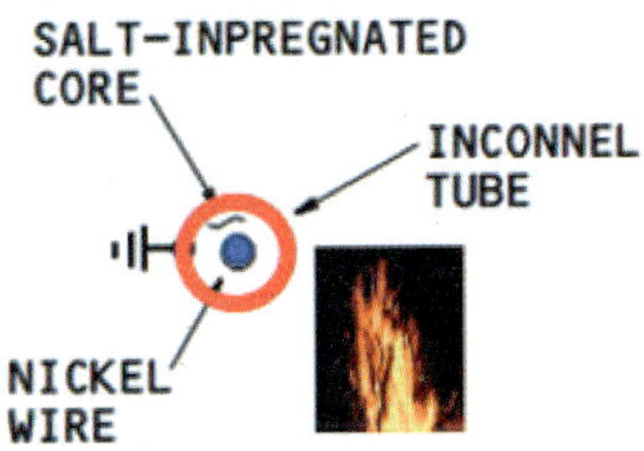

The detector is an Inconel tube filled with salt impregnated ceramic core and a nickel wire. A power supply is connected to the nickel wire and the Inconel tube is grounded. At low temperature, the resistance of the core is high preventing current flow to ground. When the temperature increases to 400F (204C), the resistance decreases allowing current flow to ground.

▶ 온도 감지

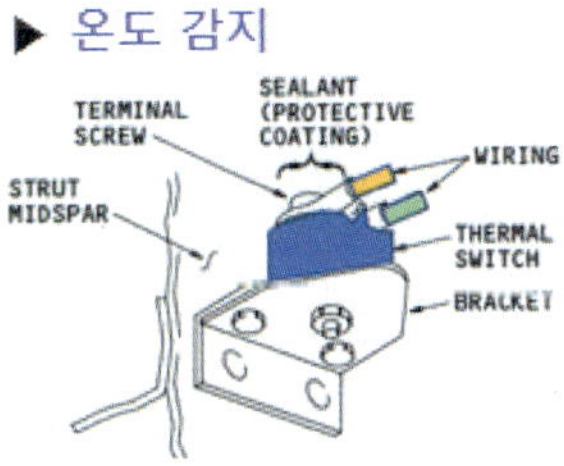

Using negative resistance.

▶ 온도 감지

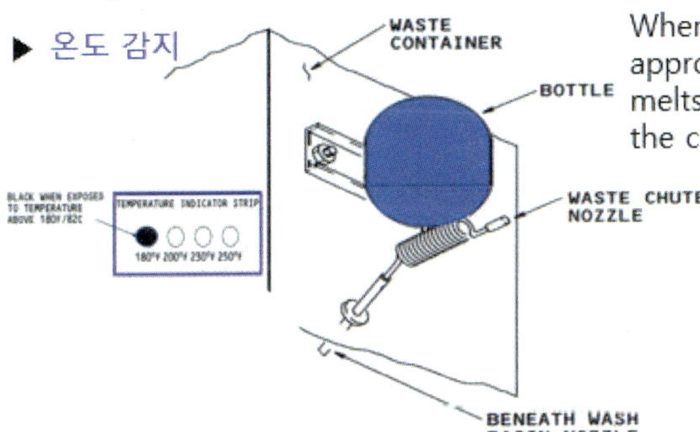

When the compartment temperature exceeds approximately 170˚F (77~˚C), the eutectic solder melts and the extinguishing agent is released into the compartment.

▶ 연기 감지

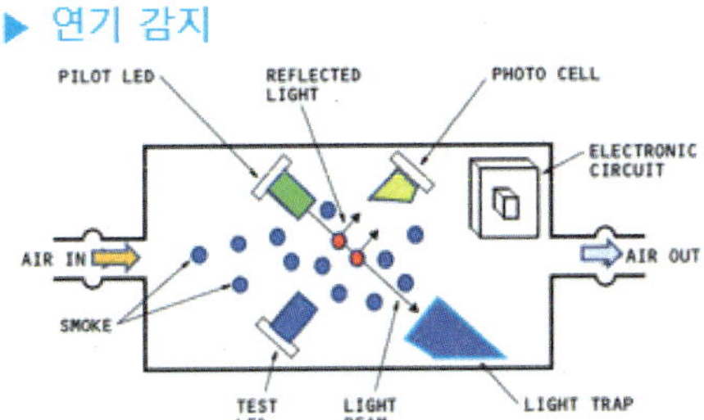

When air with smoke passes through the detector, light is reflected from the smoke particles and directed onto the photo cell. The output of the photo cell changes, allowing the electronic circuit to provide smoke indication.

[※ 화재 감지 장치 연구]

5. ATA 30 ICE & RAIN PROTECTION

가. 목적: 이 장치는 아래 사진에서와 보는 바와 같이 겨울철의 지상에서 비행 전 눈과 얼음을 제거하는 제빙 작업과 방빙 작업을 포함하여 비행 중 Icing condition 조건 지역 비행 시 방빙을 하는 주 날개 앞전과 엔진 입구 방빙 그리고 각종 Prove, Static port, Drain mast 방 빙장 치를 말한다. 지상에서 제방빙을 하지 않고 이륙하면 항공 역학적 성능이 저하되고, 엔진 성능도 저하되며 비행계기와 엔진 계기 계통에 오작동 정보가 지시되어 위험하다. 제방 빙 액은 Heated water와 TYPE-I, II, III, IV SAE/AMS(Ethylene glycol, isopropyl alcohol) 용액을 50:50, 75:25, 100:00 와 같은 방법으로 혼합하여서 뿌려서 Hold over time 시간 내 이륙한다. 뜨거운 물은 제빙, 용액은 방빙으로 생각하면 된다. 공중에서는 순항고도는 온도가 약 -56°C에 이르므로 각종 공기압력 센서 조종석 앞 유리(Windshield)가 비나 얼음 등에 의해서 얼지 않게 전기적으로 가열하여야 하는데, 공중에서 가열되는 곳 주요 부분은 날개 앞전, 엔진 입구, 공기압력 센서, 조종석 앞 유리, 오물 배출구, Water & Waste service panel이다. 가열 방식은 날개 앞과 엔진 입구는 엔진에서 나오는 뜨거운 공기인 Bleed를 사용하고 나머지 Pitot tube, L/H, R/H Static, AOA (Angle Of Attack) TAT(Total Air Temperature) 모두 115V AC나 28V DC 전기적으로 가열한다.

나. 주요 구성품

(1) **PHC (Prove Heat Computer)**: 모든 De-anti icing을 컨트롤하는 핵심 컴퓨터로서 Prove와 Window는 엔진이 하나 이상 돌면 지상에서는 Low 가열, 공중에서는 Normal 가열로 조절하는 컴퓨터이다. Wing & Engine anti ice는 엔진의 출력보존과 연료 소비를 줄이기 위해 Bleed 사용은 선별적으로 이루어진다. 즉, Manual로 ON 하거나 Ice detector가 Ice condition을 감지하면 Auto로 ON 된다. PHC는 3개가 있어서 하나 또는 두 개가, 고장 나도 Probe 전부가 부작동 되지 못하도록 회로가 설계되어 있다.

(2) **PROBE**: Pitot tube(전압을 감지), L/H, R/H Static(기압을 감지), AOA(받음각을 감지), TAT(Total Air Temperature-전 온도를 감지), Ice detector(얼음 상태를 감지) 하는 공압 Sensor를 말한다. 이러한 Prove의 정보로 속도,

고도, 실속각 등 아주 중요한 비행 정보를 계산하므로 이러한 Prove 장착 위치를 RVSM(Reduced Vertical Separation Minimum -> 29,000ft to 41,000ft 사이에서 고도 분리를 기존 2,000ft에서 1,000ft로 낮추는 것) Area라 칭하여 더 엄격히 FOD(Foreign Object Damage)방지와 기체가 변형되지 않도록 잘 관리되어야 하므로 빨간색 사각형 줄이 그러려 있다.

☞ SAT=OAT, RAT=TAT FL360 OAT가 -50°C일 때 RR로 TAT는 -20°C이다. 이때 RR가 -30°C.

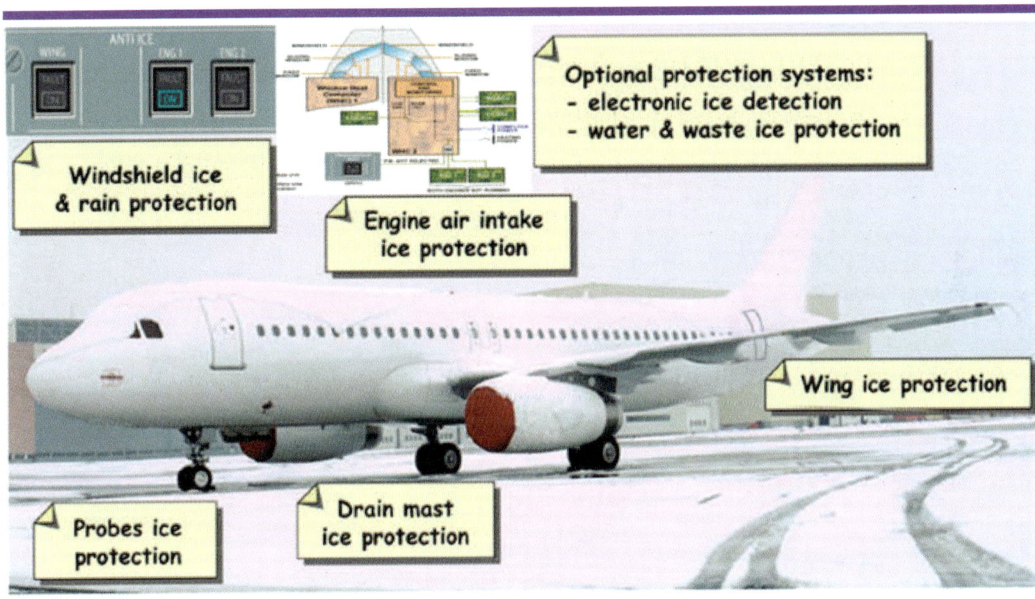

[그림 2-10] ANTI ICE

▶ PITOT TUBE가열 원리

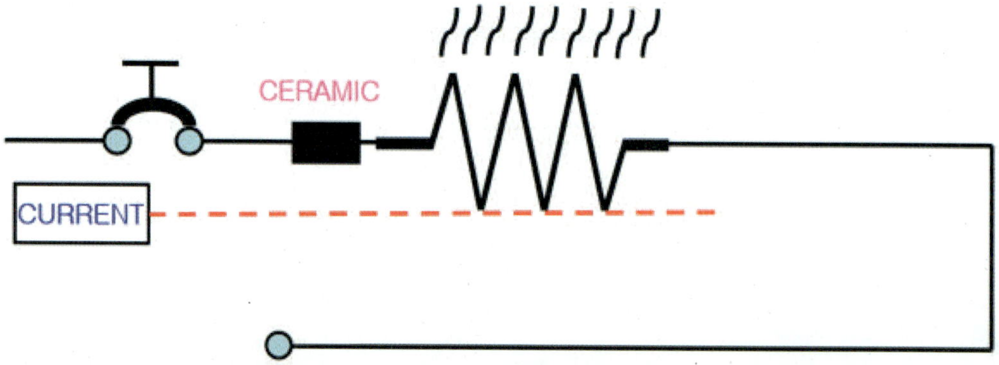

Ceramic heater는 저항의 역할로 전기가열 제한하고, 120~150°C유지함. 항공기 속도 증가시 피토관 내부 공기흐름 속도 증가로 Ceramic heater가 식게 되며, 열 저항값 감소로 인해 방빙을 위한 전기량이 증가되는 원리.

▶ ICE DETECTOR 원리

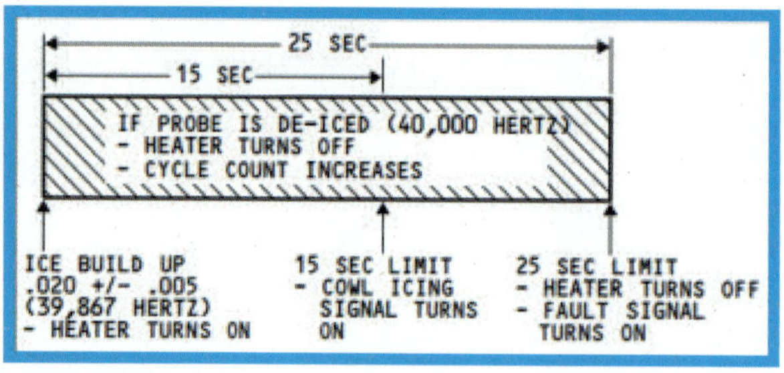

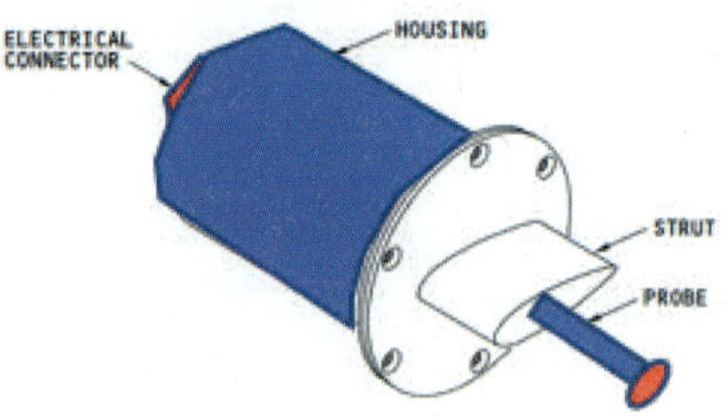

Each ice detector operates independently. The ice detector probe vibrates at approximately 40,000 Hz. The probe vibrates at a lower frequency when it collects ice. A heater for the probe turns on when the probe vibrates less than 39,867 Hz. The heater stays on until the probe vibration returns to its usual value or the heater operates for 25 seconds. The usual time that the heater is on is 5 - 7 seconds. If the heater is on for 25 seconds, the heater turns off, and a fault condition is latched.

[※ PROBE 감지 장치 연구]

6. ATA 31 INDICATING & RECORDING SYSTEMS

가. 목적: 지시계통과 녹음계통으로 EIS(Electronic Instrument System)라 하는데 이는 ECAM(Electronic Centralized Advisory Monitor)과 EFIS(Electronic Flight System)으로 나뉜다. ECAM의 목적은 EWD(Engine Warning Display), SD (System Display) ECAM Control panel을 말하는데 항공기가 정상적으로 비행 중

에는 조종사가 엔진의 상태는 EWD(Engine Warning Display)를 보고 감시하고, 기타 비행에 필요한 Normal Check list를 수행할 수 있도록 도와주는 장치이다. 항공기에 결함이 발생 시는 EWD에 항공기 시스템 경중에 따라 등급으로 분류된 각기 다른 색으로 LEVEL 3, 2, 1 Message가 뜨며 Audio가 나온다. 또한, 동시에 그 Message를 처리하는 절차인 QRH(Quick Reference Handbook) Message가 지시되어 조종사가 관련 절차를 수행할 수 있게 되어있고 해당 시스템의 Synoptic이 Lower DU(Display Unit)에 지시되어 항공기 시스템의 상태를 확인할 수 있도록 해준다. 그리고 EIS DU에 정보 Display와 Overhead panel에는 Crew work load 감소와 혼선을 줄이기 위해 Color 별로 구분하는데 그 색깔은 7가지로 Green, Amber, Yellow, Red, Cyan, Magenta, White가 있다. EFIS는 기장석, 부기장석에 각각 장착되어 있고 PFD(Primary Flight Display), ND(Navigation Display), EFIS Control panel로 구성되어 있다. PFD(EADI)는 비행계기라고 하며 항공기 비행자세(Pitch, roll, yaw) 정보와 속도, 고도, 비행 방향 정보와 같은 것을 T-형으로 지시하는 Short term 비행 정보를 지시하는 계기이다. ND(EHSI)는 우리가 핸드폰으로 Car navigation을 사용하면 지도정보가 지시되는 것처럼 항로, Mapping 정보, 비행경로, 항공기 위치를 지시하는 Medium term 비행 정보 항법계기이나. 기타 ECAM Control panel은 Upper/Lower DU를 컨트롤 한다. EFIS Control panel은 5개의 DU의 화면을 변경하고 위치를 전환하는 데 사용한다. 녹음계통은 한마디로 지상에서 출발을 위한 엔진 시동 시부터 비행 중 조종석과 항공기에서 발생하는 모든 비행 정보 약 300가지의 정보를 25시간 동안 녹음하는 장치이다. 여기서 국제법으로 녹음이 지정된 정보를 Mandatory 정보라 하는데 주요 비행 정보는 DFDR(Digital Flight Data Recorder)에 저장하고 항공사에서 엔진정비와 항공기 감항성 관리를 위해 녹음하여 분석하여 정비하는데 사용하는 정보는 WQAR(Wireless Quick Access Recorder)에 저장하여 비행 후 사용하고 이는 국제법적으로 의무사항이 아니라 Option 장치라 한다.

주요 시스템 구성은,

(1) **ECAM:** Upper DU에는 엔진 정보와 Thrust mode, FOB(Fuel On Board)은 항상 지시하고, MEMO Message는 항공기 정상 시만 지시한다. 결함 Message, QRH는 결함 발생 때 지시되고 기타 Slat/Flap 정보는 Up/down

할 때만 지시되어 10초가 지나면 사라진다. Lower DU에는 11개의 주요 시스템 페이지와 결함 시 해당 페이지가 자동으로 지시되어 결함의 원인을 그림처럼 쉽게 조종사가 인지하도록 도와준다. 정상 비행 중에는 Cruise page가 지시되어 ENG Secondary parameter와 AIR 정보 여압 정보와 객실 온도정보가 지시된다. 그러나 Upper DU가 고장 나면 Upper DU 정보는 모두 Lower DU로 Transfer 되고 Lower DU에 지시되는 정보는 Manual로 사용한다.

(2) EFIS: Outboard DU PFD는 한 화면으로 고정되어 있다. 그러나 PFD가 고장 나면 PFD정보는 Inboard DU ND로 Transfer 되어 계속 지시된다. ND는 비행 상태에 따라 EFIS Control panel로 ROSE ILS, ROSE VOR, ROSE NAV, ARC, PLAN 5개의 화면 중 항공기 비행 Phase에 따라 하나의 화면을 조종사가 선택할 수 있다. 예를 들어 지상 출발 게이트에서 비행 준비를 위한 Flight plan을 준비 중일 때는 "PLAN" Mode를 선택해서 비행 준비를 한다.

(3) CLOCK: 항공기에서 사용하는 시간은 GPS에서 받는 UTC(Universal Time Coordinated)이며 GPS가 고장 나면 내부 시계, CFDIU Back up시계 순으로 사용한다. 시계의 목적은 CFDS(정비), MMR(GPS 항법 & GLS), ATSU(Data link), FDIMU(Black box & ACMS), FMGEC(Navigation)과 Log book 기록이다. 또한, 시계는 Cable 항공기에서는 2개가 장착되었고 현 Fly-by-wire 항공기는 한 개만 장착되고 있다. 더불어 이마저도 아예 시계는 항공기 무게를 줄이기 위해, 장착이 되지 않고 Display만 되는 형태로 바뀌고 있다.

나. 주요 구성품

(1) DMC (Data Management Computer): DU에 Symbol & Graphic으로 정보를 지시, 관리하는 기능을 수행한다.

(2) SDAC (System Data Acquisition Computer): 항공기 장치에서 신호를 받아 필요한 DMC, FWC로 배분하는 기능을 수행한다.

(3) FWC: 경고 Message를 처리하고 SD에 Synoptic 화면을 POP-UP 시키고 Attention getter를 제어한다.

(4) ATTENTION GETTER: "MASTER WARN RED" Light, "MASTER CAUT AMBER Light"로 하는 Visual 경고와 Loud speaker로 하는 "CONTINUOUS REPETITIVE CHIME", "SPECIFIC SOUND" OR "SYNTHETIC VOICE"로 구성되어 있다.

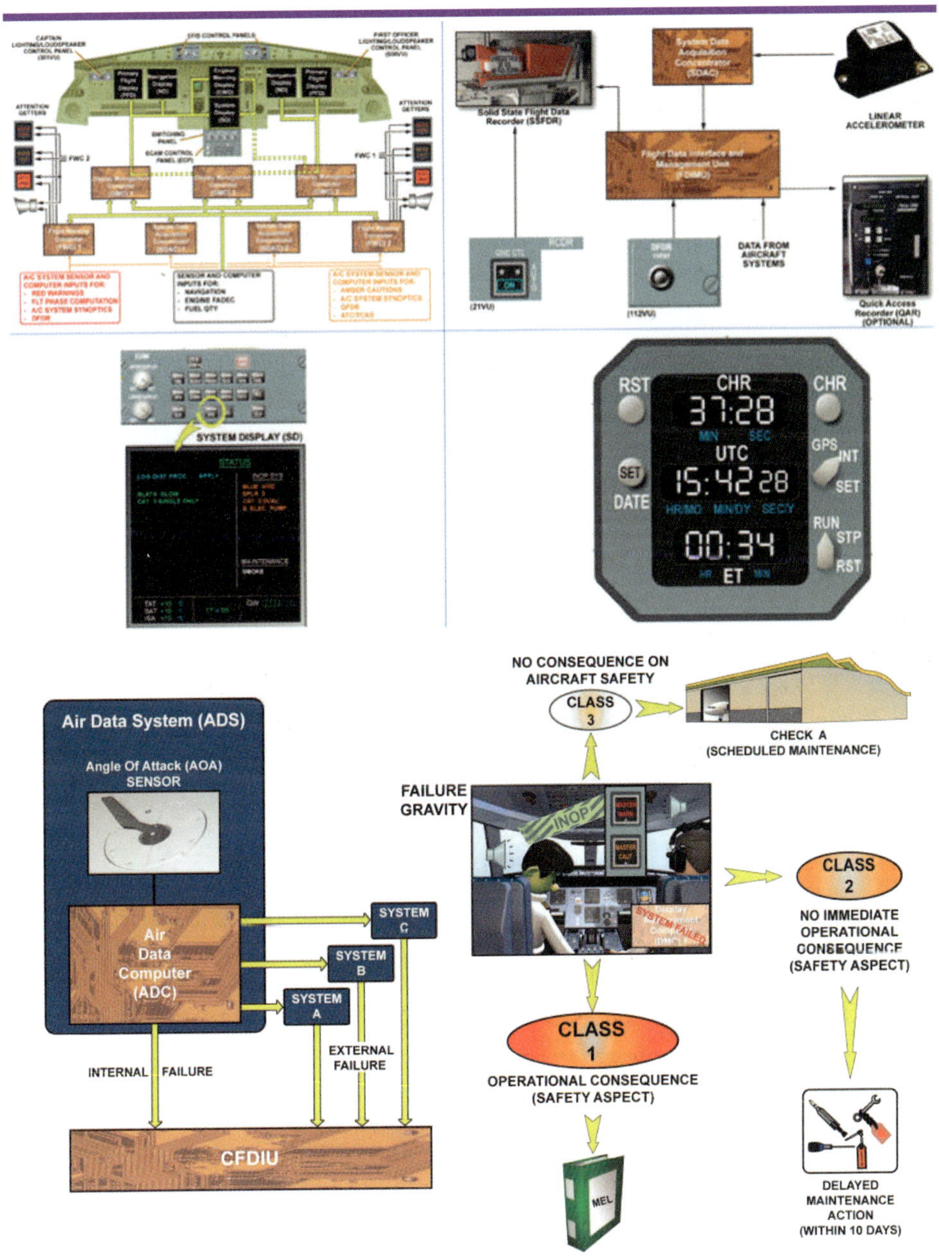

[그림 2-11] INDICATING & RECORDING

■ 6 Colors?

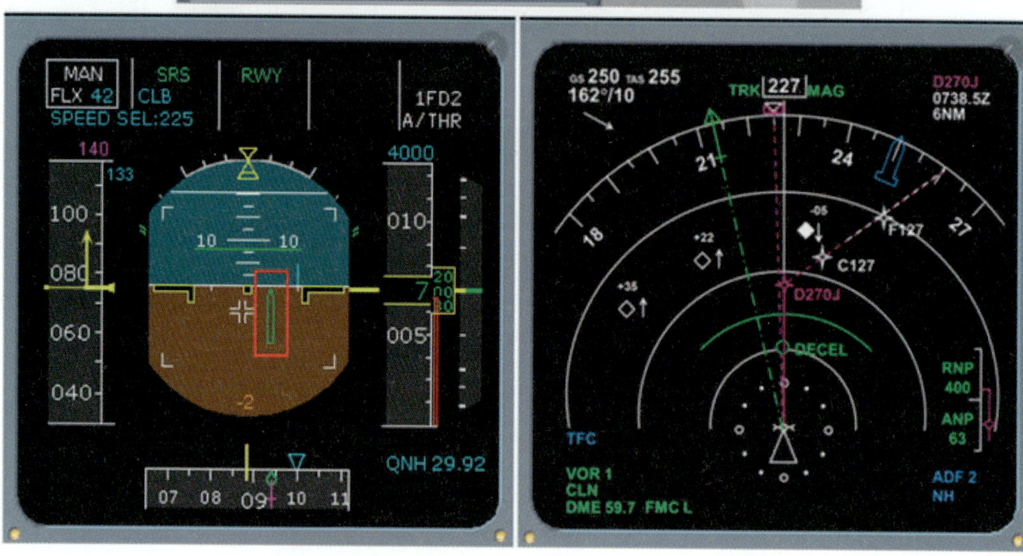

[그림 2-12] COLOR PHILOSOPHY

☞ EFIS COLOR PHILOSOPHY: Green(Normal, Current mode, value), Amber (주의가 필요한 Message, Caution), Red(Failure indication), Cyan(QRH. 선택한 Target), Magenta(LOC, G/S, Specific value), White(Scale), Yellow (Aircraft reference)이다.

7. ATA 33 LIGHTS

가. 목적: 라이트 시스템은 조종석에서 야간 비행 시 필요한 계기 Panel light, 조명등, 편리 등이 있는 Cockpit 조종석 Light 부분, 다음으로 케빈에 승객 등, 겔리 등, 비상 조명등이 있는 Cabin light 부분, 항공기 외부에 야간 비행 때 주로 사용하는 항법등, 충돌방지등, 위치 등 그리고 착륙등, Taxing 등이 있는 External light 부분으로 되어있다. 지상에서는 조업에 필요한 서비스 등이 있다. 이처럼 라이트 시스템은 야간에 시야를 확보하는 역할과 공중에서 충돌을 방지하기 위한 내 비행기 위치를 다른 사람에게 알리는 역할을 한다. Light는 예전에는 Filament 유형이었지만 요즘은 High intensity LED를 거의 사용한다. 또한 Cabin in flight entertainment system이 2000년대로 접어들면서 Digital 기술 발전에 힘입어 다양한 편의장치와 Internet service도 도입되는 등 항공사 간 경쟁이 날로 치열해지고 있어 이러한 시스템 이해와 정비가 중요해 지고 있다.

주요 시스템 구성은,

(1) **COCKPIT**: 조종사가 비행 전 Annunciator light test SW로 계기등을 점검한다. 계기등의 밝기조정은 항공기 외부의 밝기를 감지하는 Ambient light sensor와 Cockpit의 밝기를 감지하는 Integral light sensor 그리고 Manual 3가의 조합으로 5V DC로 밝기를 조절한다.

(2) **CABIN**: 케빈은 좌측 첫 번째 출입문 근처에 있는 FAP(Forward Attendant Panel)에서 승무원이 Master control 하나 좌석에서 일부 Light, 독서 등은 승객이 직접 조절한다. FAP에서는 케빈의 밝기를 사전 프로그램 된 시나리오 방식과 수동 선택 표준방식으로 조절한다. FAP에 캐빈의 Light, Galley, Lavatory, Waste system을 CIDS(Cabin Intercommunication Director System)를 통해 모두 Control한다.

(3) **EXTERNAL**: Landing light, Runway turn off light, Taxi and T/O light, 항법등, LOGO light, Position light, Beacon light, Strobe light, Wing and engine scan light가 있다.

(4) EMERGENCY: 비상등은 Electrical emergency인 경우, 비상 상황 시 사용하는데 조종석에서는 자동이나 수동으로 ON/OFF하고 객실에서는 수동으로 ON/OFF 한다. 비상등의 목적은 화재 발생 시 연기로 앞이 보이지 않을 때, 출입구 위치를 알려 주는 게 주요 목적이다.

나. 주요 구성품

(1) CIDS(Cabin Intercommunication Director System): 객실의 모든 Light와 기능을 조절하는 핵심 컴퓨터이다. 2개 조가 있다.

☞ 조종석 문이 열려 있는 상태서 엔진이 돌 때, CIDS가 DEU(Decoder Encoder Unit)로 좌측 맨 앞문의 조도를 10%로 선택해서 엔진 계기가 잘 보이도록 한다.

(2) EPSU(Emergency Power Supply Unit): 비상 전원을 공급하는 Battery이다. 4개 조가 있다. 28V DC로 충전되고 비상등은 6V로 들어온다. EPSU는 항상 100% 충전상태로 유지하여야 한다.

(3) DEU (Decoder Encoder Unit): 기내 좌석과 Galley와 CIDS간 Interface 기능을 수행한다.

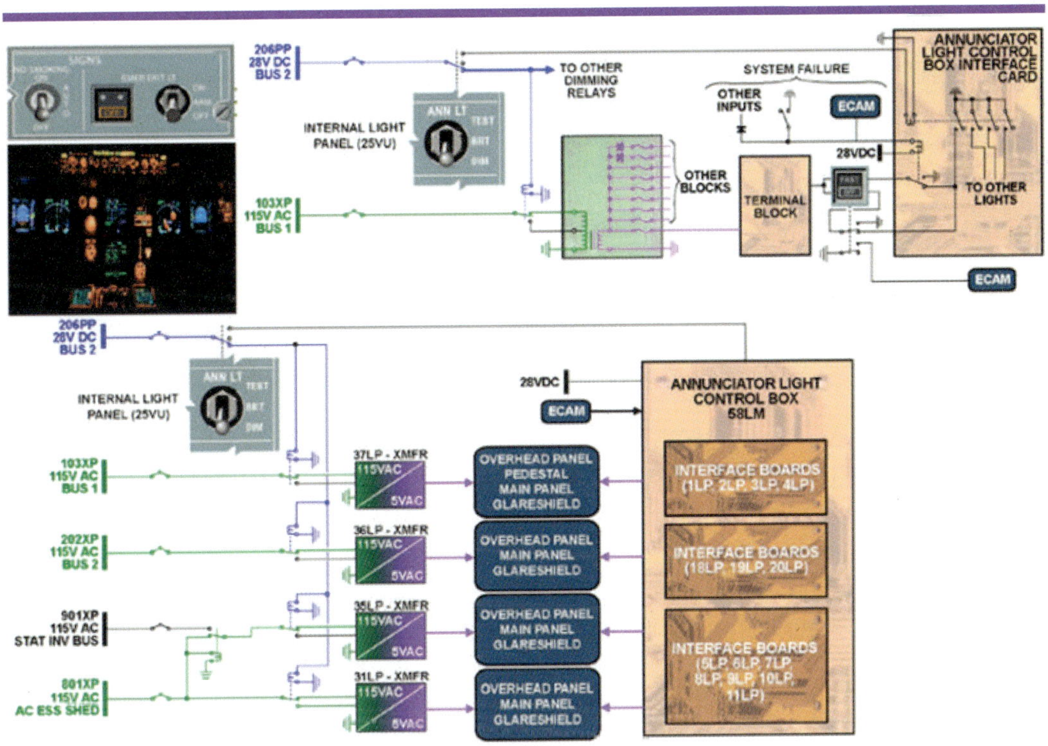

[그림 2-13] LIGHTS

8. ATA 34 NAVIGATION

가. 목적: 항법의 정의를 보면 "항공기 또는 선박을 어느 한 지점으로부터 일정의 다른 지점으로 소정의 시간에 도달할 수 있게 유도하는 방법"이라고 되어있다. 이러한 항법을 위한 항법장치에는 전천후 낮과 밤을 가리지 않고 비행하는 여객기 항법에 필요한 많은 장치가 있으며, 이들은 또한 착륙 시에도 필수적으로 사용하고 있다. 항법장치는 크게 독립항법 장치, 무선항법 장치, 위성항법장치로 나뉜다. 독립항법 장치는 관성항법 장치가 대표적이고 위성항법장치는 GPS이다. 마지막으로 무선항법 장치는 전파의 도움으로 작동하는 장치를 말하는데 주요 무선항법장치는 MMR(Multi-Mode Receiver) ILS, GS(Glide Slope), Weather RADAR, RA, TCAS, EGPWS, DME, ATC, ADF, VOR가 있다. 그리고 ISIS는 ADIRU 고장이 나면 사용하는 Back-up이다.

주요 시스템 구성은,

(1) ADIRU(Air Data/Inertial Reference Unit): ADIRU는 TAT(Total Air Temperature), AOA(Angle Of Attack). PITOT Tube에서 오는 공기압력 정보를 이용하는 공기압력 부분과 Ring 레이저 Gyro를 사용해서 정보를 얻는 관성 부분으로 구성되어 있다. ADIRU는 L/H, CENTER, R/H 3개 조로 평상시는 3개의 System을 모두 사용하는 MIXED OPERATION을 사용하고 POLAR AIR NAVIGATION 때는 L/H 하나만 사용하는 SPLIT SYSTEM으로 이용한다. 이는 오차를 줄이는 방법이다. ADIRU에 얻는 주요 정보는 항공기 Pitch, roll, yaw 자세 정보와 Heading, 속도, 고도, 승강계이며 가속도계(Accelerometer)로 위도, 경도 정보를 포함한 현 위치 정보를 계산한다.

(2) ISIS(Integrated Standby Instrument System): 이 계기는 ADIRU Back-up으로 Standby 고도계, 수평 지시계, 속도를 지시하는 계기이고 ILS 정보도 지시한다.

(3) MMR(Multi Mode Receiver): GPS 수신기와 ILS 수신기를 MMR라 한다. GPS 수신기는 4개의 위성에서 보내주는 시계 정보를 수신, 거리를 계산하여 위치 정보를 계산하고, ILS 수신기는 착륙 시 보통 3°로 착륙 각을 알려 주는 Glide slope 정보를 수신하며 Localizer는 활주로 중심방향으로 진입을 알려 주는 정보를 수신하여 계기에 지시한다. 조종사는 이러한 정보를 보고 착륙하며, 안개로 인한 시정이 불량할 때도 이 정보를 이용 자동 자동조종장치와 함께 착륙을 유도하는 주요 유도 Guidance 장치이기도 하다.

(4) WEATHER RADAR: 기상 레이더는 안테나로 전파를 발사하여 돌아오는 Echo 파로 Wind shear 지역과 강우로 인한 난기류 지역을 판단하고 전파가 돌아오는 시간으로 거리를 계산하며 방위는 안테나가 돌아오는 Echo 파를 수신할 때의 안테나 방향 정보로 계산해서 지시하면 조종사가 이들의 정보를 보고 안전하게 악기상으로 인한 위험을 대처하게 해준다. 또한, 착륙 시는 안테나의 방향을 아래로 향하게 하는 Mapping mode기능으로 자동이나 수동으로 전환되어 산과 같은 지형정보, 강 정보를 알려 주어 지상과의 충돌을 방지하는 역할을 한다.

보통 안테나의 방향 즉 전파 방사 각은 ADIRU에서 받고 공중에서 순항 시는 Pencil beam(직선 빔)을 사용한다. 착륙 시는 Cosecant beam(역삼각 빔) 방식을 사용한다. 기상 레이더 최대 작동 거리는 Weather mode는 320 NM, 난기류 탐지기능은 40 NM, Wind shear mode는 5 NM, 각도는 전면 40°, 고도는 절대고도 2,300 feet 이하에서 동작한다. 그리고 모든 정보는 5가지 색깔로 구분하여 지시한다.

(5) **RADIO ALTIMETER:** RA 장치는 초기 상승 시와 접근 및 착륙 시 지상으로부터의 높이 즉 절대고도(Absolute altitude)를 계산 지시하여 항공기 이착륙 조작에 도움을 주고 또 자동 착륙 시에는 아주 절대적인 역할을 한다. 평지가 아닌 곳에서도 동작한다. RA의 원리는 주파수 변조파를 항공기에서 지상으로 보내 일정 시간이 지난 후 돌아오는 반사파를 받아서 항공기의 높이에 비례하는 송신과 수신의 차이로 절대고도를 계산한다. RA 장치는 정확성과 Fail operational & Fail passive 조건을 갖추기 위한 목적으로 3개 조로 되어있고 송신과 수신 안테나가 각각 따로 있어서 교환할 때 위치를 잘 확인하고 교환하여야 한다. 절대고도의 기준은 주 바퀴가 지면에 닿을 때가 0 feet이며 동작범위는 2,500 feet 이하로서 이착륙 시 각종 안전장치(Alpha floor protection, Low energy warning, Wind shear protection 이들은 모두 저고도에서 안전한 이착륙에 도움을 주는 장치임)에 절대고도 정보를 제공한다.

(6) **TCAS II(Traffic Collision Avoidance System):** TCAS 공중 충돌 예방 장치는 조종사에게 너무 가깝게 근처에서 비행하는 상대방 항공기를 감지하여 그 항공기의 거리, 고도, 방위 비행정 보를 지시해주고 CPA (Closet point of approach) 48초 전 충돌 위험시에는 수직적으로 "TRAFFIC, TRAFFIC" Traffic advisory와 35초 전에는 "CLIMB, CLIMB" "DESCENT, DESCENT" 음성과 시각적으로 Resolution advisory(회피 동작)를 시간개념으로 알려준다. 원리는 TCAS가 ATC를 갖춘 항공기에는 질문 파를 보내서 응답 펄스 수신감도로 거리를 결정하고, TCAS를 장착한 항공기는 MODE-S Transponder가 1초마다 송신하는 "SQUITTER"신호 수신감도로 감시를 유지하고 거리를 결정한다. 상대방 방향은 모두 각각 90°씩 감지하는 TCAS안테나가 결정한다. 잠재적 충

돌 위험 항공기는 OTHER TRAFFIC(White empty), PROXIMATE TRAFFIC (White), TRAFFIC ADVISORY(Amber), RESOLUTION ADVISORY(Red) 4개의 부류로 지시한다. 또한, TCAS는 ADS-B와도 연계되어 동작한다.

(7) **EGPWS (Enhanced Ground Proximity Warning System):** EGPWS는 현 GPWS에 성능개선기능을 추가한 것을 말하며 선택적으로 EGPWS 대신에 TCAS II를 장착해도 된다. TCAS II에는 TCAS기능과 TAWS(Terrain Awareness Warning System) 기능이 각각 따로 장착되어 있어서 TCAS II의 TAWS가 EGPWS 기능과 같은 역할을 하기 때문이다. EGPWS의 기능은 항공기가 지형으로 들어가 사고가 나는 것을 방지한다. 비행 정보 한계치를 벗어나면 음성적, 시각적 경고가 나온다. 기본 GPWS는 항공기 자체가 안전 영역을 벗어나면 음성적, 시각적 경고가 나온다. GPWS에 추가한 "ENHANCED" 기능은 첫째 TCF(Terrain Clearance Floor)인데 이 기능은 공항 활주로 근처에 지형경고 기능을 증가시킨다. 둘째 TAD(Terrain Awareness alerting Display)이다. TAD는 항공기가 항로 위 지형과 건물과의 충돌을 예측하고 충돌 예상 지형과 지형정보를 지시해준다. EGP WS는 공항 주변에서 착륙사고를 예방하기 위해 특별히 기능이 추가되어 개발된 장비이다.

(8) **DME(Distance Measuring Equipment):** DME는 항공기에서 선택한 지상 송신소까지의 Slant range를 Nautical mile로 지시해준다. 원리는 기상 질문기가 선택 송신소에 질문 파를 보내면 50$u$sec 지연 후 지상 송신소가 응답 파를 보내주면 이를 수신하여 시간차로 거리를 계산한다. 질문 기는 또 모르스 코드로 지상 송신소를 식별한다. 주파수 질문 파는 1041~1150MHz 응답 파 주파수는 962~1,213MHz이다. DME는 앞 장에서 언급한 바와 같이 GPIRS PRIMARY항법을 대체하는 ALTERNATE 항법장치기도 하다.

(9) **ATC(Air Traffic Control):** ATC트랜스폰더는 ATCRB(Air Traffic Control Radar Beacon)의 핵심 장비로써 지상 송신소에서 온 질문 파를 받아 일정한 응답 파로 응답하는데 이 응답 파에는 항공기 식별(MODE-A), 고도 정보(MODE-C)와 비행 정보(MODE-S)를 응답한다. 지상 레이더 송신소는 이들의 응답 파로 레이더상에서 항공기를 구분하고 항공기를 관제한다. MODE-S 트

랜스폰더는 TCAS 질문 파에도 응답한다. ATC는 요즘 MODE-S와 TCAS, ADS-B(Automatic Dependant surveillance -Broadcast)와 연계되어 Data 관제로 많이 발전되었다.

☞ MODE-A 항공기 식별 코드 SQUAWK는 0000~7777 번호까지 사용하며 최대 4,096개가 있다. 이 중 하나가 한 항공기에 매번 다른 번호가 부여된다.

☞ SQUAWK 7500은 Hi-jacking, 7600은 통신두절, 7700은 비상 상황 시 사용하는 전 항공기 공통이다.

☞ MODE-S Data 관제에 포함되는 정보는 24 Bit address, 편명, 비행고도, 절대고도, 비행 상태인 방향, 속도, 비행자세 등과 같은 더 세밀한 항법 정보가 포함되어 TCAS 동작에 사용된다.

(10) ADF(Automatic Direction Finder): ADF 자동방향탐지기는 초기에는 주요 항법장치였으나 지금은 VOR의 Back-up 역할로 사용되고 있다. 이 ADF는 항공기에서 NDB(Non-directional beacon)송신소를 선택하면 두 개의 Loop 안테나가 전파의 도래 방향을 감지하고, 하나의 센스 안테나로 수신감도로 방위 정보를 계산 그 위치를 지시해주는데 항공기와 그 축을 지시한다고 해서 "RELATIVE BEARING"이라 한다. 동작 주파수는 AM 파 190kHz~1.750 kHz이고 선택된 송신소를 식별하는 모르스 코드도 수신된다.

(11) VOR/MAKER(Very high frequency omni directional): VOR은 중거리 무선 항법 장치로 지상 전 방향 송신소로부터 Reference signal과 Variable signal을 신호를 받아 두신호의 차이로 방위 정보를 계산한다. 기준신호와 가변신호의 차이가 지상 송신과의 항공기 위치이고 Bearing이다. Bearing이란 자북과 지상 송신소/항공기와의 사이 각을 말한다. 동작 주파수는 108MHz~117.95MHz이며 선택된 송신소를 식별하는 모르스 코드도 수신된다.

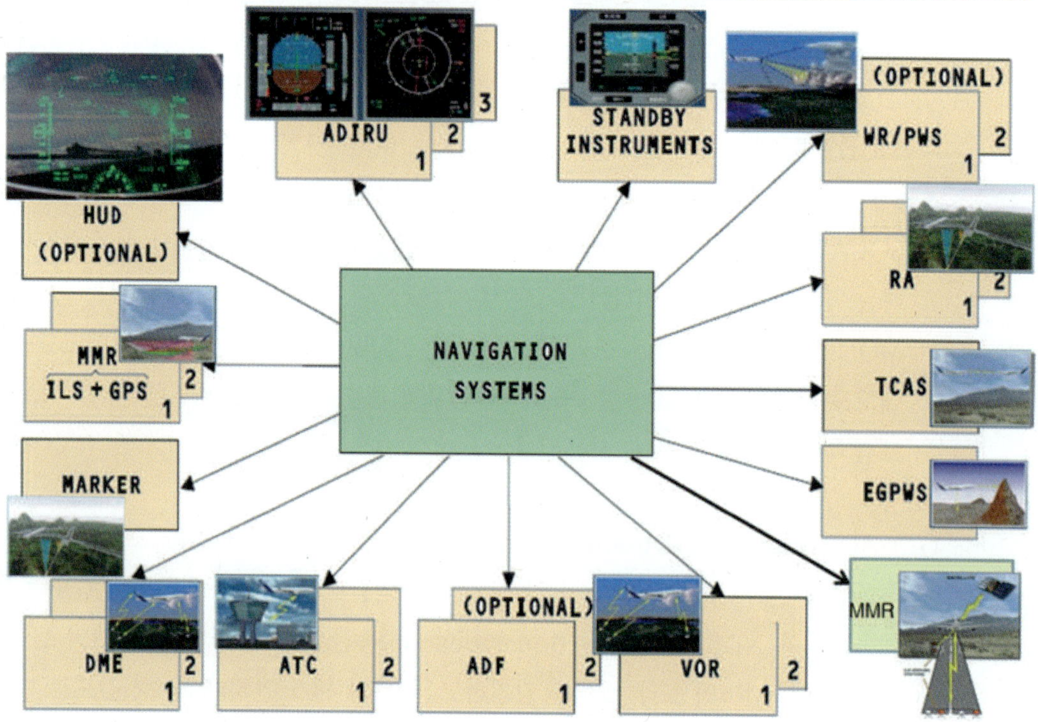

[그림 2-14] NAVIGATION

9. ATA 45 CFDS, CMS, OMT OR ONBOARD MAINTENANCE SYSTEMS

☞ **ON BOARD MAINTENANCE SYSTEM 기능은 A320F는 ATA 31에 포함되어 있으나 다른 기종은 모두 ATA 45에 있는 장치임.**

가. 목적: CFDS(Centralized Fault Display System)는, 중앙 고장지시 & 시험 장치이다. CFDIU(Centralized Fault Display Interface Unit)는 모든 시스템의 고장정보를 중앙으로 모으는 장치로서 정비사가 조종석에서 MCDU나 프린트로 결함을 읽을 수 있는 장치이다. 컴퓨터 대부분은 BITE(Built In Test Equipment)가 있어서 시스템 동작 상태를 관찰하여 고장이 발견되면 BITE Card가 CFDIU로 전송한다. 경고 메시지와 Status 메시지를 지시하는 ECAM도 마찬가지로 CFDIU로 전송한다. 이처럼 이 장치는 일부 지상에서 발생한 결함도 저장하지만, 대부분 공중에서 발생한 모든 메시지와 시스템의 고장을 등급별로 볼 수 있고 더불어 결함 발생 시간, 원인, 횟수 고장탐구 방법의 Manual까지 알려 주어 정비사가 결함수정업무를 하는 데 많은 도움을 준다.

주요 시스템 구성은,

(1) **LAST/CURRENT LEG REPORT**: 가장 최근 구간에서 결함이 발생하여, BITE가 발견한 메시지로 40개까지 볼 수 있다. 여기에 지시되는 메시지는 등급이 CLASS 1이다. CLASS 1은 MEL(Minimum Equipment List)상 결함수정 요구 시간 가장 빠르다. 약 3 LEG 이내 또는 3일이고 공중에서는 바로 QRH를 수행하여야 한다. CLASS 2는 ECAM STATUS Key를 누르면 여 메시지가 지시된다. CLASS 2는 공중에서 바로 QRH를 수행하지 않고 인지하는 결함이며 MEL(Minimum Equipment List) 상, 결함수정 요구 시간은 10일 이내이다.

(2) **LAST/CURRENT LEG ECAM REPORT**: ECAM에 지시된 경고 메시지로 총 40개까지 볼 수 있다. ECAM STATUS Key를 누르면 여기에 CLASS 2 메시지가 지시된다.

(3) **POST FLIGHT REPORT**: Printer로만 1, 2) 내용을 모두 프린트하는 기능이다.

(4) **PREVIOUS LEGS REPORT**: 새로운 Leg가 시작되면 1, 2) 내용이 모두 이 항으로 넘어오는 결함 History이다. 총 200개의 결함, 전 64 Leg까지 저장한다.

(5) **AVIONICS STATUS**: 주 결함으로 영향을 받는 장치, 지상에서만 볼 수 있다. 등급이 제일 낮아 MEL(Minimum Equipment List)상 결함수정 요구 시간은 다음 계획 정비인 A Check 도달 시에 수행 가능한 것으로, 가장 늦다.

(6) **REPORT/TEST**: 이 Key로 해당 시스템을 시험하거나, 원하는 페이지를 프린트한다. 주로 Circuit break reset 후나 LRU(Line Replaceable Unit) 교환 후 또 계획 정비 때 작업절차에 의해 점검하면 Pass와 Fail로 확인된다.

나. 주요 구성품

(1) **CFDIU**: 모든 CDFS 기능을 제어하고 메모리 하는 컴퓨터로서 MCDU와 BITE간 중간에서 Interface 기능을 수행한다.

(2) PRINTER: 조종사나 정비사가 원하는 것을 프린트할 수 있다. 프린트에는 자동 프린트와 수동 프린트가 있다.

☞ 조종사는 지상에서 비행 준비나, 공중에서 상황이 발생하면 지상 OCC와 주고받는 내용을 Printer로 확인한다. 즉, ACARS (Aircraft Addressing and Report System) 기능으로 이 프린트를 사용한다.

☞ 정비사는 주로 Printer를 ATA 45 CFDS 기능으로 사용한다.

(3) MCDU(Multi-purpose Control Display Unit): CFDS MENU에 ACCESS 하는 Control panel이다.

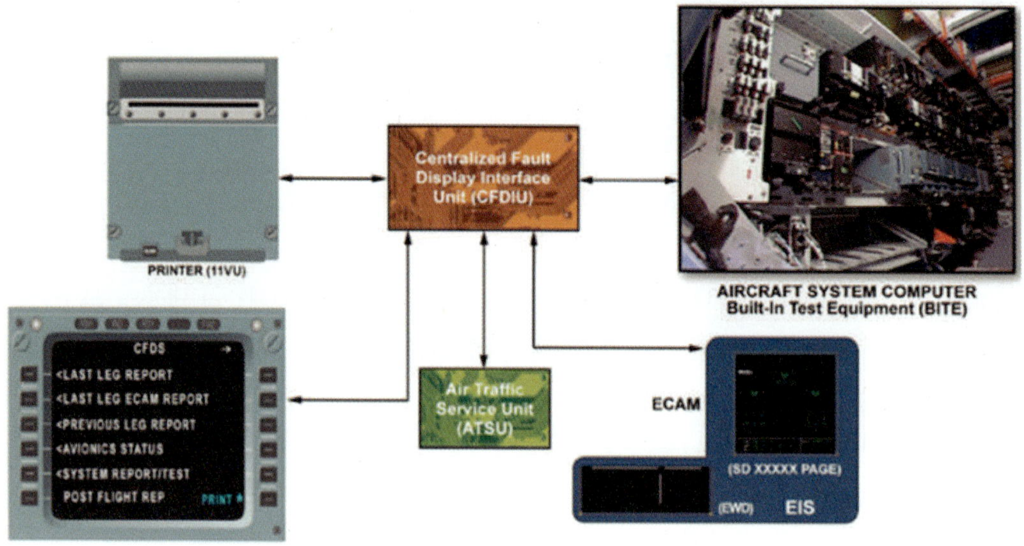

[그림 2-15] CFDS

10. ATA 46 INFORMATION SYSTEMS

가. 목적: 이 장치는 ATIMS(Air Traffic and Information Management System)라고도 하는데 주요 장치는 ATSU(Air traffic service unit) 기능으로 대표된다. 즉 CNS/ ATM(Communication Navigation Surveillance and Air Traffic Manage ment)과 관련된 기능을 수월하게 주고받는 것으로서, 첫 번째 이 기능은 지상이나 공중에 있는 항공기와 Data link 즉 문자를 주고받는 기능을 하는데 지상에서 항공기로 보내는 것을 Up link, 항공기에서 지상으로 보내는 것을 Down link라 한다. 주로 결

함 시나 운항 정보와 기상정보를 주고받는데 공중에서 조종사는 프린트로 정보를 보고 지상에서는 Desk top 컴퓨터 시스템에서 본다. 둘째로는 항공사 종합통제센터 OCC(Operations Control Center) AOC(Airline Operational Control)와 정비부서의 ACE에 정비정보를 보내주고, 비행 중에는 FMS(Flight Management System) 통해 승객에게 비행 정보를 제공하는 AIRSHOW 정보를 주고, 항공기 상태와 착륙정보를 주는 AIDS(Aircraft Information Display System) 정보도 제공한다. 마지막으로 공항 터미널 환승 게이트나 도착지 게이트 정보를 착륙 전 안내 해주는 등 항공사 통제, 조종사, 정비사, 승객 모두에게 편리한 장치로서 결과적으로 항공기 운항비용, 정비 비용을 줄이는 역할을 한다. 모든 기능의 통신매체는 VHF 3이다. VHF 3을 이 기능으로 사용하는 것을 VHF DATA MODE라고 한다. 만일 VHF #1, #2 기장과 부기장용 것이 고장 나면, VHF #3는 VOICE MODE로 사용해야 하므로 기종별로 상이하나 SATCOM이나 HF로 Software에 따라 넘어간다.

나. 주요 구성품

(1) **ATSU (Air Traffic Service Unit):** 모든 ATSU 관련 기능을 수행하는 LRU로서 Software가 많이 Loading 되어있다.

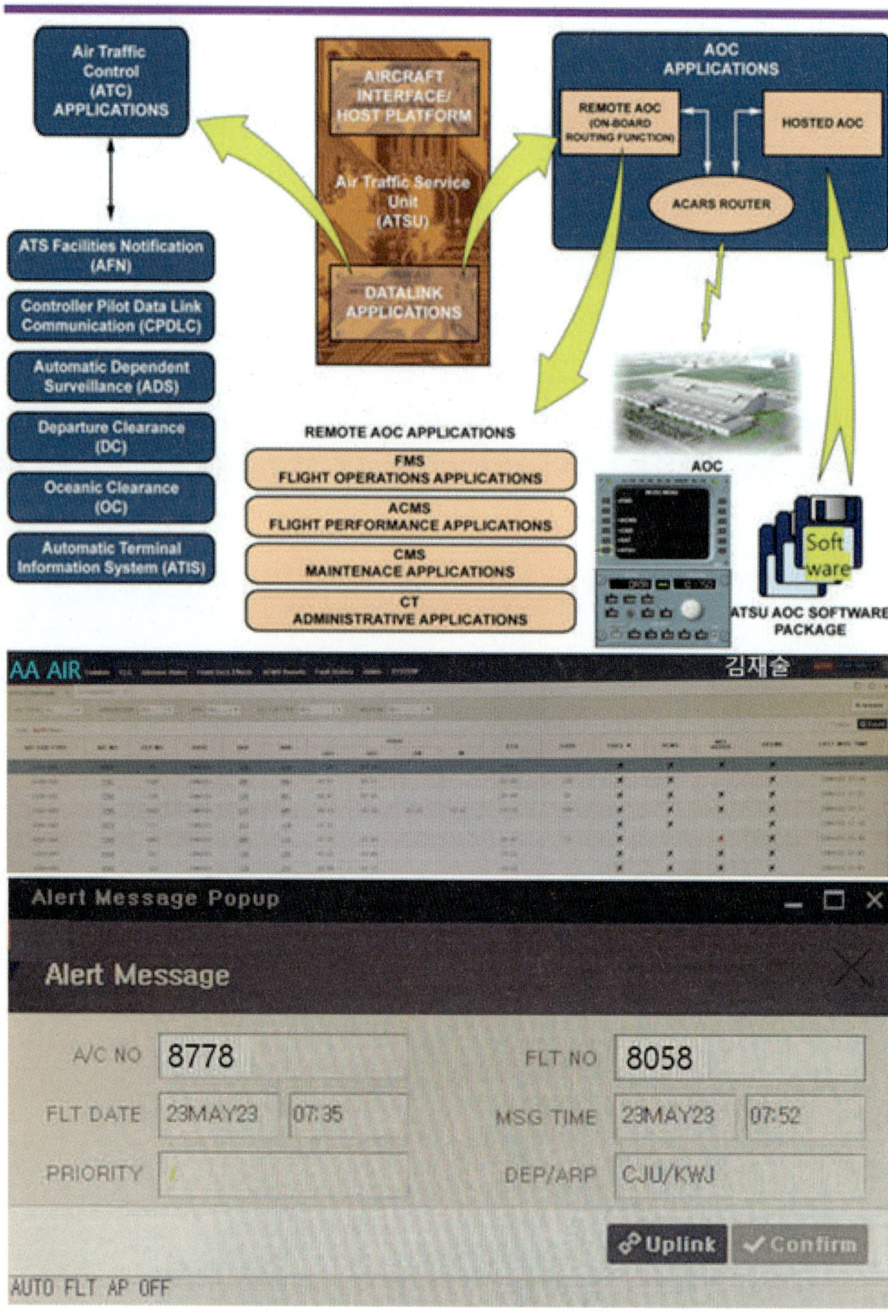
Air Traffic Control (ATC) APPLICATIONS
ATS Facilities Notification (AFN)
Controller Pilot Data Link Communication (CPDLC)
Automatic Dependent Surveillance (ADS)
Departure Clearance (DC)
Oceanic Clearance (OC)
Automatic Terminal Information System (ATIS)
AIRCRAFT INTERFACE/ HOST PLATFORM
Air Traffic Service Unit (ATSU)
DATALINK APPLICATIONS
AOC APPLICATIONS
REMOTE AOC (ON-BOARD ROUTING FUNCTION)
HOSTED AOC
ACARS ROUTER
REMOTE AOC APPLICATIONS
FMS FLIGHT OPERATIONS APPLICATIONS
ACMS FLIGHT PERFORMANCE APPLICATIONS
CMS MAINTENACE APPLICATIONS
CT ADMINISTRATIVE APPLICATIONS
AOC
Soft ware
ATSU AOC SOFTWARE PACKAGE
AA AIR
김재술
Alert Message Popup
Alert Message
A/C NO
8778
FLT NO
8058
FLT DATE
23MAY23
07:35
MSG TIME
23MAY23
07:52
PRIORITY
DEP/ARP
CJU/KWJ
Uplink
Confirm
AUTO FLT AP OFF

[그림 2-15] ATSU

■ CIRCUIT BREAKER RESET

Circuit Breaker Reset

▶숫자는 Ampeare로 20%정도 Margin이 있다.

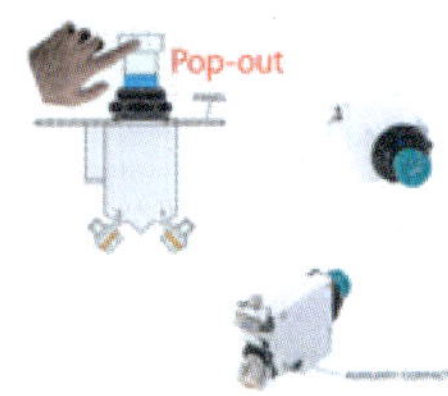

A. **General**

(1) This procedure is for on-the-ground maintenance.

(a) Circuit breakers open when there is an electrical overload in the airplane system. A circuit breaker that opens because of an electrical overload is known as a "tripped" circuit breaker.

(b) You must use the Fault Isolation Manual (FIM) for troubleshooting open fuel pump circuit breakers.

1) You can not use this procedure to reset a tripped fuel pump circuit breaker.

NOTE: Reset of the fuel pump circuit breakers is a Critical Design Configuration Control Limitation (CDCCL) item.

(c) If there are currently specific instructions for the reset of a tripped circuit breaker in maintenance and troubleshooting procedures, follow those instructions.

(d) A defective circuit breaker can cause the circuit breaker to open. Make sure that the circuit breaker is serviceable.

(e) Use your judgement and airline policy to reset a tripped circuit breaker.

(f) Monitor the airplane to see if a tripped circuit breaker occurs again on subsequent flights.

(g) Do not reset a tripped circuit breaker until you know the cause for the tripped circuit breaker and that the circuit breaker can be safely reset. Fires have occurred in which the tripped circuit breakers were reset without an examination of the cause.

(h) Use this procedure to reset a tripped circuit breaker:

1) If you know that the circuit breaker is serviceable.

2) If this procedure is in agreement with your airline policy.

3) If you cannot determine the cause for the tripped circuit breaker.

4) If you cannot determine whether it is safe to reset the circuit breaker.

A330/A340 QUICK REFERENCE HANDBOOK	ABNORMAL AND EMERGENCY PROCEDURES	80.16A 27 JUN 14

TRIPPED C/B RE - ENGAGEMENT

TRIPPED C/B REENGAGEMENT

In flight, do not reengage a circuit breaker (C/B) that has tripped by itself, unless the Captain judges it necessary to do so for the safe continuation of the flight. This procedure should be adopted only as a last resort, and only one reengagement should be attempted.

On ground, do not reengage the C/B of the fuel pump(s) of any tank. For all other C/Bs, if the flight crew coordinates the action with maintenance, the flight crew may reengage a tripped C/B, provided that the cause of the tripped C/B is identified.

▶ C/R Reset은 지상에서는 FIM에 따라 수행되어져야 하고 공중에서는 QRH에 의거 조종사가 수행하며 정비사는 기술적으로 조언 한다.

※ Software으로 동작하는 LRU C/B는 15초 이상, ADIRU는 30초 이상 Reset을 요구하는 경우도 있다.

[실습번호 2-1] CIRCUIT BREAKER RESET & 교환 실습

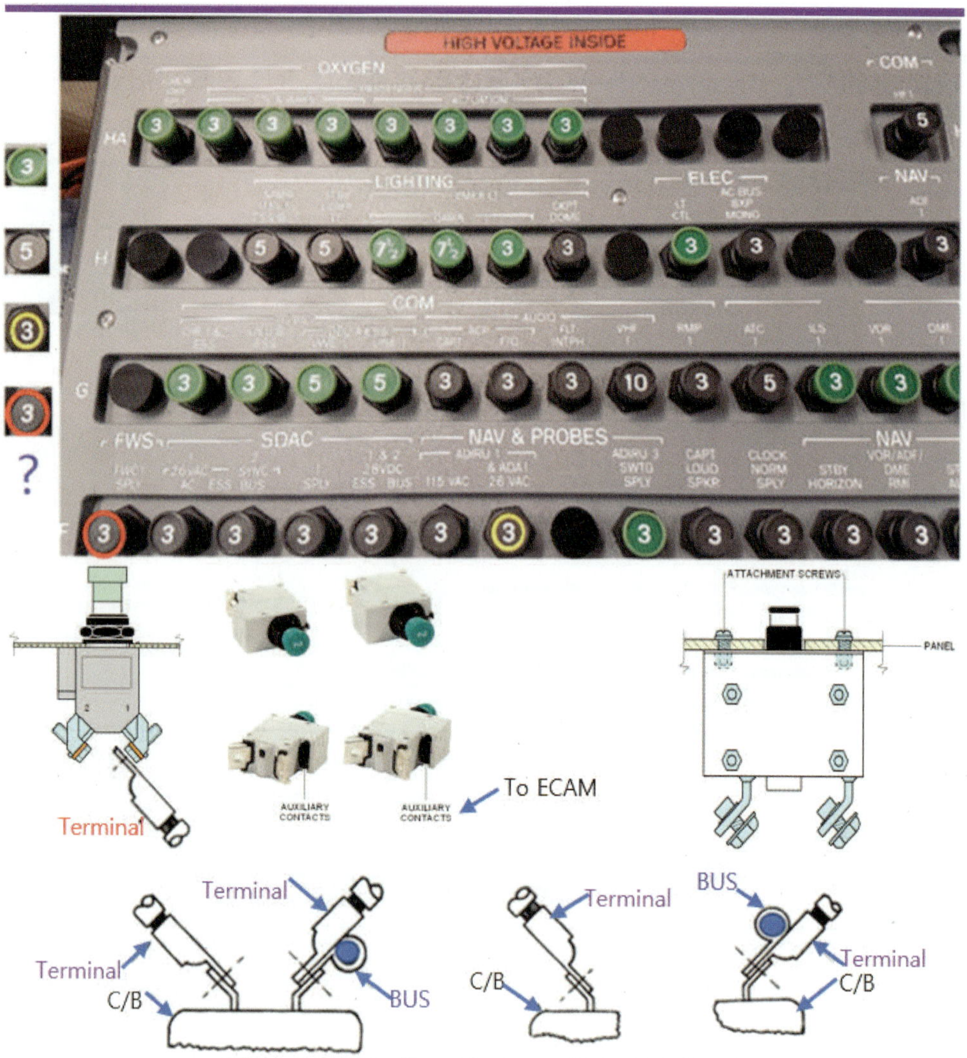

TERMINAL INSTALLATION TORQUE FOR CIRCUIT BREAKERS

▶SWPM 20-30-00 Circuit Breaker			Terminal Installation Torque (inch-pounds)	
Part Number	Current Rating (Amps)	Stud Size	Minimum	Maximum
170-006-140	140	1/4-28	40	45
10-60806-()	5 THROUGH 35	8-32	14	15
	35 THROUGH 50	8-32	25	27
	60 THROUGH 100	1/4-28	40	45

※ Terminal 장착방향과, Torque value 확인한다.

※ Terminal은 C/B의 Hole보다 큰 Terminal을 사용한다.

※ Terminal과 Lock washer 사이에는 AN960 Pressure washer를 사용한다.

[실습번호 2-1] CIRCUIT BREAKER RESET & 교환 실습

※ BDM-7220

C/B는, Over load, Fault current 시 기내배선과 계통을 보호한다. 다른 보호장치 Fuse, Limiter도 있다.

[실습번호 2-1] CIRCUIT BREAKER RESET & 교환 실습

[실습목표]

(1) Pop-out C/B Reset 절차를 학습한다.

(2) C/B 교환 절차를 학습한다.

[도면]

[재료] C/B 2 EA.

[장비나 공구, Manual] 기본 공구, SWPM 20-30-00, ESPM.

[안전 및 유의 사항]

(1) Manual 절차를 준수한다.

(2) 정확한 공구를 사용한다.

[실습순서]

(1) Reset 절차를 수행한다.

(2) C/B를 교환한다.

[관계 지식] REI작업 능력

[평가] Reset 절차와 교환 능력을 평가한다.

NOTE

Chapter 3

항공기 매뉴얼의 이해

- A321 Shield data modification
- Stacking of terminal

Chapter 3. 항공기 매뉴얼의 이해

□ 항공기, Manual은 목적에 따라 여러 가지로 분류되며 AMM은 항공기 유지, 보수, 점검, 교환, 서비싱 Manual이고, 고장탐구에 사용되는 Manual은 SSM, FIM, WDM이다. SWPM, ESPM은 전선에 연결된 Electrical devices 수리 Manual이다.

이들의 Manual을 그림과 함께 간단히 살펴보면 다음과 같고 MMEL, AMM, FIM, WDM, SWPM, ESPM등을 자주 사용한다.

정비의 시작과 종료는 항상 매뉴얼로부터 이루어진다. 따라서 매뉴얼의 구성 그리고 사용방법과 독해 능력이 정비 품질과 많은 연관성이 있다.

■ MANUALS WEB HARD

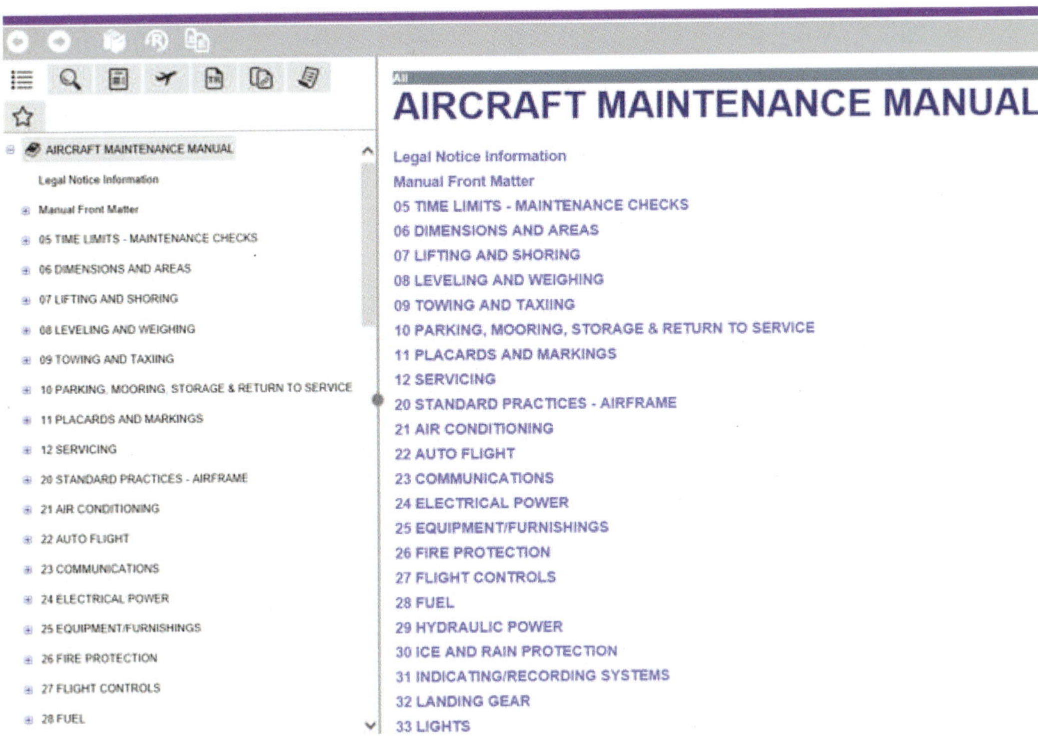

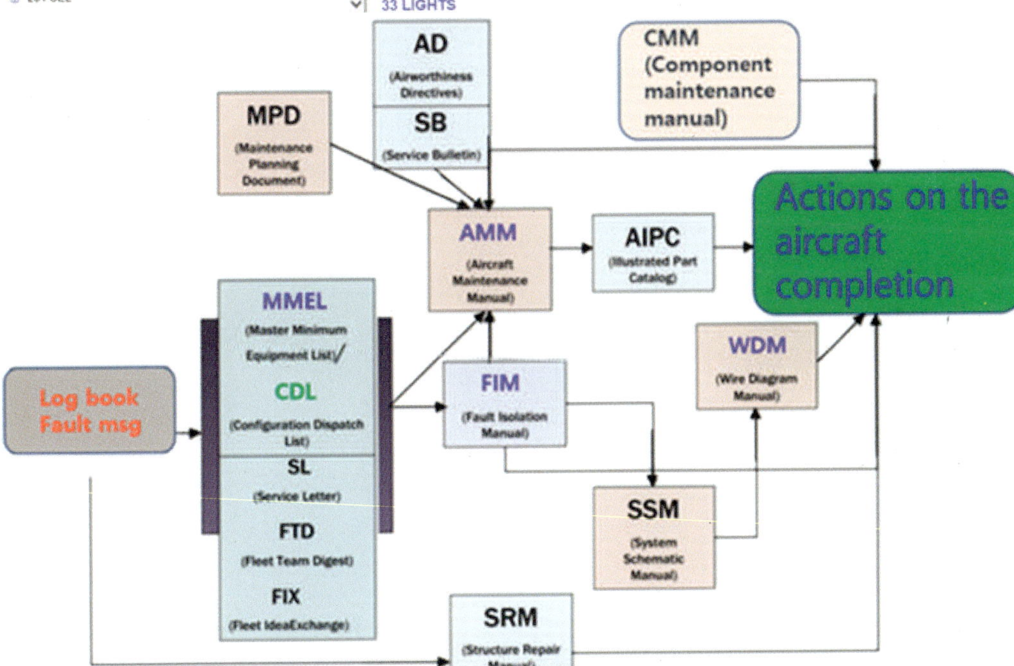

[그림 3-1] MANUALS

1. AMM(Aircraft maintenance manual)

AMM은 항공기 유지, 보수, 점검, 교환, 서비싱 Manual로 정비 현장에서 가장 빈번하게 사용된다.

가. Page Block breakdown

- PB 001: Description and operation
- PB 201: Maintenance Practices(I.e: pressurizing,
- PB 301: Servicing(I.e : replenishment, lubricating etc.)
- PB 401: Removal/Installation
  Deactivation/Reactivation.
- PB 501: Adjustment/Test
- PB 601: Inspection/Check
- PB 701: Cleaning/Painting
- PB 801: Approved/Repairs, jacking etc)

※ Page block numbers are used to separate the subjects within manual chapters into topics for easy reference.

※ A page Block(PB) is related to a specific type of information.

※ The "Page Block" system applies to the "AMM", "CMM", "SRM", "TSM(FIM)".

1/1

STANDBY RUDDER POWER CONTROL UNIT (PCU) SOLENOID AND ELECTROHYDRAULIC SERVO VALVES - ADJUSTMENT/TEST

1. General

A. This procedure has this task:

(1) An installation test of the standby rudder power control unit (PCU) solenoid and electrohydraulic servo valves.

B. The rudder solenoid and electrohydraulic servo valves are located on the standby rudder PCU in the vertical fin.

TASK 22-23-11-740-801

2. Rudder Solenoid and Electrohydraulic Servo Valves - Installation Test

A. General

(1) The installation test makes sure that the solenoid and electrohydraulic servo valves are installed correctly.

B. References

Reference	Title
24-22-00-860-813	Supply External Power (P/B 201)
24-22-00-860-814	Remove External Power (P/B 201)
27-21-00-800-801	Rudder Hydraulic System A, B, or Standby Pressurization (P/B 201)
27-21-00-800-802	Pressure from the Rudder Hydraulic Systems A, B, and Standby - Deactivation (P/B 201)

C. Location Zones

Zone	Area
117	Electrical and Electronics Compartment - Left
118	Electrical and Electronics Compartment - Right

D. Access Panels

Number	Name/Location
117A	Electronic Equipment Access Door

E. Installation Test

SUBTASK 22-23-11-860-001

(1) Do this task: Supply External Power, TASK 24-22-00-860-813.

SUBTASK 22-23-11-860-002

WARNING	KEEP PERSONS AND EQUIPMENT CLEAR OF THE FLIGHT CONTROL SURFACES. THESE COMPONENTS CAN MOVE SUDDENLY WHEN YOU SUPPLY HYDRAULIC POWER. THIS CAN CAUSE INJURIES TO PERSONS AND DAMAGE TO EQUIPMENT.

(2) Do this task: Rudder Hydraulic System A, B, or Standby Pressurization, TASK 27-21-00-800-801.

2/2

(3) Open this access door:

Number	Name/Location
117A	Electronic Equipment Access Door

SUBTASK 22-23-11-860-004

(4) Do the Stall Management Yaw Damper Computer 2 servo test:

(a) Push the ON/OFF key on Stall Management Yaw Damper (SMYD) Computer 2 (E3-2).

NOTE: SMYD BITE will operate only when the engines are off or when the flaps are up and the airspeed is less than 60 knots.

(b) Make sure that the display shows EXISTING FAULTS?

(c) Push and release the down arrow key until the display shows GROUND TESTS?

(d) Push the YES key on the keypad.

(e) Push and release the down arrow key until the display shows SERVO TEST?

NOTE: The display will show some warnings.

(f) Push the YES key on the keypad.

(g) Make sure that the display shows these indications:

1) WARNING! WARNING!

2) RUDDER MOVEMENT

3) RUDDER CLEAR?

(h) Make sure that all personnel are clear of the rudder.

(i) Push the YES key on the keypad.

1) Make sure that the display shows FLT CTRL A STBY?

2) Make sure that the FLT CONTROL A switch on the P5 overhead panel is set to STBY RUD.

(j) Push the YES key on the keypad.

1) Make sure that the display shows FLT CTRL B STBY?

2) Make sure that the FLT CONTROL B switch on the P5 overhead panel is set to STBY RUD.

(k) Push the YES key on the keypad.

1) Make sure that the display shows YAW DMPR ENGAGED?

WARNING	THE STEPS THAT FOLLOW WILL CAUSE THE RUDDER TO MOVE. MAKE SURE THAT ALL PERSONS AND EQUIPMENT ARE CLEAR OF THE RUDDER BEFORE YOU DO THESE STEPS. RUDDER MOVEMENT CAN CAUSE INJURIES TO PERSONS AND DAMAGE TO EQUIPMENT.

(l) Set the yaw damper engage switch on the P5 overhead panel to ON.

(m) Push the YES key on the keypad.

1) Make sure that the display shows ZERO COMMAND?

(n) Push the YES key on the keypad.

(o) Make sure that the display shows this indication:

1) RUDDER MOVING

3/3

(p) After approximately ten seconds, make sure that the display shows these indications:
  1) YD 0.0 ±0.2
  2) LVDT 0.0 ±0.2
  3) END ZERO COMMAND?
(q) Push the YES key on the keypad.
(r) Make sure that the display shows these indications:
  1) RUDDER MOVING
  2) TEST EXITING
  3) ZERO COMMAND?
(s) Push and release the down arrow key until the display shows SWEEP TEST?
(t) Push the YES key on the keypad.
(u) After approximately two seconds, make sure that the display shows this indication:
  1) RUDDER CMD LEFT
(v) After approximately ten seconds, make sure that the display shows this indication:
  1) LVDT XXXXX
     NOTE: The Xs are a number. You can ignore the value of the number.
(w) After approximately two seconds, make sure that the display shows this indication:
  1) RUDDER CMD RIGHT
(x) After approximately ten seconds, make sure that the display shows this indication:
  1) LVDT XXXXX
     NOTE: The Xs are a number. You can ignore the value of the number.
(y) After approximately two seconds, make sure that the display shows this indication:
  1) RUDDER CMD ZERO
(z) After approximately ten seconds, make sure that the display shows these indications in sequence:
  1) LVDT XXXXX
     NOTE: The Xs are a number. You can ignore the value of the number.
  2) TEST PASSED
  3) TEST EXITING
  4) ZERO COMMAND?
(aa) Push the ON/OFF switch on the Stall Management Yaw Damper (SMYD) Computer 2.
  1) Make sure that the display shows TURN OFF DISPLAY?
(ab) Push the YES key on the keypad.
(ac) Set the FLT CONTROL A and the FLT CONTROL B switches on the P5 overhead panel to ON.

4/4

WARNING	KEEP PERSONS AND EQUIPMENT CLEAR OF THE FLIGHT CONTROL SURFACES. THESE COMPONENTS CAN MOVE SUDDENLY WHEN YOU SUPPLY HYDRAULIC POWER. THIS CAN CAUSE INJURIES TO PERSONS AND DAMAGE TO EQUIPMENT.

(5) Do this task: Pressure from the Rudder Hydraulic Systems A, B, and Standby - Deactivation, TASK 27-21-00-800-802.

SUBTASK 22-23-11-410-002

(6) Close this access panel:

Number	Name/Location
117A	Electronic Equipment Access Door

SUBTASK 22-23-11-860-006

(7) Do this task: Remove External Power, TASK 24-22-00-860-814.

——— END OF TASK ———

2. SSM(System schematic manual)

SSM은 항공기 각 시스템의 diagram을 모아 놓은 manual로써, 항공기의 각 system에 대한 이해를 돕고 그 이해를 기반으로 결함 부위 추적을 가능하게 하는 manual이고, 특징은;

- SSM은 항공기 System function을 이해하고 이를 바탕으로 LRU(Line Replaceable Unit) level에서 고장탐구에 도움을 주는 Manual임. - SSM은 다른 Manual을 대체해서 사용하는 Manual은 아님. (Fault isolation manual, maintenance manual, wiring diagram manual 등) - SSM은 Testing에 대한 정보는 없음. Testing이 있어야 하는 고장탐구 시 반드시 FIM(Fault isolation manual)이 사용되어야 함. - 부품장 탈 또는 장착을 위해서는 반드시 AMM (Aircraft maintenance manual)을 활용하여야 함.
- Wiring 및 Disconnect 관련 고장탐구를 위해서는 반드시 WDM을 사용해야 한다.

가. Page Block breakdown

- PB 001: Fault symptoms
- PB 101: Fault isolation procedures
- PB 201: Task supporting data

Schematic 구성

a. Schematic Level

Level 1	Block Diagram	System & Part, Component의 Function, Grouping, Interface에 대한 전반적인 소개
Level 2	Simplified Schematic	Function 및 Component의 요약서
Level 3	Schematic	Fault Isolation을 위한 자세한 Function, Component & Location, Pin-To-Pin Connection, Interface

b. Page Layout & General Rule

Left	Right
Power Signal Source Forward Top	Load Signal Destination / Indication Aft Bottom

NOTE : Schematic은 항공기 Ground 상태, 즉 비행 완료후의 상태 (Post Flight Check List 수행 완료, Power-off 상태)를 기준으로 작성됨

NOTE : Schematic의 특정 부품에 표시된 Pressure, Temperature, Quantity, Dimension, Operation Note 등은 Reference 값이므로, Rigging, Calibration, Adjustment, Functional Test에 사용 불가

■ ASM TYPICAL LAYOUT

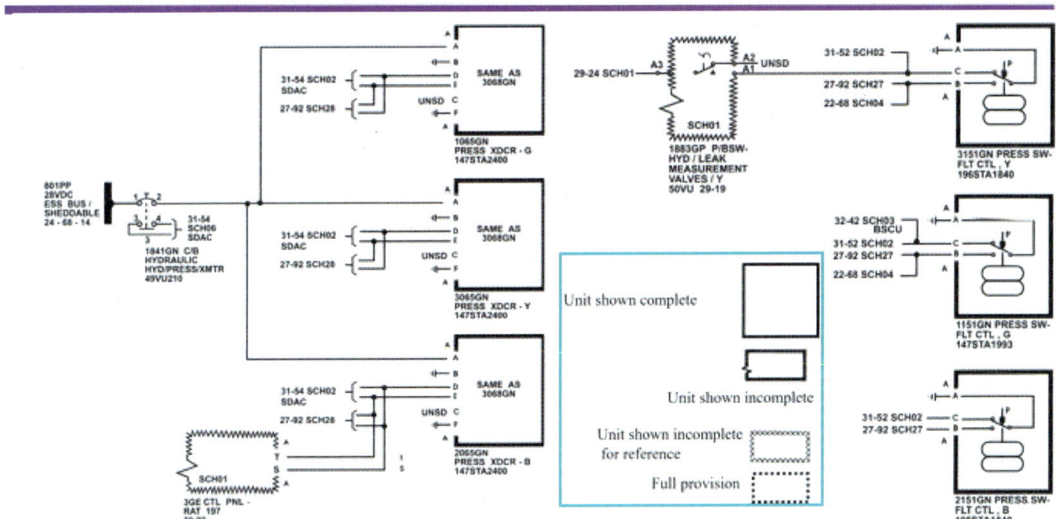

■ B747 EQUIPMENT SUPPLY FAN

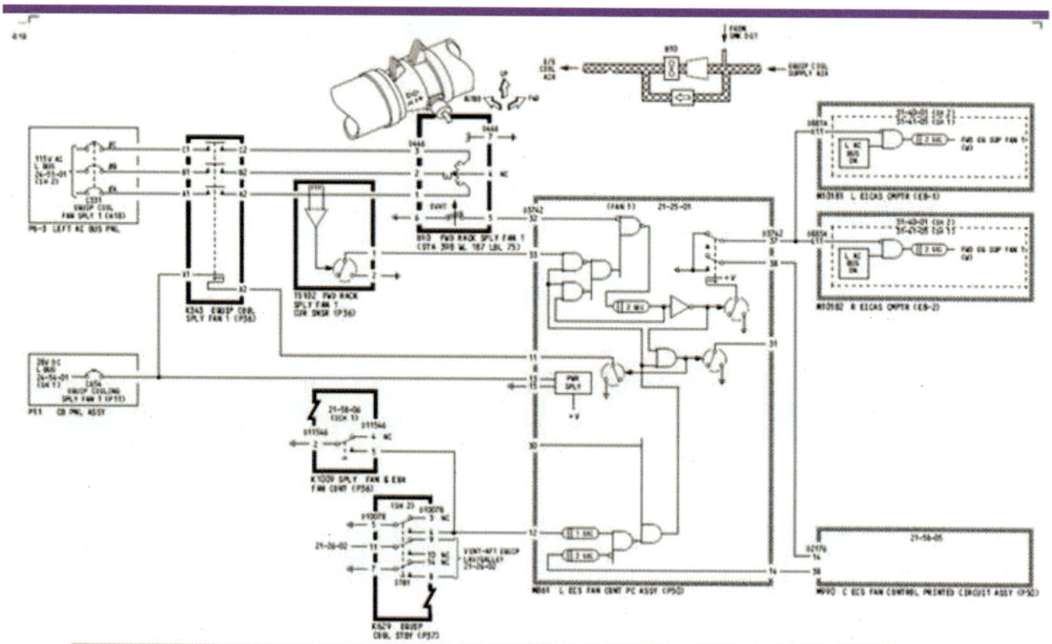

ALL	EQUIPMENT COOLING FAN

3. FIM(Fault isolation manual)

FIM은 결함의 원인을 Manual에 따라 좁혀나가는 과정에 사용되는 고장탐구 Manual이다. 이 또한 항공기 정비 현장에서 가장 빈번하게 사용되는 또 하나의 Manual이다.

∴ The ASM contains diagrams intended for trouble shooting aircraft systems and can be also used for training maintenance personnel.

가. Page Block breakdown

- PB 101: Fault symptoms
- PB 201: Fault isolation procedures
- PB 301: Task supporting data

808. HF Reception Problem at Single Station, All Other Stations Normal - Fault Isolation

A. Description

(1) There is a problem with HF-L or HF-R Reception at one of the crew stations. HF-L or HF-R reception at all other crew stations is normal.

B. Possible Causes

(1) Left High Frequency (HF)Transceiver, (HF-L), B1

(2) Right HF Transceiver, (HF-R), B4

(3) Audio Management Unit (AMU), B7438

(4) Wiring

C. Fault Isolation Procedure

(1) If both HF-L and HF-R have reception problems, replace the AMU, B7438. These are the tasks:

- Audio Management Unit - Removal, AMM TASK 23-51-04-004-001
- Audio Management Unit Installation, AMM TASK 23-51-04-404-005

(2) If only one HF System has reception problems, replace the applicable HF Transceiver, B1 or B4. These are the tasks:

- HF Transceiver Removal, AMM TASK 23-11-05-004-001
- HF Transceiver Installation, AMM TASK 23-11-05-404-004

(3) If the problem continues after the Line Replaceable Unit (LRU) replacement, examine the wiring between the HF Transceivers and the AMU (WDM 23-51-21).

(a) Repair the problems that you find.

——— END OF TASK ———

809. HF Reception Problem at All Crew Stations - Fault Isolation

A. Fault Isolation Procedure

(1) Replace the left (right) HF transceiver, B1 (B4) (AMM PAGEBLOCK 23-11-05/401).

——— END OF TASK ———

810. HF Transmission Problem at Single Station, All Other Stations Normal - Fault Isolation

A. Description

(1) There is a problem with HF-L or HF-R transmission at one of the crew stations. HF-L or HF-R transmission at all other crew stations is normal.

B. Possible Causes

(1) Captains Audio Control Panel, B53

(2) First Officers Audio Control Panel, B51

(3) 1st Observers Audio Control Panel, B47

(4) 2nd Observers Audio Control Panel, B55

(5) Audio Management Unit (AMU), B7438

(6) Wiring

4. WDM(Wiring diagram manual)

WDM(Wiring Diagram Manual)은 항공기에 장착된 부품들의 Diagram, drawing 그리고 Wiring과 hookup을 정리해 놓은 목록들을 모아 놓은 Manual로 Customer로부터 받은 data가 포함되어 있다. 그리고 모든 Diagram은 항공기가 On the ground, after normal flight, power off 상태로 그려져 있다.

∴ The AWM details all the aircraft wiring connections. The diagrams are intended for trouble shooting the aircraft wiring.

■ B737NG PA

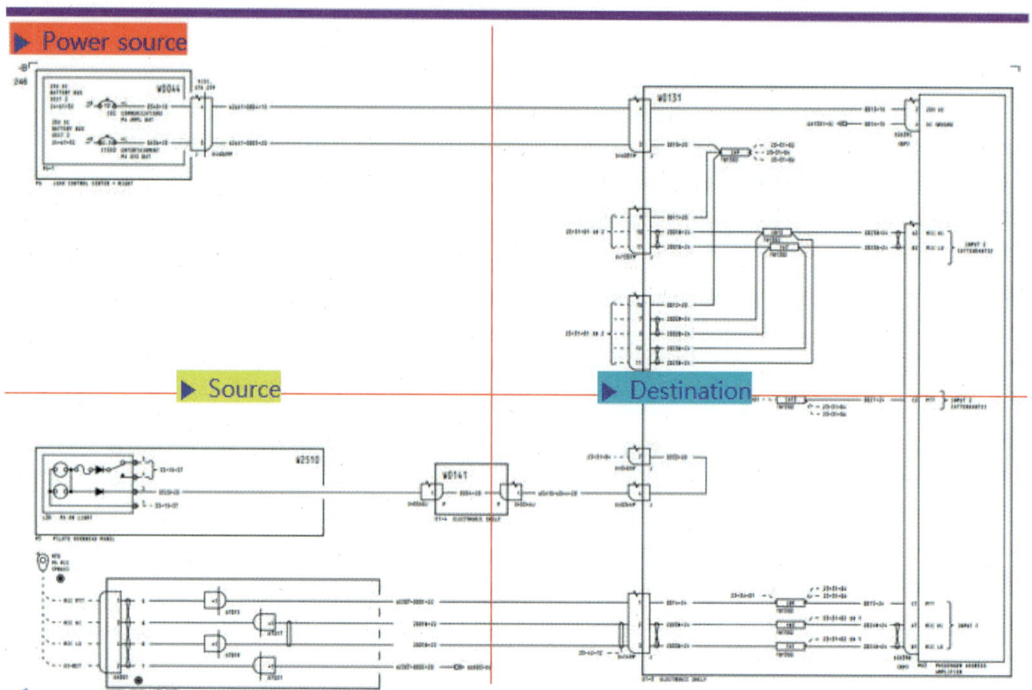

▶ WDM은 Destination에서 Source쪽으로 본다.

ALL	PASSENGER ADDRESS ATTENDANT SEATS

5. SWPM(Standard Wiring practice manual)

Procedures/Data necessary for the maintenance of electrical wires and termination

SWPM은 위 영문처럼 BOEING 모든 기종 전선과 전선에 연결된 Electrical devices 수리 Manual이다. B-2 정비사의 핵심 Manual이다.

■ SWPM CHAPTER 20 ALL AIRCRAFT

- Front Matter
- Chapter 20-STANDARD PRACTICES
  - 20-Effective Pages
  - 20-Contents
  - Section 20-00 - GENERAL
  - Section 20-10 - WIRING PROCEDURES
  - Section 20-11 - FLIGHT GUIDANCE SYSTEM
  - Section 20-20 - TERMINATIONS
  - Section 20-31 - ELECTRICAL CONNECTORS
  - Section 20-32 - COAXIAL CABLE CONNECTORS
  - Section 20-40 - BUSES
  - Section 20-50 - BONDING AND GROUNDING
  - Section 20-60 - CIRCUIT BREAKERS
  - Section 20-62 - OVERHEAT DETECTION CONNECTORS
  - Section 20-71 - FIRE DETECTION CONNECTORS
  - Section 20-72 - FUEL QUANTITY CONNECTIONS AND TERMINATIONS

The following photograph represents the laser method.

Each wire marking contains:

- The wire bundle number
- The wire numbers
- The gauge of the wire

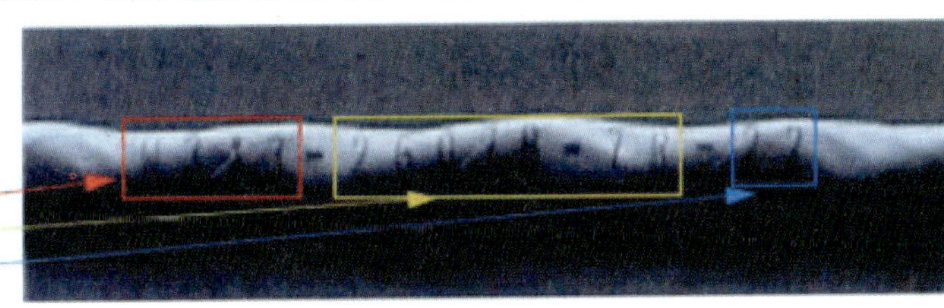

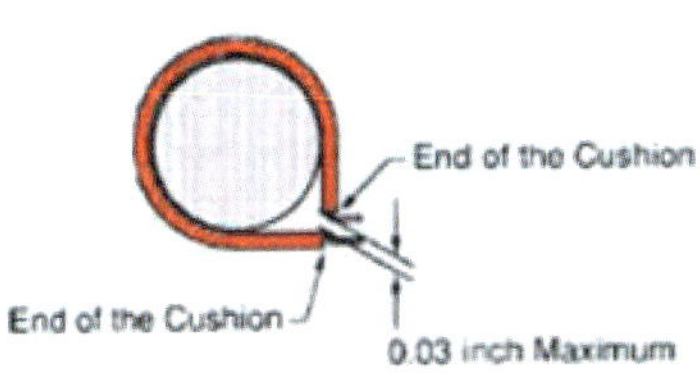

CORRECT FIT OF A LOOP CLAMP WITH A CUSHION

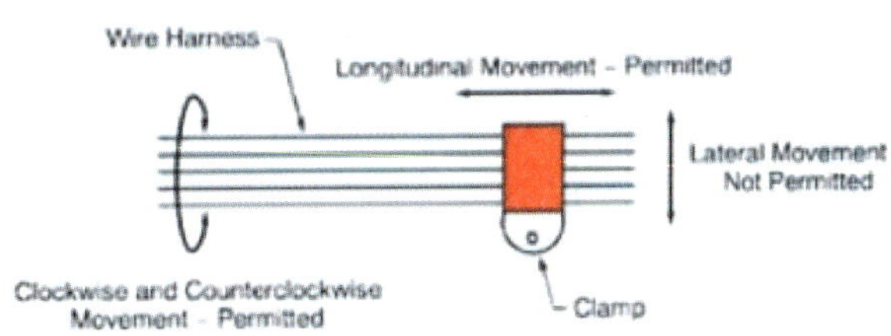

PERMITTED MOVEMENT OF A WIRE HARNESS IN A CLAMP

6. ESPM(Electrical Standard practice manual)

ESPM은 AIRBUS 모든 기종 전선과 전선에 연결된 Electrical devices 수리 Manual이다. ESPM도 B-2 정비사의 핵심 Manual이다.

■ ESPM CHAPTER 20 ALL AIRCRAFT

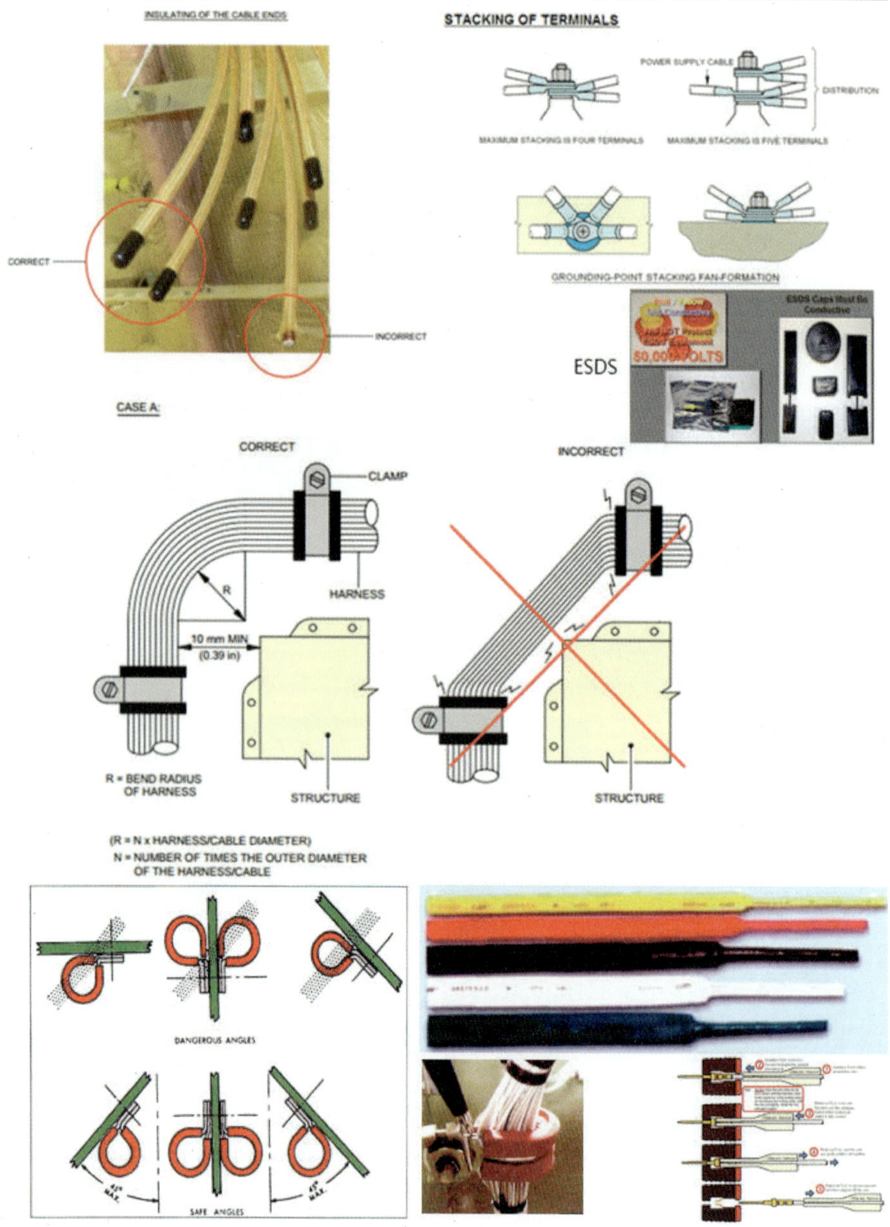

■ A321 SDAC EO MOD

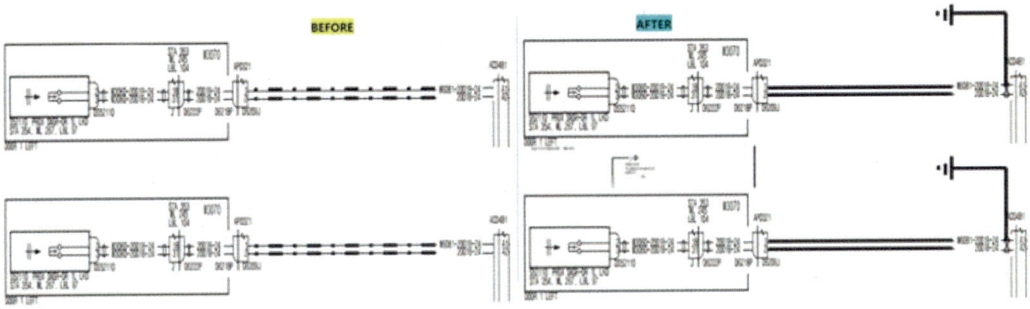

Legend)
- · – · – · – · – Removal
- ——— New

[실습번호 3-1] 회로 SDAC SHIELD DATA MODIFICATION 실습

▶SWPM 20-30-00

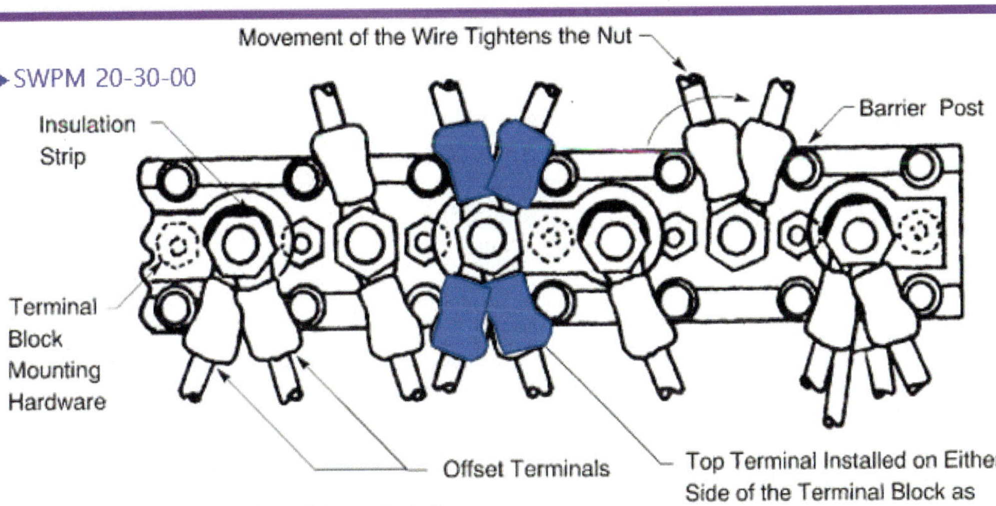

▶One stud에 최대 티미널 수는 4개이다.

[실습번호 3-1] STAKING OF TERMINAL

[실습번호 3-1] 회로 SDAC SHIELD DATA MOD 실습 & STAKING OF TERMINAL

[실습목표]

(1) 회로변경 MOD를 함으로써 REI 작업 능력을 향상한다.

(2) Terminal stacking 방법과 & 장착방법을 학습한다.

(3) ESPM, SWPM 사용 방법을 학습한다.

[도면]

[재료] AWG 22, Pin/Socket contact 각 2ea, Terminal 4ea etc.

[장비나 공구, Manual] DMC Pin tool, WDM, ESPM, SWPM 20-30-00.

[안전 및 유의 사항]

(1) Manual 절차를 준수한다.

(2) 정확한 공구를 사용한다.

[실습순서]

(1) Wire 교체하고 Shield Ground 처리한다.

(2) Contact과 전선을 교환한다.

(3) Terminal을 장착한다.

[관계 지식] REI작업 능력

[평가] Wire 배선과 Terminal 작업을 평가한다.

NOTE

NOTE

Chapter 4

고장탐구 원리

- 회로 B747 VHF L-side

Chapter 4. 고장탐구 원리

□ 항공기에, 결함이 발생하면 아래와 같이 그룹화 패턴으로 결함이 지시된다. 그러면 관련 QRH 조치와 더불어 항공일지에 기록이 되고, 결함 미해결 때는 MEL 적용 여부 검토로 Defer 가 이루어지고 차기 Lay over 시 결함 해소 절차를 밟는다.

고장탐구 과정을 보면,

① CMCS에서 결함 관련 Message number 확인 ② CMCS에서 Ground test ③ FIM에 의거 부품교환 및 회로도 분석 ④ Multimeter로 전선 점검 및 수리 ⑤ Ground test 및 종료.

[그림 4-1] FAULT PLACE

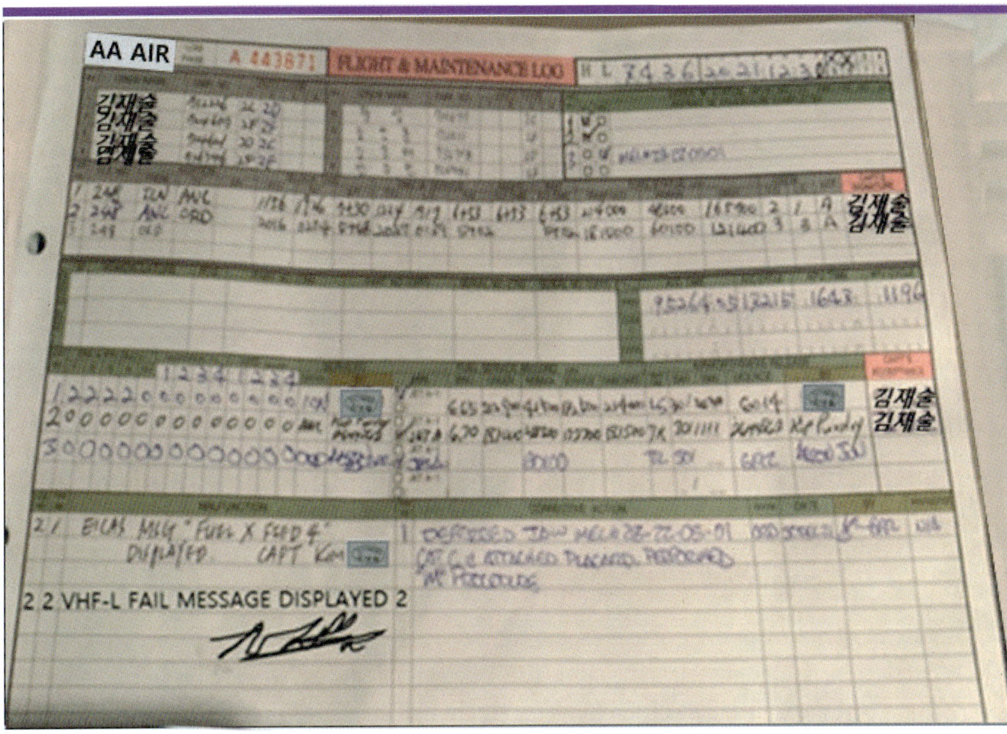

[그림 4-2] 항공기 LOG BOOK

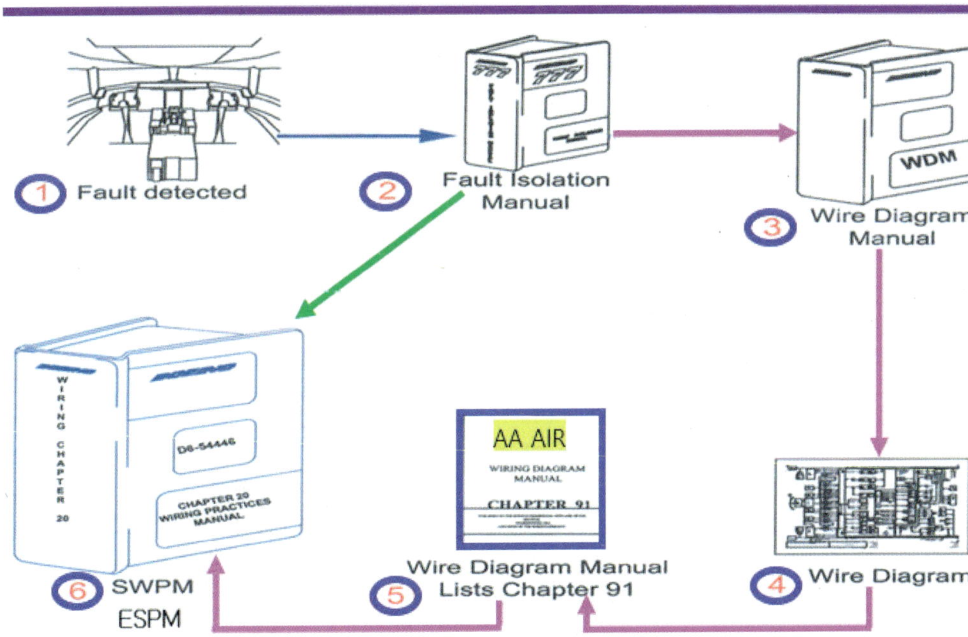

[그림 4-3] TROUBLE SHOOTING PROCESS

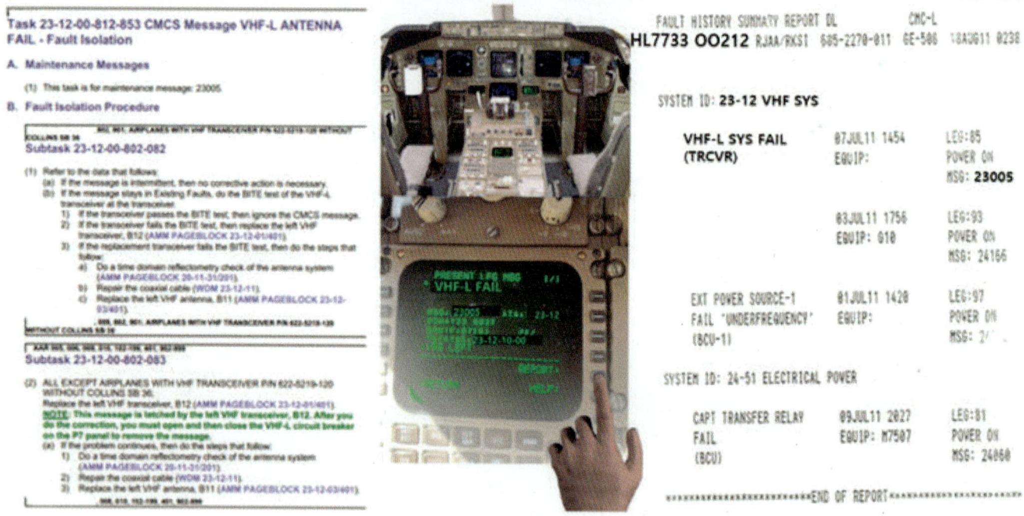

[그림 4-4] CMCS & FIM

WARNING	A non-normal operational or system condition displayed in red text accompanied by annunciation of the master warning lights and an aural tone. Immediate crew awareness and corrective action is required.
CAUTION	A non-normal operational or system condition displayed in amber text accompanied by annunciation of the master caution lights and an aural tone. Immediate crew awareness is required and corrective action may be required.
ADVISORY	A non-normal operational or system condition displayed in amber text without other visual or aural annunciations. Routine crew awareness is required and corrective action may be required.
Comm	A reminder of normal incoming flight crew communications displayed in white text.
MEMO	A reminder of a normal condition in white text that indicates the current state of certain manually and automatically configured airplane systems.
Status	A system condition which affects airplane dispatch, displayed in white text on the MFD status page. Status messages are checked prior to engine start and the condition should be corrected or dispatched per the operator's MEL. There are no inflight crew procedures associated with Status messages.

[그림 4-5] MESSAGE CATEGORY

Task 23-12-00-812-853 CMCS Message VHF-L ANTENNA FAIL - Fault Isolation

A. Maintenance Messages

(1) This task is for maintenance message: 23005.

B. Fault Isolation Procedure

004, 009, 802, 901; AIRPLANES WITH VHF TRANSCEIVER P/N 622-5219-120 WITHOUT COLLINS SB 36

Subtask 23-12-00-802-082

(1) Refer to the data that follows:
- (a) If the message is intermittent, then no corrective action is necessary.
- (b) If the message stays in Existing Faults, do the BITE test of the VHF-L transceiver at the transceiver.
  - 1) If the transceiver passes the BITE test, then ignore the CMCS message.
  - 2) If the transceiver fails the BITE test, then replace the left VHF transceiver, B12 (AMM PAGEBLOCK 23-12-01/401).
  - 3) If the replacement transceiver fails the BITE test, then do the steps that follow:
    - a) Do a time domain reflectometry check of the antenna system (AMM PAGEBLOCK 20-11-31/201).
    - b) Repair the coaxial cable (WDM 23-12-11).
    - c) Replace the left VHF antenna, B11 (AMM PAGEBLOCK 23-12-03/401).

001-004, 009, 802, 901; AIRPLANES WITH VHF TRANSCEIVER P/N 622-5219-120 WITHOUT COLLINS SB 36

006, 008, 010, 102-199, 401, 902-999

Subtask 23-12-00-802-083

(2) ALL EXCEPT AIRPLANES WITH VHF TRANSCEIVER P/N 622-5219-120 WITHOUT COLLINS SB 36;
Replace the left VHF transceiver, B12 (AMM PAGEBLOCK 23-12-01/401).
NOTE: This message is latched by the left VHF transceiver, B12. After you do the correction, you must open and then close the VHF-L circuit breaker on the P7 panel to remove the message.
- (a) If the problem continues, then do the steps that follow:
  - 1) Do a time domain reflectometry check of the antenna system (AMM PAGEBLOCK 20-11-31/201).
  - 2) Repair the coaxial cable (WDM 23-12-11).
  - 3) Replace the left VHF antenna, B11 (AMM PAGEBLOCK 23-12-03/401).

005, 006, 008, 010, 102-199, 401, 902-999

[그림 4-1 실습] 회로 B747 VHF L-SIDE 실습

■ B747 VHF COMMUNICATION-LEFT

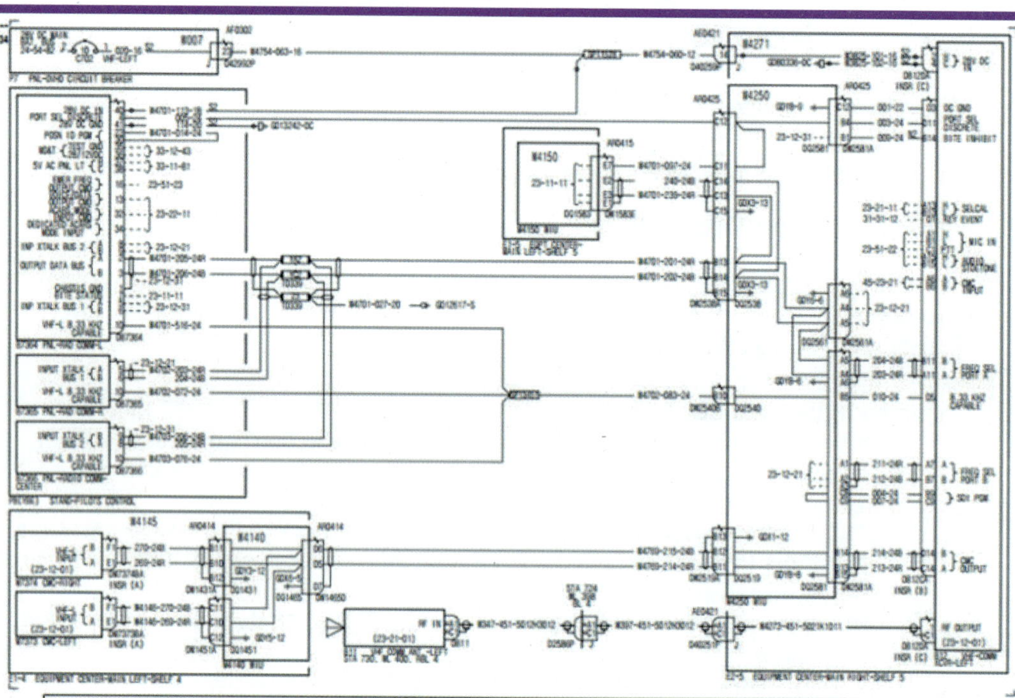

ALL	VHF COMMUNICATION LEFT

[실습번호 4-1] 회로 B747 VHF L-SIDE 실습

[실습번호 4-1] 회로 B747 VHF L-SIDE 실습

[실습목표]

(1) CMCS Message 고장탐구 작업 능력을 향상한다.

(2) CMCS 사용 방법을 학습한다.

[도면]

[재료] VHF RACK, VHF Transceiver.

[장비나 공구, Manual] 기본 공구, AMM, WDM.

[안전 및 유의 사항]

(1) Manual 절차를 준수한다.

(2) 교신 절차를 준수한다.

[실습순서]

(1) CMCS 결함을 확인한다.

(2) FIM 절차대로 VHF를 고장 탐구한다.

[관계 지식] REI작업 능력

[평기] Manual 사용 능력을 평가한다.

NOTE

Chapter 5

고장탐구 필요지식 Ⅰ

- A321NEO Input monitoring 실습

Chapter 5. 고장탐구 필요 지식 I

□ 항공기 전기 · 전자 고장탐구에 필요한 필요 지식은, 먼저 전기에 대한 이해와 안전 사항을 준수하여야 하고 기타 필요한 지식으로는 Multimeter 사용 방법, Symbology의 이해, 매뉴얼의 이해, 항공기 부품의 위치 확인 방법, 공구 사용 방법 등으로 볼 수 있다. 두 개 Part로 구분하여 알아보고자 한다. 먼저 전기 · 전자 작업 시 주의사항을 알아보고 일반 전기 · 전자 이론 지식에서 옴의 법칙, 키르히호프의 법칙과 단위계 등을 알아보기로 하고 또 항공기 회로에 자주 나오는 필수전기 전자소자 원리와 기능을 알아보기로 하자.
먼저 안전 사항 관련이다.

■ SAFETY PRACTICES DESCRIPTION 20-10-00

1. General

- To know and obey the standard safety practices.
- To have a good knowledge of the electrical standard practices.
- To have a good knowledge of requirements(process, warning, cautions etc.) before you start the work.

This is necessary to prevent injury to persons and/or damage to equipment.

This document gives general safety practices for work on the aircraft electrical systems and parts of these systems such as: cables routing, conduits, connections, splices, etc.

These safety practices do not replace local regulations specified by local authorities.

WARNING: THE CORRECT SEPARATION BETWEEN SENSITIVE WIRING AND WIRING OF OTHER SYSTEMS IS NECESSARY TO PRESERVE THE CRITICAL IGNITION SOURCE PREVENTION FEATURES OF THE SYSTEM DESIGN AND IS THEREFORE CLASSIFIED AS A CRITICAL DESIGN CONFIGURATION ON CONTROL LIMITATION (CDCCL). A CDCCL MUST BE KEPT IN THE APPROVED CONFIGURATION TO MAKE SURE THAT UNSAFE CONDITIONS DO NOR DEVELOP AS A RESULT OF MODIFICATION, MAINTENANCE OR REPAIR.

CAUTION: ALWAYS OBEY THE PRECAUTIONS THAT FOLLOW TO KEEP WIRING IN A SATISFACTORY CONDITION (ELECTRICALLY AND MECHANICALLY SERVICEABLE).
WHEN YOU DO MAINTENANCE WORK, REPAIRS OR MODIFICATIONS, ALWAYS KEEP WIRING, COMPONENTS AND THE WORK AREA AS CLEAN AS POSSIBLE. TO DO THIS:

- PUT PROTECTION, SUCH AS PLASTIC SHEETING, CLOTHS, ETC. AS NECESSARY ON WIRING AND COMPONENTS
- REGULARLY REMOVE ALL SHAVINGS, UNWANTED MATERIAL AND OTHER CONTAMINATION.

THESE PRECAUTIONS WILL DECREASE THE RISK OF CONTAMINATION AND DAMAGE TO THE WIRING INSTALLATION. IF THERE IS CONTAMINATION, REFER TO ESPM CHAPTER 20-55-00, CLEANING.

2. Maintenance

WARNING: MAKE SURE THAT NO AC OR DC POWER SOURCE IS CONNECTED TO THE AIRCRAFT ELECTRICAL CIRCUITS. THERE IS A RISK OF ELECTRO IF THE AC OR DC POWER STAYS CONNECTED. DO NOT LOOK INTO THE END OF A FIBER-OPTIC CABLE. THERE IS A RISK OF LASER RADIATION, WHICH YOU WILL NOT SEE, LASER RADIATION IS DANGEROUS FOR YOUR EYES.

3. Electrical safety practices

- Before you start work:-Open, safety and tag the circuit breakers related to the system/equipment to prevent the supply of electrical power to the system/equipment during the maintenance work. - The prevents the risk of:-Electric shocks that occur if you touch energized wiring connections, terminals, etc. -Short circuits that can occur if metal tools or parts accidentally touch energized wiring, terminals, contacts, etc. - USE THE MATERIAL SAFELY, - KEEP THE MATERIAL SAFELY.

E = I R

E = Electromotive Force - Volts

I = Impressed Current - Amps

R = Resistance - Ohms

No Voltage = No Current

WARNING:

AMPERAGE KILLS!

▶ 전류

The major hazards associated with electricity are electrical shock and fire. Electrical shock occurs when the body becomes part of the electric circuit. This happens when the individual comes in contact with:

1. Both wires of an electrical circuit;
2. One wire of an energized circuit and the ground; or
3. A metallic part that has become energized by contact with an electrical conductor.

NOTE: Some circuit breakers(A320 family only) have a red threaded bush(P/N A92529086000). This bush prevents reset of the circuit breakers in flight (the crew cannot pull it). If, for maintenance safety reasons, it is necessary to open such a circuit breaker, you can remove the red threaded bush with a standard wrench.

WARNING: BEFORE YOU USE A MATERIAL REFERRED TO IN THIS PUBLICATION, YOU MUST KNOW ALL OF THE APPLICABLE PRECAUTIONS. THESE PRECAUTIONS TELL YOU HOW TO:
READ THE SAFETY DATA SHEETS FROM THE MANUFACTURER OR THE SUPPLIER OF THE MATERIAL TO LEARN THE RECOMMENDED PRECAUTIONS, OBEY YOUR LOCAL REGULATIONS.

WARNING: USE SOLVENTS/CLEANING AGENTS, SEALANTS AND OTHER SPECIAL MATERIALS ONLY WITH A GOOD FLOW OF AIR THROUGH THE WORK AREA. THESE MATERIALS ARE POISONOUS AND FLAMMABLE AND SKIN IRRITANTS. OBEY THE MANUFACTURERS INSTRUCTIONS. PUT ON PROTECTIVE CLOTHING. DO NOT GET THEM IN YOUR MOUTH. DO NOT SMOKE. DO NOT BREATHE THE GAS. GET MEDICAL HELP IF YOUR SKIN OR EYES BECOME IRRITATED

4. Materials

WARNING: BE CAREFUL WHEN YOU USE ELECTRIC TOOLS ON THE AIRCRAFT BECAUSE THERE ARE RISKS OF ELECTRO OR EXPLOSION IF THERE ARE LOCAL REGULATIONS RELATED TO ELECTRIC TOOLS, MAKE SURE THAT YOU OBEY THEM.

WARNING: BE CAREFUL, WHEN YOU USE ELECTRIC TOOLS IN AREAS WHERE THERE ARE RISKS OF EXPLOSION(FUEL TANKS, FUEL VAPOUR AREAS, ETC) REFER TO YOUR LOCAL REGULATIONS AND MAKE SURE THAT YOU OBEY THEM. SOME ELECTRIC TOOLS SUCH AS HEAT GUNS, SOLDERING IRONS AND TOOLS WITHOUT INTRINSIC PROTECTION ARE NOT PERMITTED IN THESE AREAS.

5. Tools

- Never use electric tools which deliver an energy of more than 0.02 Milli joule in fuel tanks or in areas where there are flammable vapors. - Never use heat-generating tools in the fuel tanks or in area where there are flammable vapors. - Use only crimp-type contacts, terminals, splices, sleeves (non-heat shrinkable sleeves) in these areas. - For cables in harnesses that are identified by a P/N (engine, landing gear, fuel tanks, etc), also refer to the applicable manufacturer documentation.

6. Cables

- For cables in harnesses that are identified by a P/N (engine, landing gear, fuel tanks, etc), also refer to the applicable manufacturer documentation.

7. ESDS

- Students will learn how static is generated its effect on electronic and electrical

devices and way of protecting wire harness components from static damage. There are four vital protective measure used:

① ESDS caution labels

② Wrist strap

③ Approved ESDS bags

④ Protective bags or caps

■ WRIST STRAP TEST

▶ Wrist strap continuity test (B767 AMM 20-41-01)

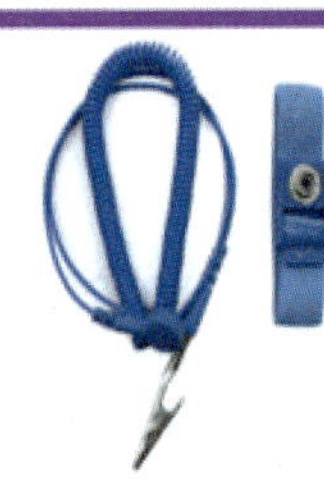

This paragraph gives the procedures to test the continuity of a ESDS protective wrist strap with either of these:

1. Wrist strap tester : ESDS방전상태와 기능을 Test함
① Green GOOD : 안전
② Red HIGH : Recheck
2. Ohmmeter

<u>NOTE</u>: The continuity test with a wrist strap tester is the recommended procedure.

(1) To do the test with a wrist strap tester:

(a) Make a selection of a wrist strap tester

(b) Put the wrist strap on.

(c) Plug the jack end of the wrist strap into the tester.

(d) Do the touch test.

(2) To do the test with an ohmmeter:

(1) Plug the jack end of the static control wrist strap, COM-1565 into the ground or common receptacle of digital/analog multimeter, COM-1793.

SUBTASK 20-41-02-820-001

(2) Adjust the digital/analog multimeter, COM-1793 to the applicable resistance range.

SUBTASK 20-41-02-820-002

(3) Touch the red lead of the digital/analog multimeter, COM-1793 to the resistor portion of the static control wrist strap, COM-1565. The acceptable range is from 250 kilohms to 1.5 megohms.

SUBTASK 20-41-02-980-001

(4) Put the static control wrist strap, COM-1565 on your wrist.

SUBTASK 20-41-02-820-003

(5) Hold the red lead of the digital/analog multimeter, COM-1793 between the forefinger and the thumb. The acceptable range is less than 10 megohms.

SUBTASK 20-41-02-000-001

(6) Discard the static control wrist strap, COM-1565 if it does not operate in the acceptable range.

[그림 5-1] WRIST STRAP TEST

■ ESDS

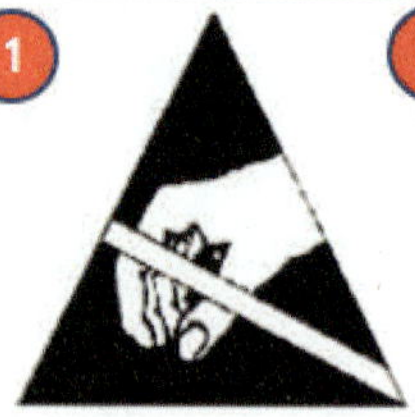

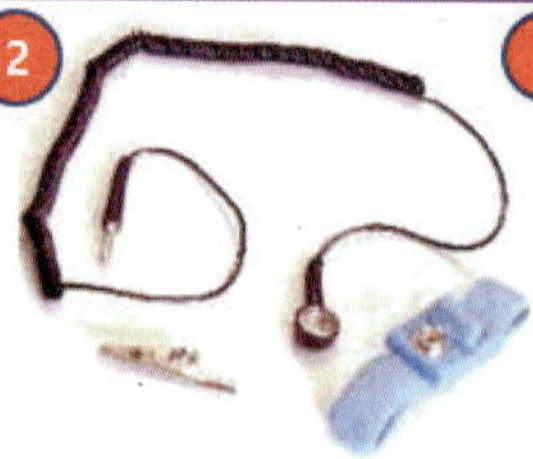

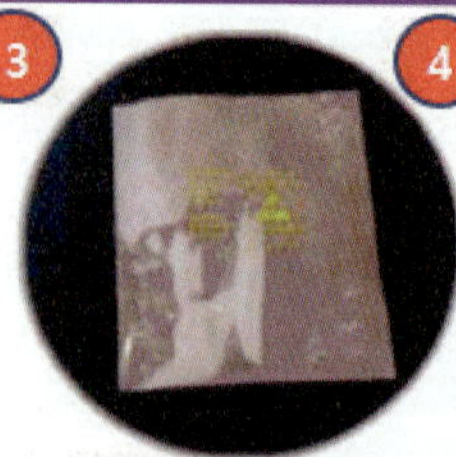

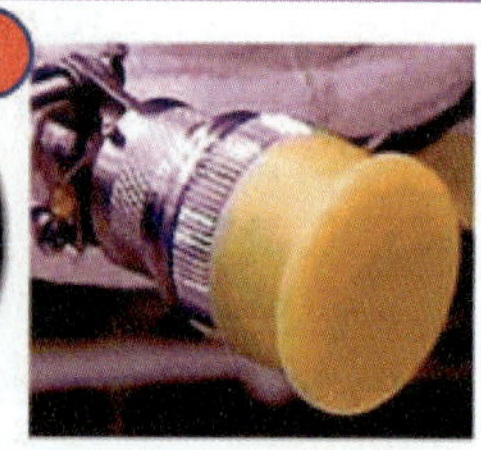

▶ Wrist strap

Wrist straps prevent damage to the parts by bleeding all static charges to ground. They typically contain a 250 Kilo Ohm to 1.5 Meg Ohm resistor to protect the user in the event that they come into contact with a live wire.

Wrist straps must come into contact with the person's skin to be effective. The other end must be attached to a grounded object.

▶ LRU R.I

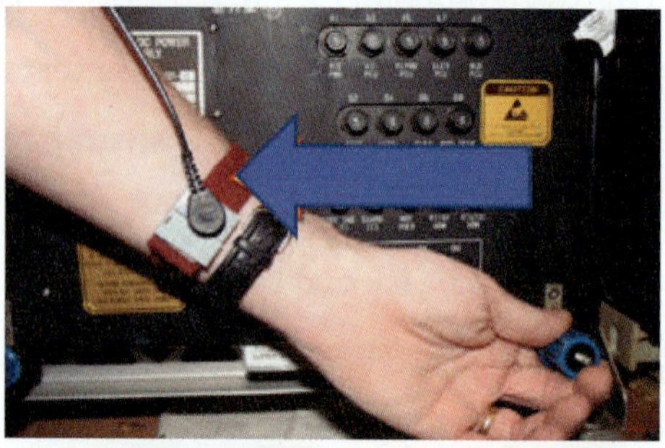

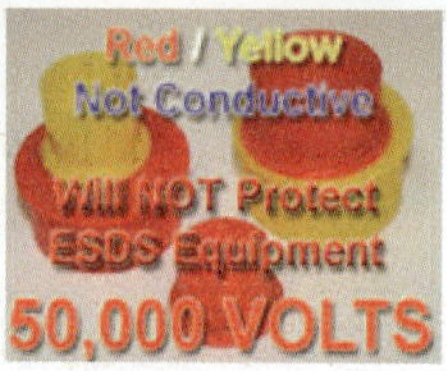

▶ ESDS caps must be conductive

▶ Triboelectric series

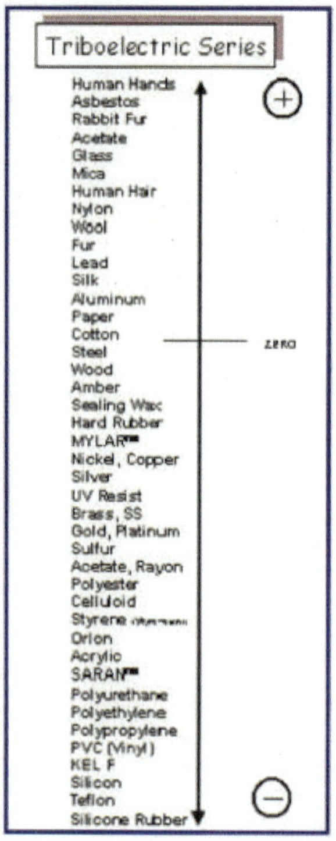

▶ Card assembly

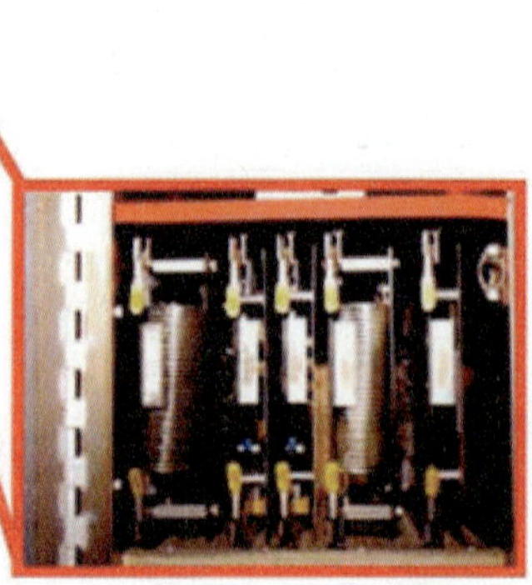

[그림 5-2] ESDS

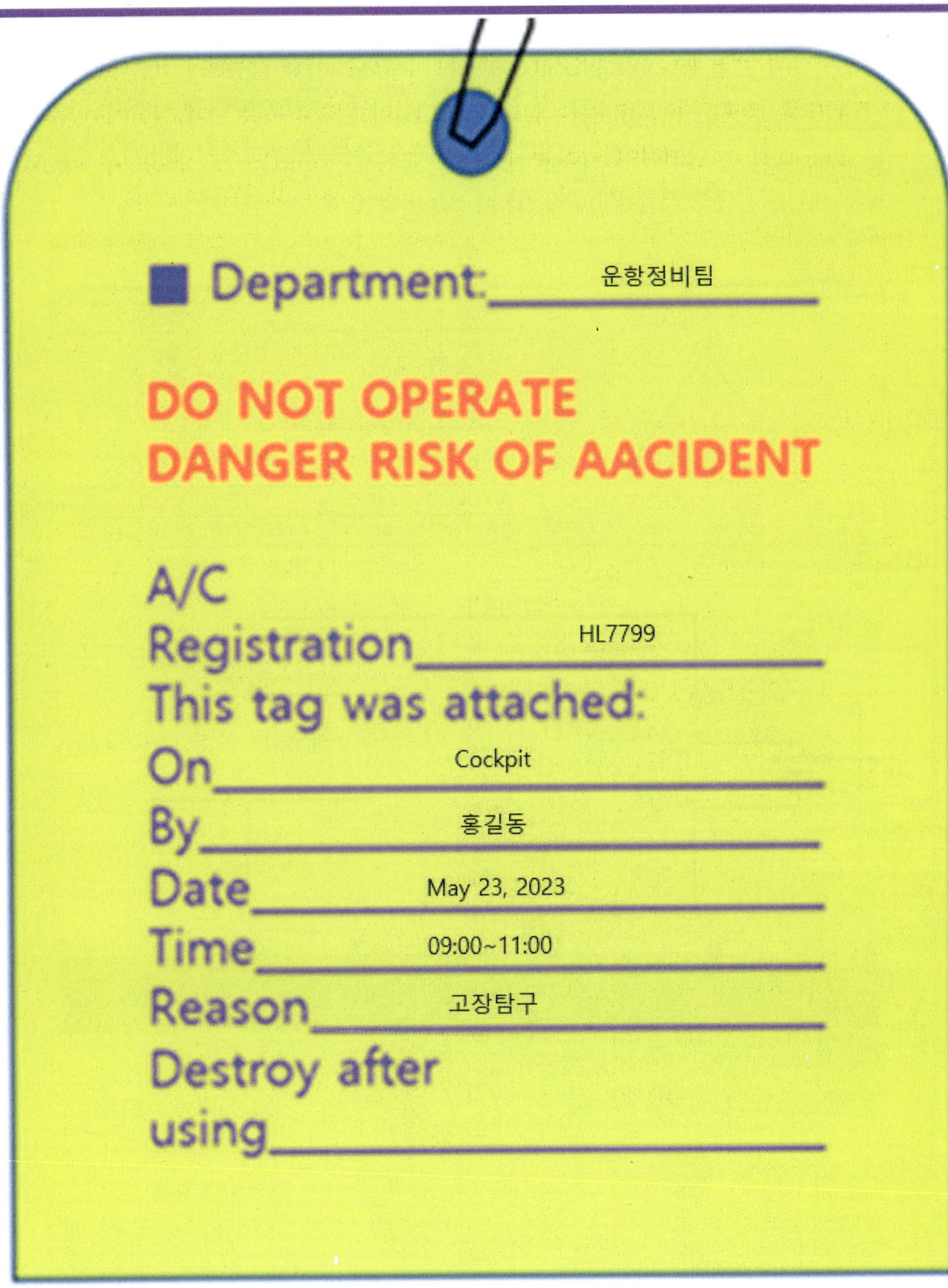

■ Department: 운항정비팀

DO NOT OPERATE
DANGER RISK OF AACIDENT

A/C
Registration HL7799
This tag was attached:
On Cockpit
By 홍길동
Date May 23, 2023
Time 09:00~11:00
Reason 고장탐구
Destroy after
using

가. OHM,S LAW

전류의 세기는 두 점 사이의 전위차(電位差)에 비례하고, 전기저항에 반비례한다는 법칙이다. 1826년 독일의 물리학자 G. S. Ohm(옴)이 발견했다. 옴의 법칙은 전기회로 내의 전류, 전압, 저항 사이의 관계를 나타내는 매우 중요한 법칙이다. 전압의 크기를 V, 전류의 세기를 I, 전기저항을 R이라 할 때, V=IR의 관계가 성립한다.

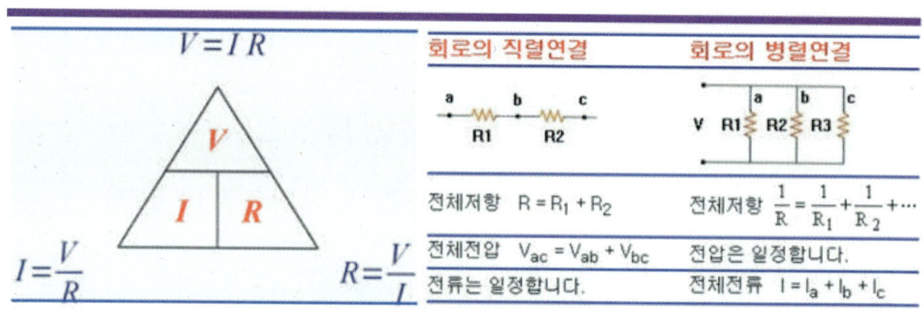

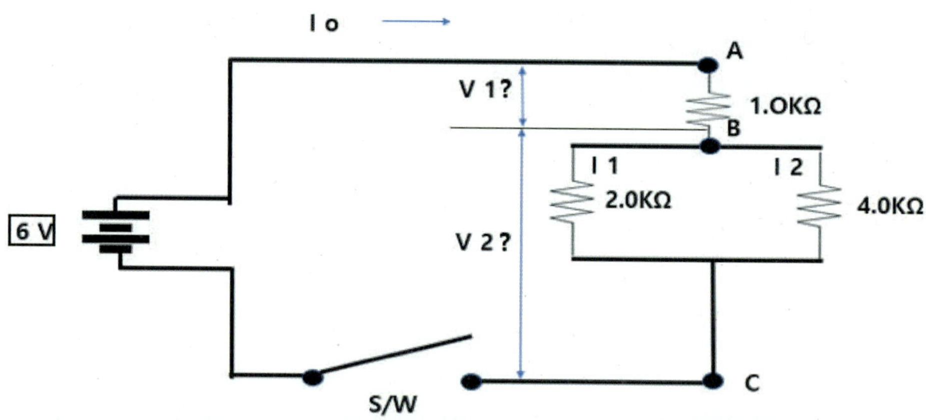

3대 소자	DC회로 $I=\frac{v}{R}$	AC회로 $I=\frac{v}{z}$	
R 	방해	방해(저항)	Z
L 	유도	방해(유도성 리액턴스) $x_L = \omega L = 2\pi f_L$	
C 	저장	방해(용량성 리액턴스) $x_c = \frac{1}{\omega c} = \frac{1}{2\pi f c}$	

$\therefore z^2 = R^2 + x^2 \quad z = \sqrt{R^2 + x^2} \quad z = \sqrt{R^2 + (x_L - x_c)^2}$

[그림 5-3] OHM, S Law & 직병렬회로

나. SI 단위 접두어

접두어	지수	기호	접두어	지수	기호
요타(yotta)	10^{24}	Y	데시(deci)	10^{-1}	d
제타(zetta)	10^{21}	Z	센티(centi)	10^{-2}	c
엑사(exa)	10^{18}	E	밀리(milli)	10^{-3}	m
페타(peta)	10^{15}	P	마이크로(micro)	10^{-6}	μ
테라(tera)	10^{12}	T	나노(nano)	10^{-9}	n
기가(giga)	10^{9}	G	피코(pico)	10^{-12}	p
메가(mega)	10^{6}	M	펨토(femto)	10^{-15}	f
킬로(kilo)	10^{3}	k	아토(atto)	10^{-18}	a
헥토(hecto)	10^{2}	h	젭토(zepto)	10^{-21}	z
데카(deca)	10^{1}	da	욕토(yocto)	10^{-24}	y

[그림 5-4] UNITS

다. 진법

항공기에, 많이 사용하는 진법은 2진법 Decimal, 8진법 Octal, 16진법 Hexadecimal이다. 서로 간의 값을 변환할 줄 알아야 한다.

10진법	2진법	8진법	16진법	10진법	2진법	8진법	16진법
0	0	0	0	10	1010	12	A
1	1	1	1	11	1011	13	B
2	10	2	2	12	1100	14	C
3	11	3	3	13	1101	15	D
4	100	4	4	14	1110	16	E
5	101	5	5	15	1111	17	F
6	110	6	6	16	10000	20	10
7	111	7	7	17	10001	21	11
8	1000	10	8	18	10010	22	12
9	1001	11	9	19	10011	23	13

[그림 5-5] DECIMALS

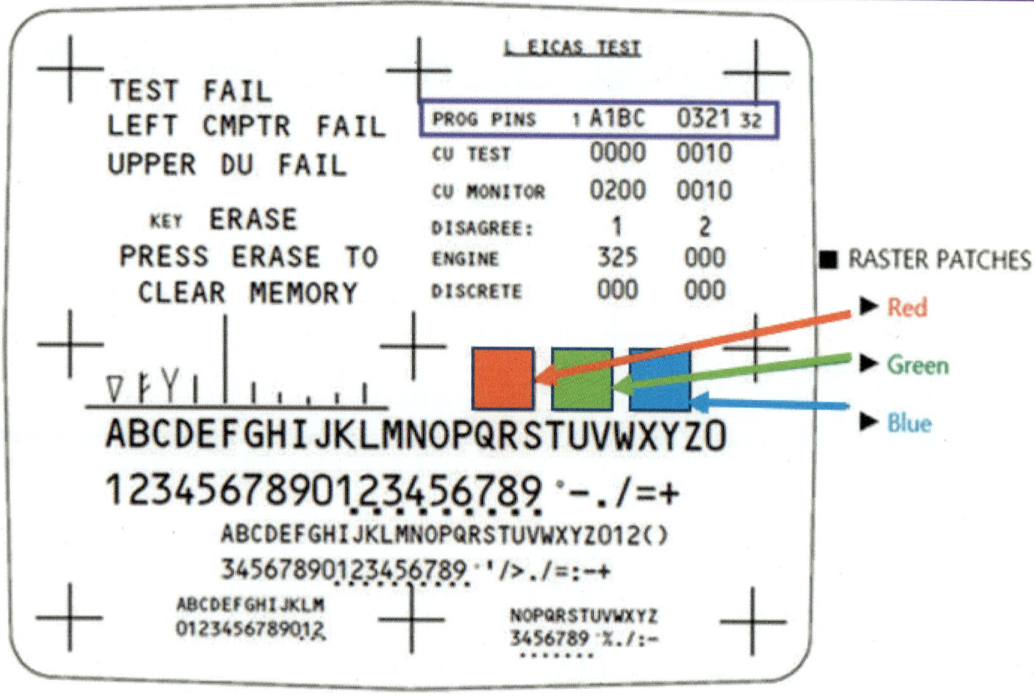

라. 키르히호프(Gustav Kirchhoff, 1824~1887)의 법칙

전기 · 전자에 사용되는 여러 가지 법칙 중 몇 가지만 살펴보기로 한다.

(1) KCL 법칙

'키르히호프의 전류 법칙'(Kirchhoff's Current Law, KCL)이라고도 한다. 또는 '마디(분기점) 법칙'이라고도 한다. 이 법칙의 정체는 회로에서의 전하량 보존 법칙.

$$\sum_k I_k = 0$$

회로 내의 어떤 지점에서든지 들어온 전류합과 나가는 전류합은 같다.

제시된 식에서 Ik항은 들어오는 전류이면 (+), 나가는 전류이면 (-) 부호로 정해진다. 물론 그 반대로 정해도 상관없다.

여기서 '한 지점'이란 꼭 분기점일 필요는 없다. 단순히 '선로상의 한 지점'에서도 들어오는 전류와 나가는 전류의 크기는 같으며, 해당 지점에서는 전하가 쌓이지 않는다. 흔히들 하는 오해가 이름 때문인지 전류가 나눠는 분기점에서만 성립한다고 생각하는데, 전하량 보존 법칙을 생각해보면 그냥 단일 도선의 어떤 지점에서든지 들어온 전류가 나가는 전류와 같다는 것을 알 수 있다. 전류가 한 방향으로 흐르기 때문이다

이는 정상 전류의 조건과 관계가 있다. 정상 전류란 시간에 따라 전류가 변하지 않으며, 한 지점에서 전하가 쌓이면 안 된다. 전하량은 언제나 보존되기 때문에 '한 지점에 들어오는 전류'와 '나가는 전류'에 차이가 생기면 그 차이만큼 전하가 쌓인다. 이는 다시 말하면 전기회로의 어느 지점에서는 전류의 출입에 균형이 맞아야 하고, 이것이 키르히호프의 전류 법칙이다.

(2) KVL 법칙

'키르히호프의 전압 법칙(Kirchhoff's Voltage Law, KVL)'이라고도 하고 고리 규칙이라고도 한다. 정체는 회로의 에너지 보존 법칙.

$$\sum_j V_{\text{source},j} = \sum_k V_{\text{device},k}$$

회로 속 닫힌 경로에서, 전원의 기전력의 합은 회로 소자의 전압 강하의 합과 같다.

전기회로 내의 모든 지점은 전기 전위를 지정할 수 있다. 한편 어떤 '닫힌 경로'를 따라 이동할 때 전기 전위의 변화는 제자리로 돌아오고, 이것이 제시된 수식에 써진 바와 같다. 이것이 키르히호프의 전압 법칙이다.

참고로 통상 '고도'를 정할 때 특정한 지점의 고도를 기준으로 삼고 다른 지점의 고도를 측정한다. 전기회로도 마찬가지다. 전기회로 내의 특정 지점의 전기 전위를 지정하면, 다른 지점의 전기 전위를 구할 수 있다.

한 전자(전하 운반자)의 측면에서 볼 때, 전자는 전원을 거치면서 에너지를 받고, 회로 소자를 지나면서 일한다. 이때 에너지의 출입은 전자의 전하량과 전위의 변화 곱으로 나타난다. 전자가 제자리로 돌아올 때 같은 전위 준위로 돌아오므로, 들어온 에너지와 나간 에너지는 같아야 한다. 이는 전원이 일한 만큼 에너지가 회로 소자로 전달된다는 뜻이 된다.

이렇게만 나타내면 쉬워 보이지만, 각 회로에 흐르는 전류를 이용하여 연립방정식을 세워야 하므로 계산이 꽤 까다롭다. 미지수를 잘못 세우면 4원 연립일차방정식까지도 갈 수 있으니 주의. 이렇게 한 5문제만 풀면 계산을 싫어하는 사람들은 정신이 피폐해진다. 물론 시간만 충분하거나 본인이 계산 왕이거나 컴퓨터를 잘 쓴다면 상관없다. 그러나 제1 법칙을 잘 사용하면 더욱 간단하게 나타낼 수도 있다. 잘 활용하자!

▶KCL

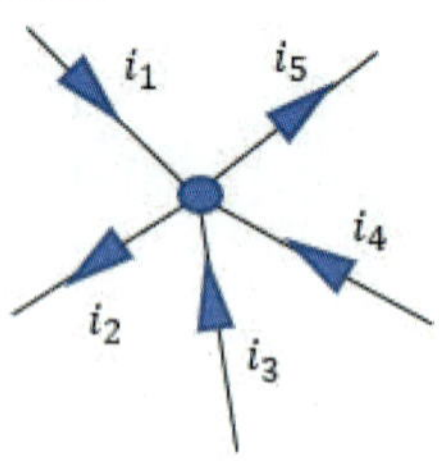

▶KVL

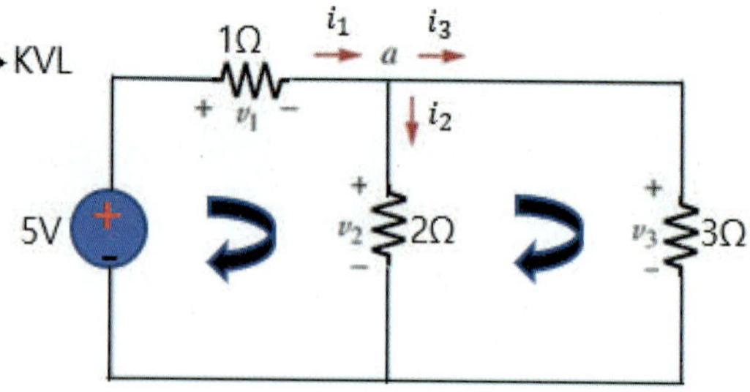

(3) ARINC 429

항공기 데이터 통신에 사용되는 통신방식은 많으나 대표적인 것은 ARINC 429[6] 계열이다. ARINC 429 계열을 이해하면 나머지도 쉽게 이해할 수 있다.

---

6) ARINC-Aeronautical Radio Inc. 항공사의 운영에 필요한 통신을 제공하는 통신 사업자.

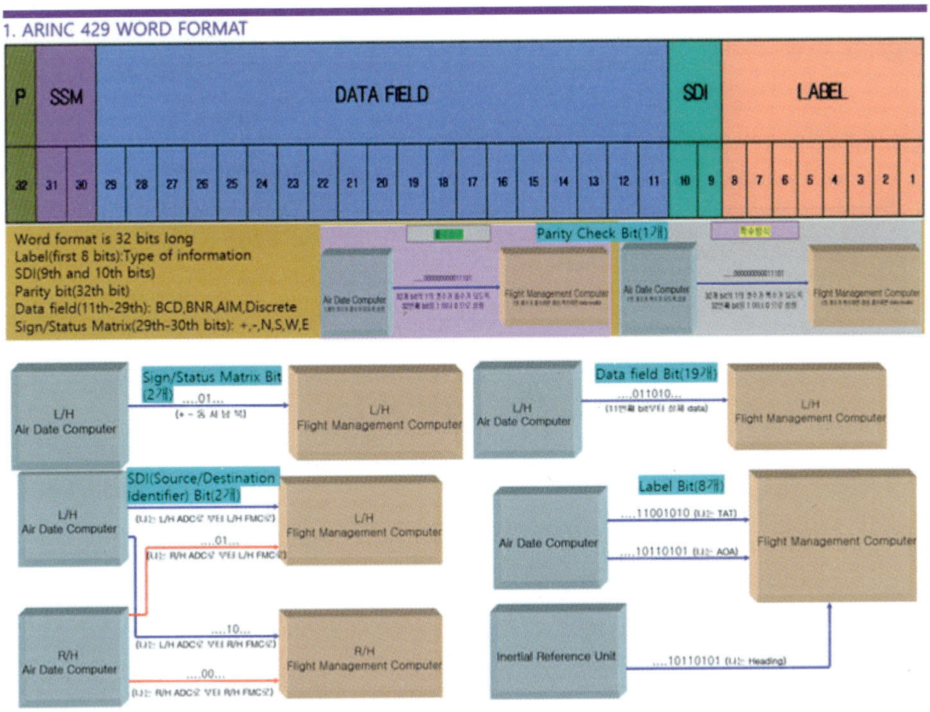

[그림 5-6] ARINC 429 FORMAT

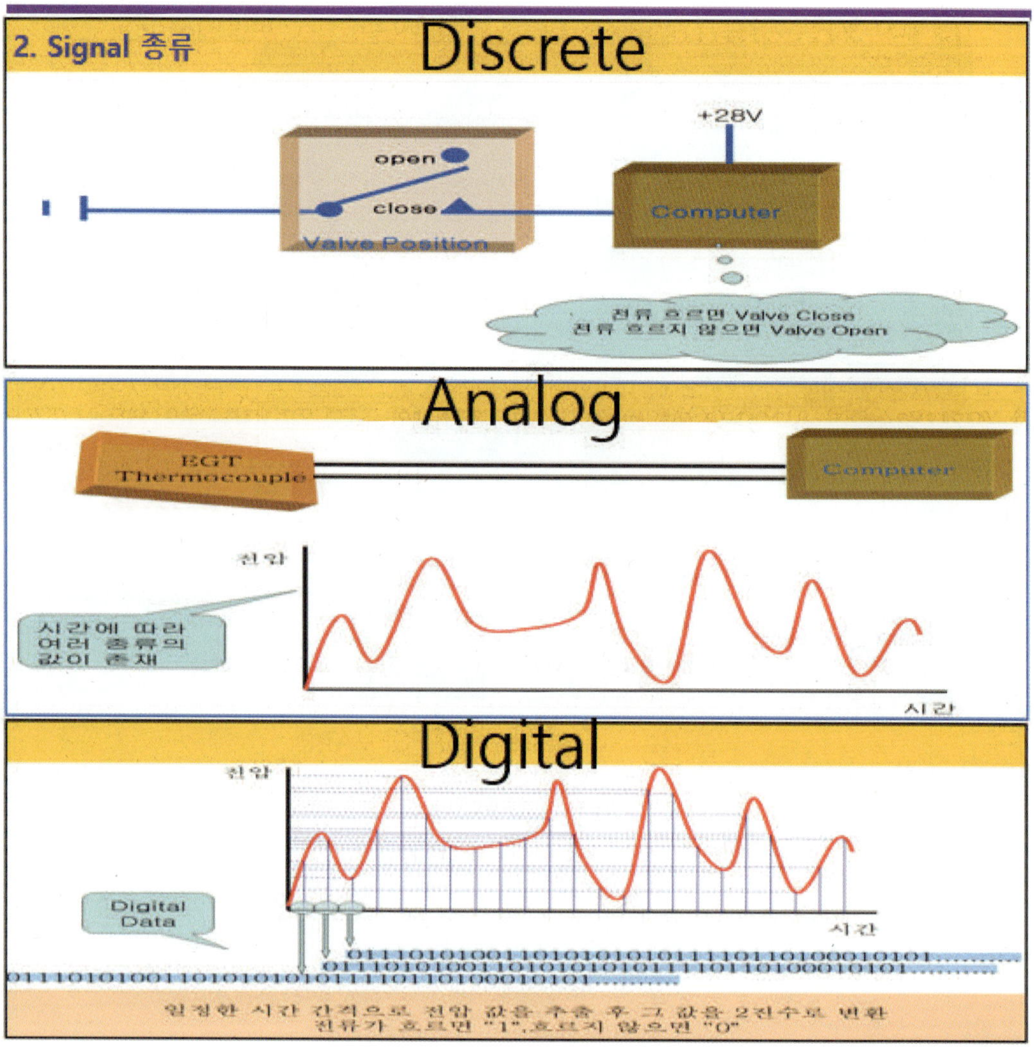

[그림 5-7] SIGNALS

(4) 전기 · 전자 소자의 기능

(가) 다이오드, 제너 다이오드의 기능은 아래 그림과 같다.

항공기 운항정비에서 Diode module로 직접 정비하는 때도 있고, 고장 탐구하는데 필수 소자이다.

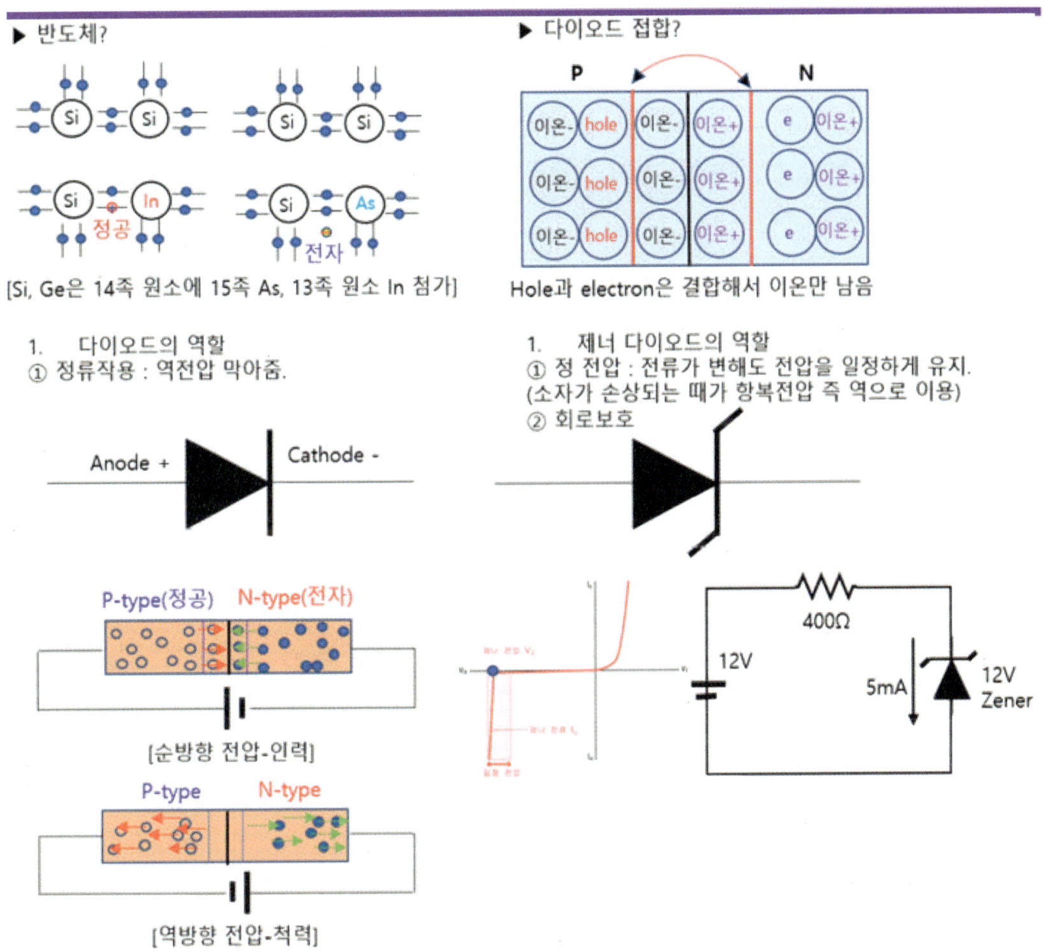

[그림 5-8] 항공기 회로도 다이오드 & 제너 다이오드

■ 주기율표 & 원자번호

■ 반도체(Doping)

	1	2	13 (3)	14 (4)	15 (5)	16	17	18	전자껍질수
1	^{1}H							^{2}He	1
2	^{3}Li	^{4} Be	^{5} B	^{6} C	^{7} N	^{8}O	^{9}F	^{10}Ne	2
3	^{11}Na	^{12}Mg	^{13}Al	^{14} Si	^{15} P	^{16}S	^{17}Cl	^{18} Ar	3
원자가전자수	1	2	3	4	5	6	7	0	

- 족끼리 비슷한 화학적 성질을 갖는다

■ 원자번호

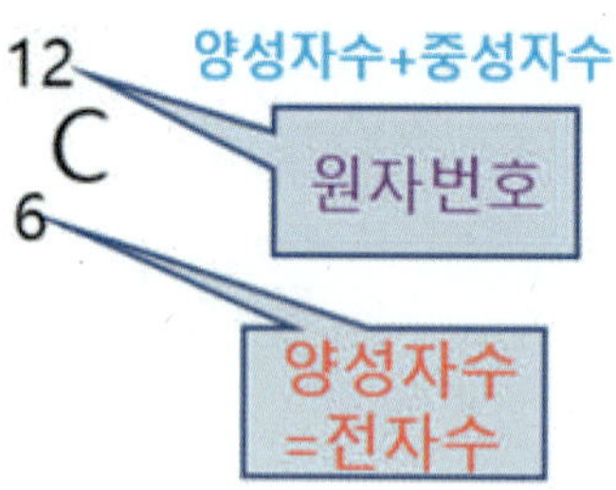

■ 톰슨의 음극선 실험

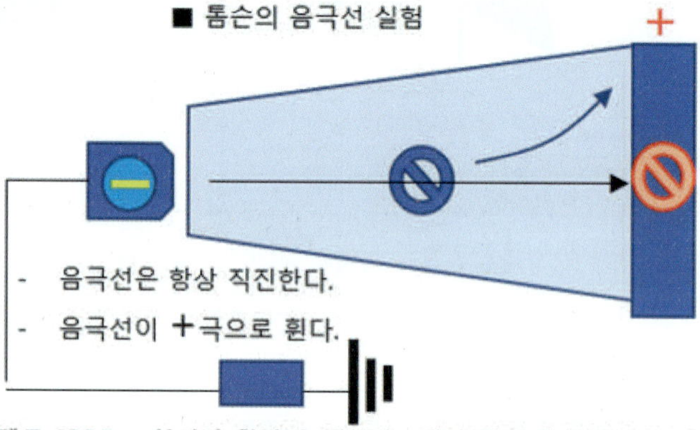

■ 원자핵

전자껍질 & 궤도 SPDF-> 최외각 원자가 전자가 8개가 안정(옥택규칙)7받,9버림.

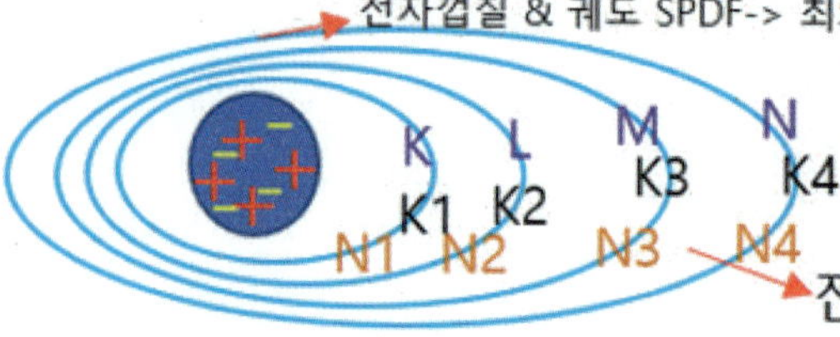

① N-주양자수 ② 멀수록 에너지 고
③ 전자껍질에 준위는 불연속
④ 멀수록 에너지 차이 감소

전자껍질사이는 전자 없음

[그림 5-9] 주기율표 & 원자번호, 원자핵

■ B737 MASTER DIM & TEST SYSTEM

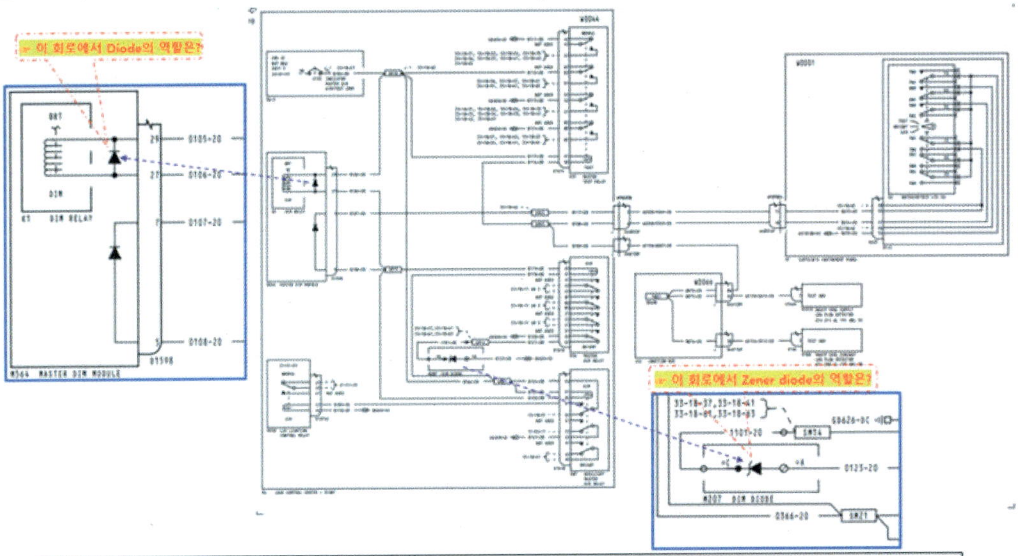

ALL	MASTER DIM & TEST SYSTEM

[그림 5-10] 다이오드 & 제너 다이오드 항공기 회로

(나) PNP, NPN TR 기능은 아래 그림과 같다.

항공기 운항정비에서 TR(Transistor)를 교환하고 직접 정비하는 경우는 없지만, 회로를 이해하는 데 필수 소자이다.

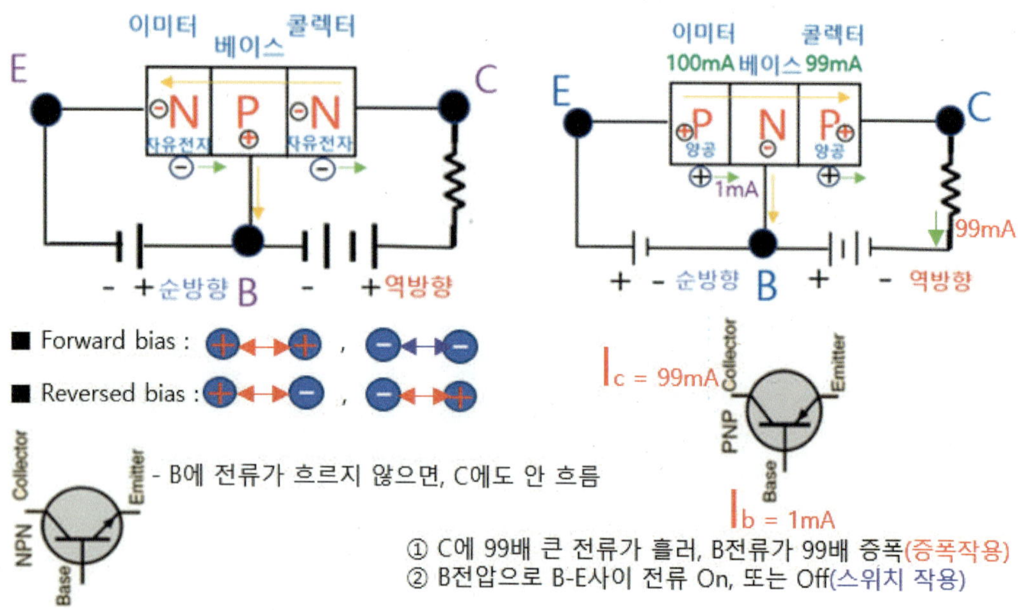

∴ TR이 작동하려면, E-B순방향! C-B역방향 연결한다.

[그림 5-11] TRANSISTOR BIAS

■ B737 MASTER DIM & TEST SYSTEM

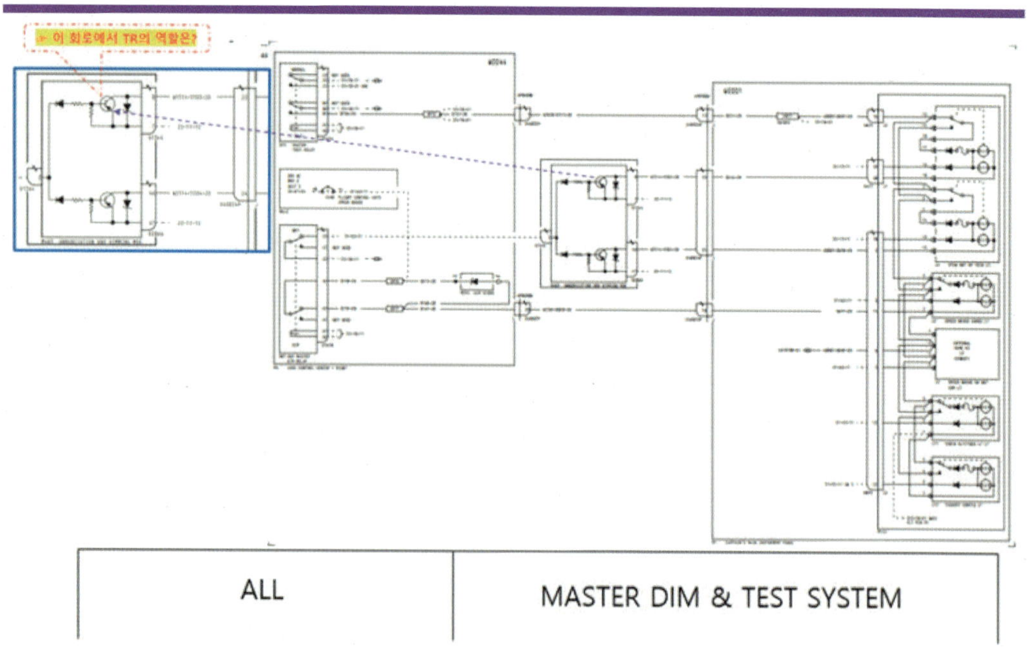

[그림 5-12] TRANSISTOR PRINCIPLE

▶ E & B는 항상 순방향(P에는 + + Red lead, N에는 - - Black lead)이어야 한다.

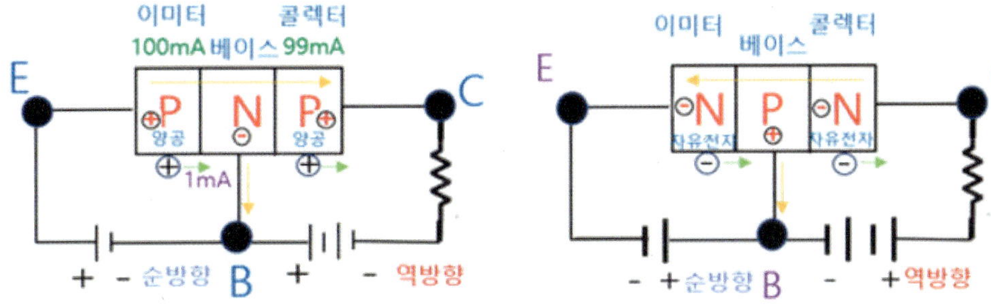

[PNP와 NPN형 판단하는 방법
- E와 B는 항상 순방향(+극은 P에, -극은 N에)]

Si, Ge] 원자가 4개 [P형, 정공 多, accept, 붕소,인, 3가 첨가->전자부족 / N형, 전자 多, donner,인,비소 5가 첨가->전자 남음

↓

∴ 적은 에너지로, 쉽게 전류를 필요에 따라 흐르게 한다.
증폭작용과 스위치 기능.(초당 수천 번 On/off가능)

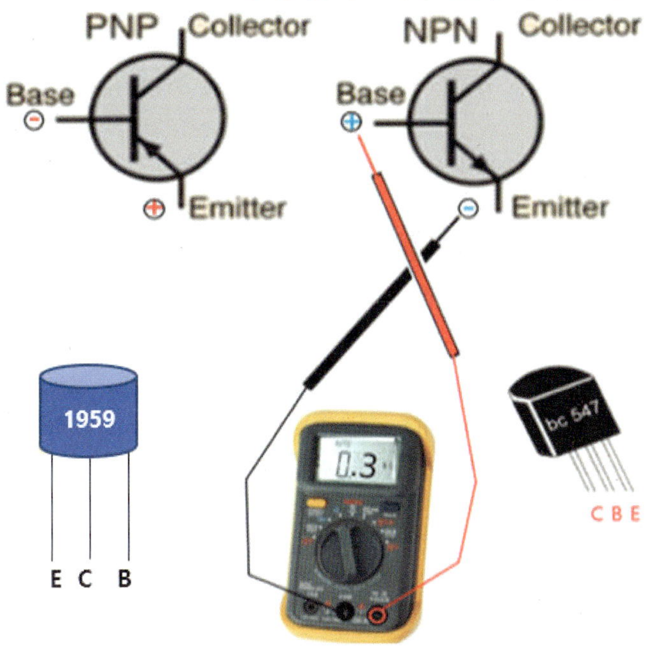

[그림 5-13] TRANSISTOR PRINCIPLE

(다) DRAM의 구조와 동작 원리는 아래 그림과 같다.

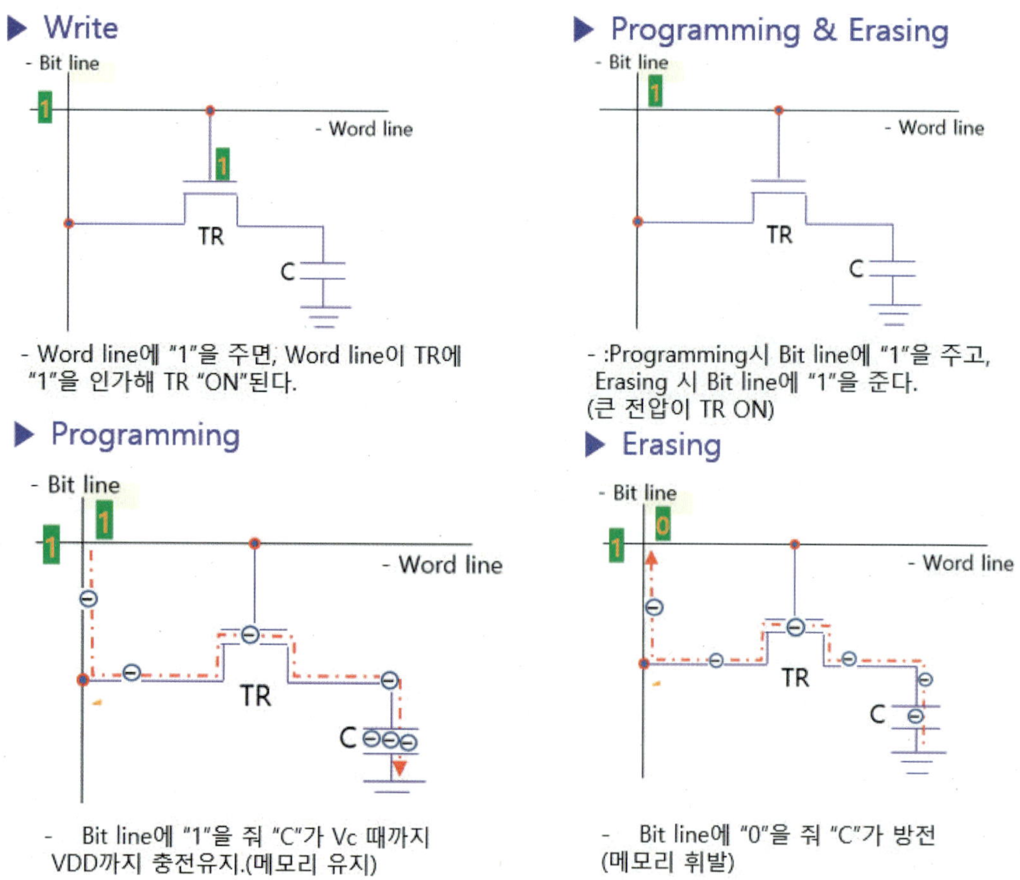

[그림 5-14] DRAM의 구조 & 동작 원리

■

0	0	0	0	0	0	0	0	0	0
512	256	128	64	32	16	8	4	2	1

▶ 1b: 1정보를 저장할 수 있는 단위.
▶ 1kb: 2^{10} = 1,024b
▶ 1Mb: 2^{20} = 210Kb = 1,048,576b
▶ 1Gb: 2^{30} = 210Mb = 1,073,741,824bB

1024bits->1K

[그림 5-14] 외장 메모리

(라) Relay 기능과 원리는 아래 그림과 같다. ※ SWPM 20-81-12~20-81-22
Relay는 전기신호를 입력으로 출력을 다른 전기신호를 구동하고 큰 신호나 전력 선택에 사용한다. 항공기 Relay는 Electromechanical relay(EMR), SSR, HERM 등 여러 가지 그룹과 Basic relay type Balanced armature relay 등이 있다. 따라서 Relay의 동작 상태에 따라 다양한 결합이 나타나므로 회로에서 정확히 이해하여야 한다.

1. 릴레이 역할
① 스위칭 작용(계폐제어 회로) : 전자석.
② 작은 전기로 큰 전기 제어.

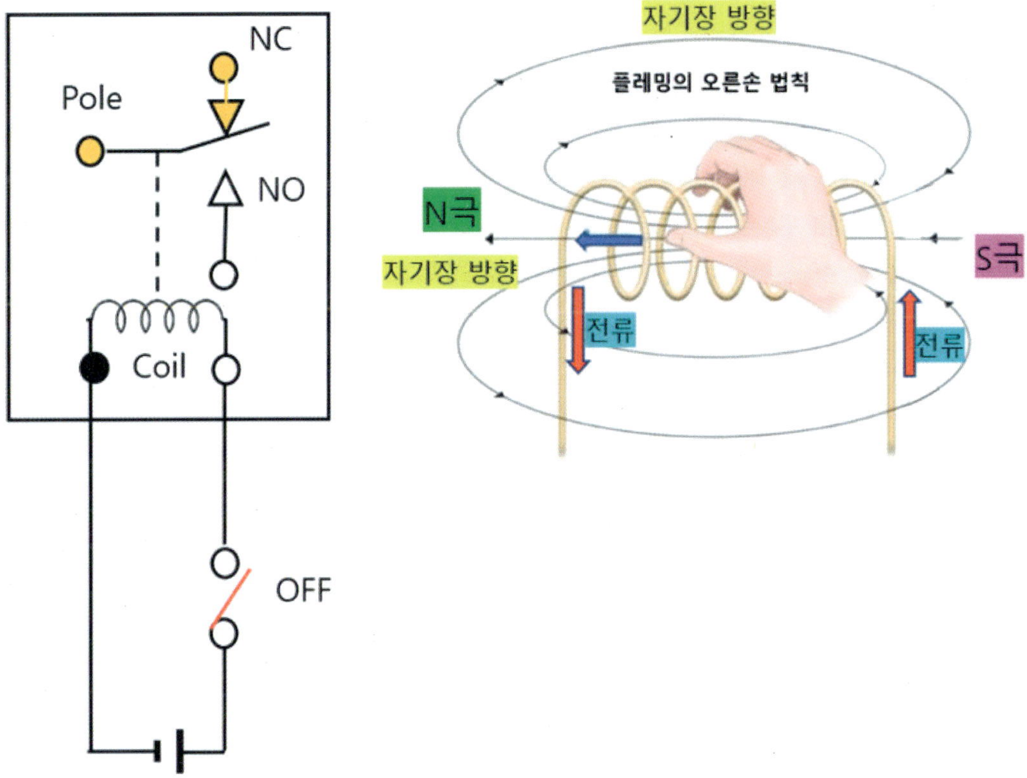

[그림 5-15] RELAY

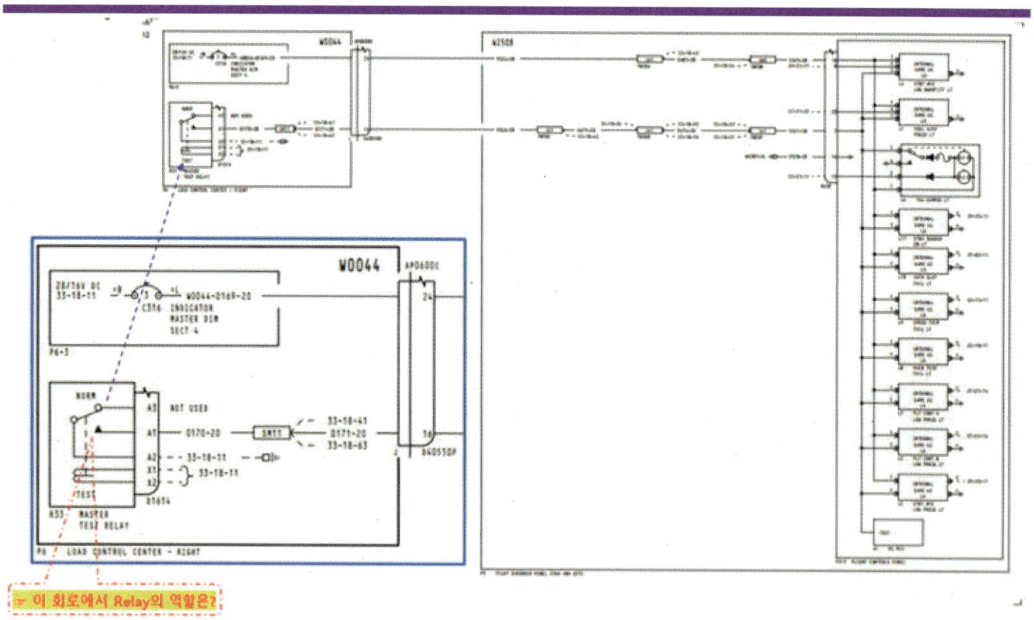

ALL	MASTER DIM & TEST SYSTEM OVERHEAD

[그림 5-16] 항공기 회로도 RELAY

(마) Capacitor 기능과 원리는 아래 그림과 같다.

1. Capacitor원리

① 전하를 가진 도체는 자기장을 형성하고 있는데 다른 전하가 접근하면 전기력이 가속되어 충전된다. 유전체는 부도체로 전기적으로 대전되는 물질이다.

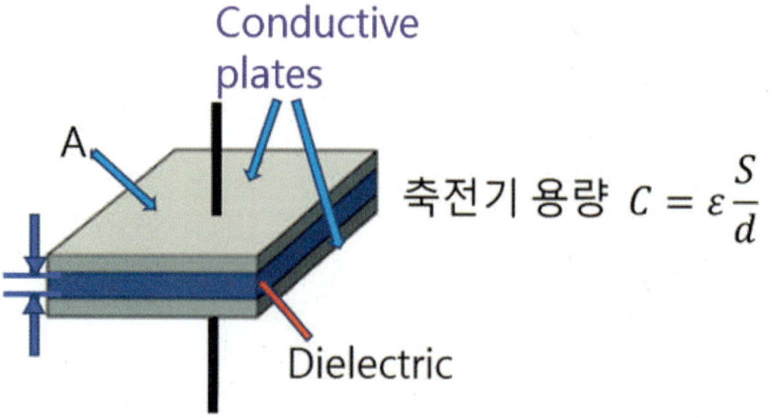

[그림 5-17] CAPACITOR

마주 보는 전극이 넓고, 가까울수록 콘덴서의 용량이 증가합니다. ☞ Q=CV
교류만 통과시키고 직류는 차단함. 콘덴서를 통과한 전류는 위상이 전압보다 90° 앞선다.

① 불안정한 전원 제거에 사용
② 노이즈를 제거에 사용
③ 직류를 차단하며 교류 통과에 사용
④ IC(집적회로)의 안정된 작동용에 사용

(바) Proximity sensor 기능과 원리는 아래 그림과 같다. ※ BDM-7022
Proximity switch는 일반 스위치는 약 10,000회 이상 사용하면 피로현상 결함으로 인한 단점을 없앤 기계적 접촉이 없이 동작하는 스위치이다. 그리고 스위치 Sensor는 기체 측에 Target은 기어, 문 측에 설치된다. 이 장치는 Landing gear up/lock 감지와 Passenger, cargo Door open/close 상태를 감지하는 아주 중요한 장치이다.

1. Proximity sensor원리
① Each sensor is a two-wire variable reluctance device connected to a circuit card. The sensor operates with a steel target and gets power from a periodic pulse supplied by the card. The card uses the pulse to measure sensor inductance. As the target moves near, the sensor inductance increases. The card uses this change in inductance to change the output from a low of 0.3 volts (near) to a high of 15 volts (far).

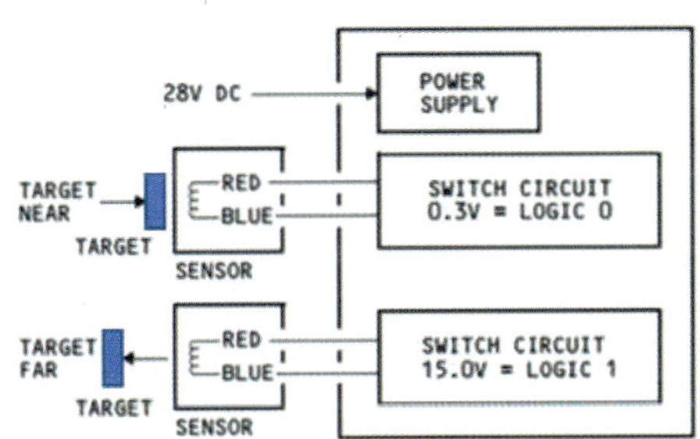

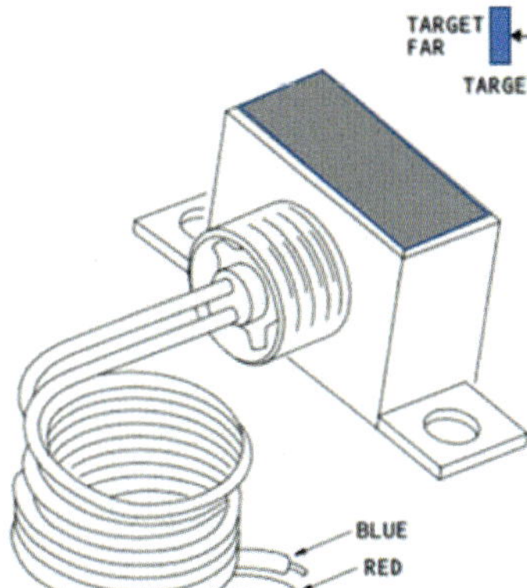

▶ 사각형 TYPE

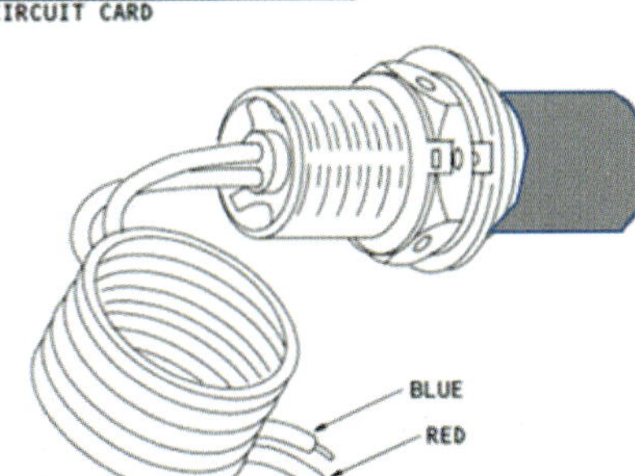

▶ 원형 TYPE

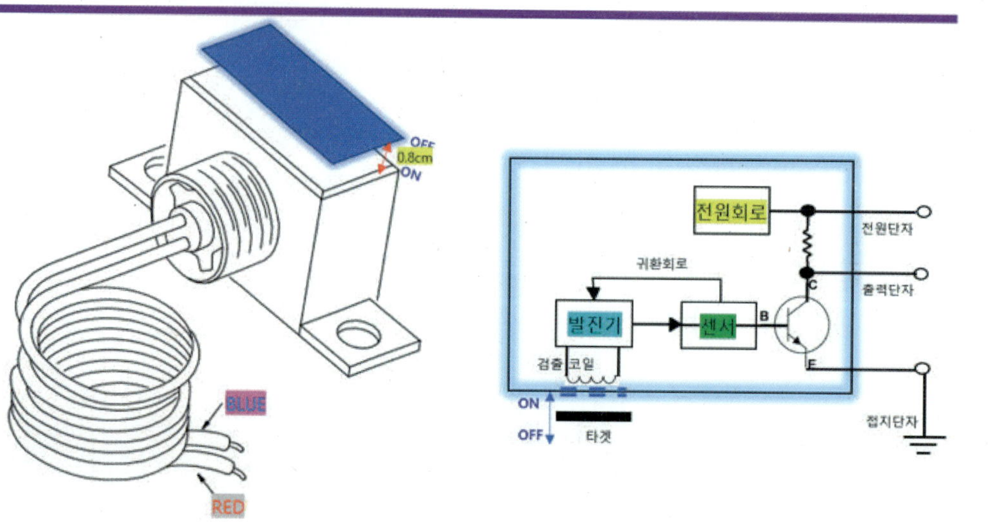

발진기가 전기적으로 진동하고 있어서 트랜지스터가 OFF 상태를 유지함. Target이 접근하면 코일 유도로 와전류(Eddy current)가 생긴다. 이것이 코일 부하가 되어 TARGET이 0.8cm까지 접근하면 결국 진동이 정지되어 트랜지스터가 ON 된다.

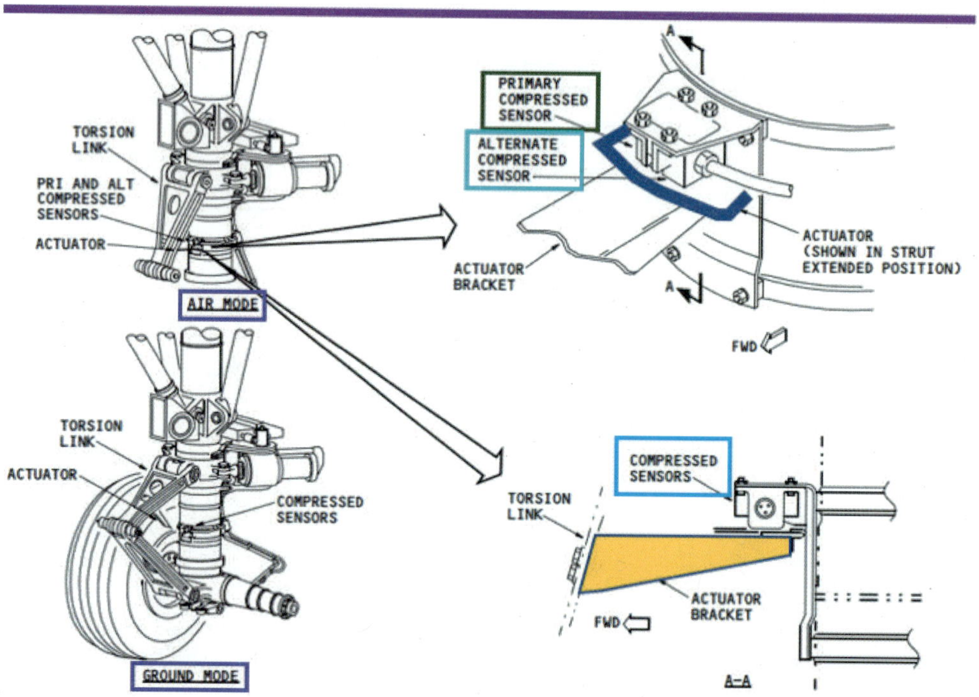

[그림 5-18] PROXIMITY SENSOR

■ B737 AIR/GROUND SYSTEM

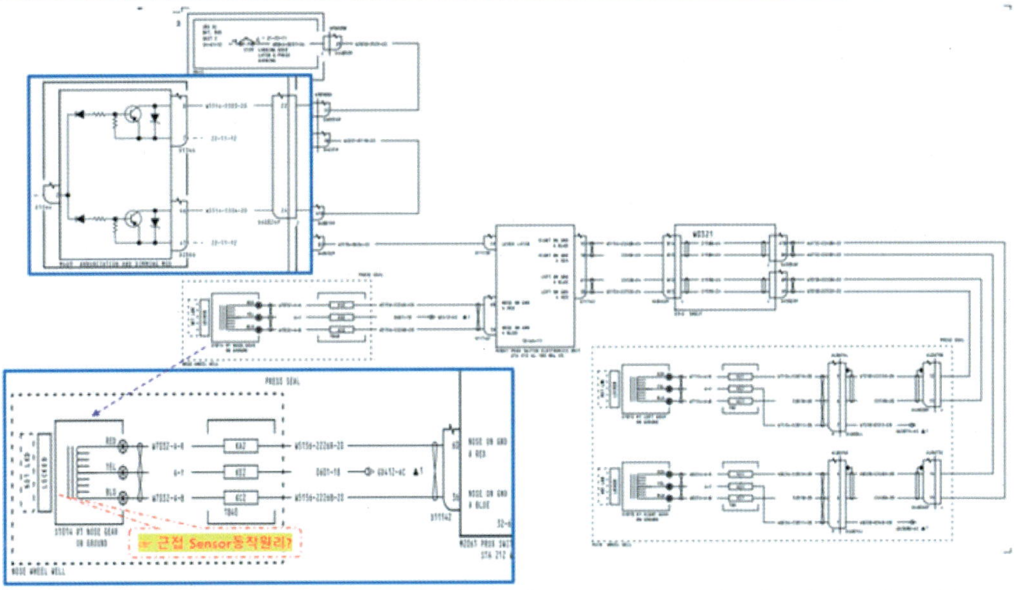

ALL	AIR GROUND SYSTEM

[그림 5-19] 항공기 회로도 PROXIMITY SENSOR

(사) Display 원리는 아래 그림과 같다.

이 장치는 CRT-〉 PDP-〉 LCD-〉 OLED-〉 QLED 순으로 발전되어 왔다.

■ CRT

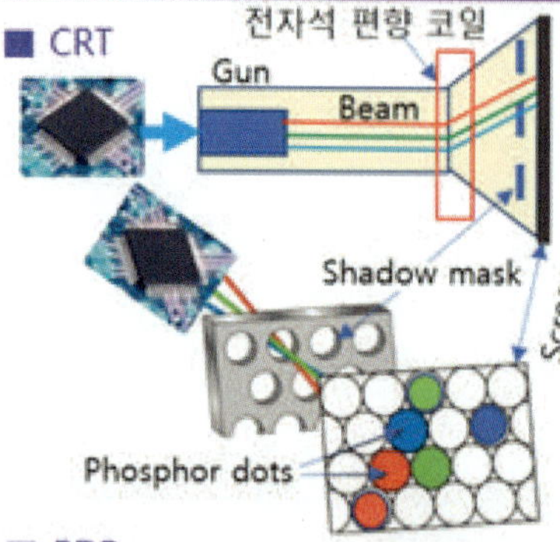

▶ 전자총에서 나온 빔을 자석으로 조정, 유색 화학물질이 발라진 면에 부딪쳐 빛이 발생.
장단점: 무겁다, 눈 피로, 전자파

■ PDP

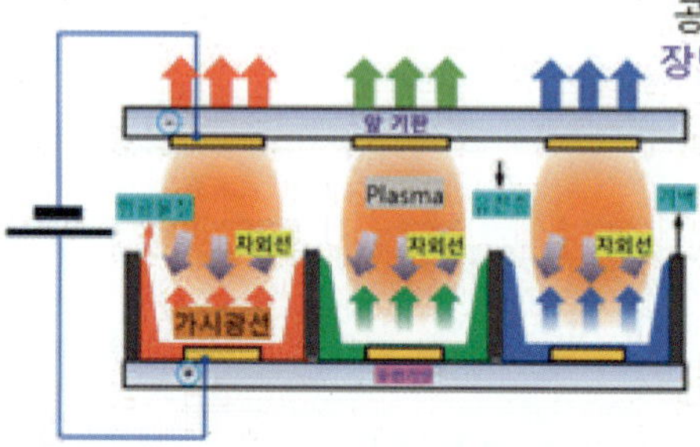

▶ 2장의 얇은 유리판 사이에 두 판 사이 작은 셀에 전기를 공급, 전기방전으로 색 표현.
장단점: 전기, 발열, 화질.

■ LCD

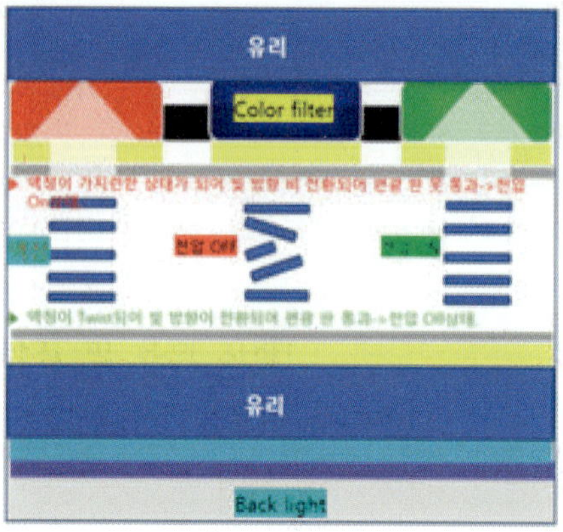

▶ 방향이 다른 두 편광 판 사이에 액정(액체, 고체)이 전압에 따라 기울기가 달라져 백 라이트를 통과 시키거나 막아 색을 표시.
전압 ON: 액정 직립, 어둡다.
전압OFF: 90° Tilt, 밝다.
장단점: 액정기능

■ OLED

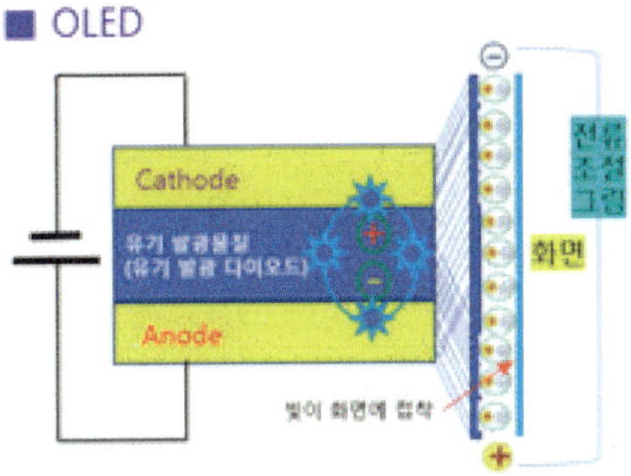

▶ 유기물에 전압을 가하면 전자, 정공충돌로 유기 발광 다이오드에 빛이 발생되어 기체 상태로 화면에 붙음. 이를 전류로 조절 색을 표현..
장단점: 고가. 화질

■ QLED

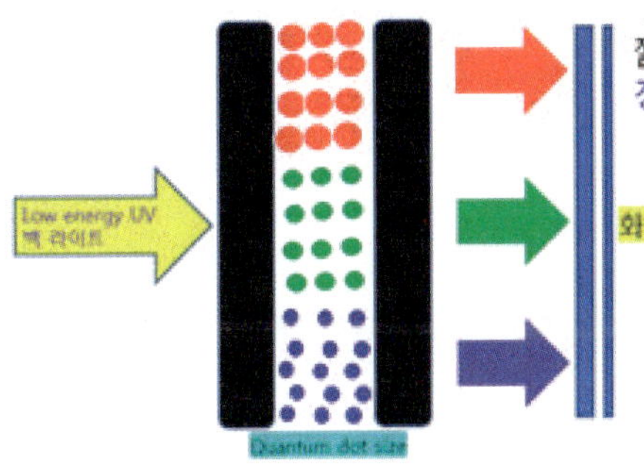

▶카드뮴으로 만든 유기물에 전압을 가하면 입자(퀀텀)가 크면 긴 파장의 빛을 내 빨간색을 내고, 입자가 작으면 짧은 파장을 내 파란색 빛을 냄.
장단점: 고가. 화질, 기술경쟁

[그림 5-20] DISPLAY 원리

(아) Transformer 원리는 아래 그림과 같다.

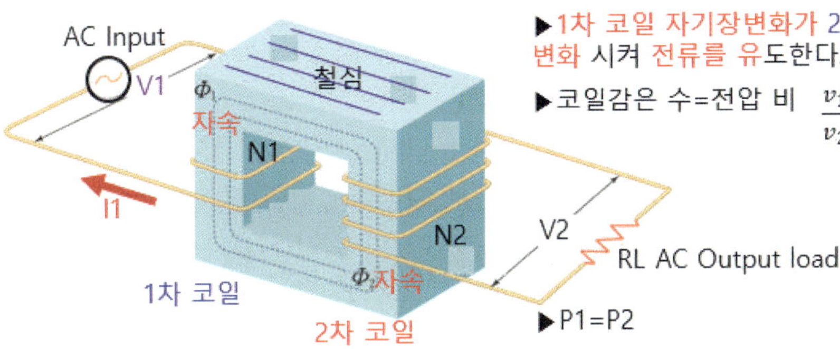

▶1차 코일 자기장변화가 2차 코일 자기장기장을 변화 시켜 전류를 유도한다.

▶코일감은 수=전압 비 $\frac{v_1}{v_2}=\frac{N_1}{N_2}=\frac{I_2}{I_1}$

▶P1=P2

▶전압은 코일수에 비례, 전류는 반비례한다.

[그림 5-21] Transformer 원리

빛의 3원색은 R, G, B, 색의 3원색은 C, M, Y이다.

■ 색의 표현

■ 6가지 빛과 색으로 전류의 고저로 색을 표현한다.

▶ 빛의 3원색(다 썩으면 흰색이 됨)=하늘

▶ 색의 3원색(다 썩으면 검은색이 됨)=땅

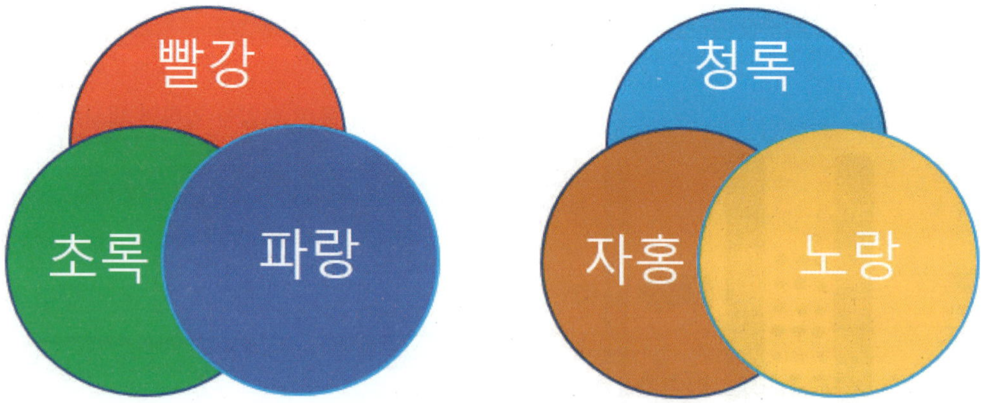

☞ 빛: 물체가 내는 색
색: 물체가 반사하는 빛의 색

[그림 5-22] COLOR DISPLAY 원리

■ AIDS ALPHA CALL-UP/INPUT MONITORING

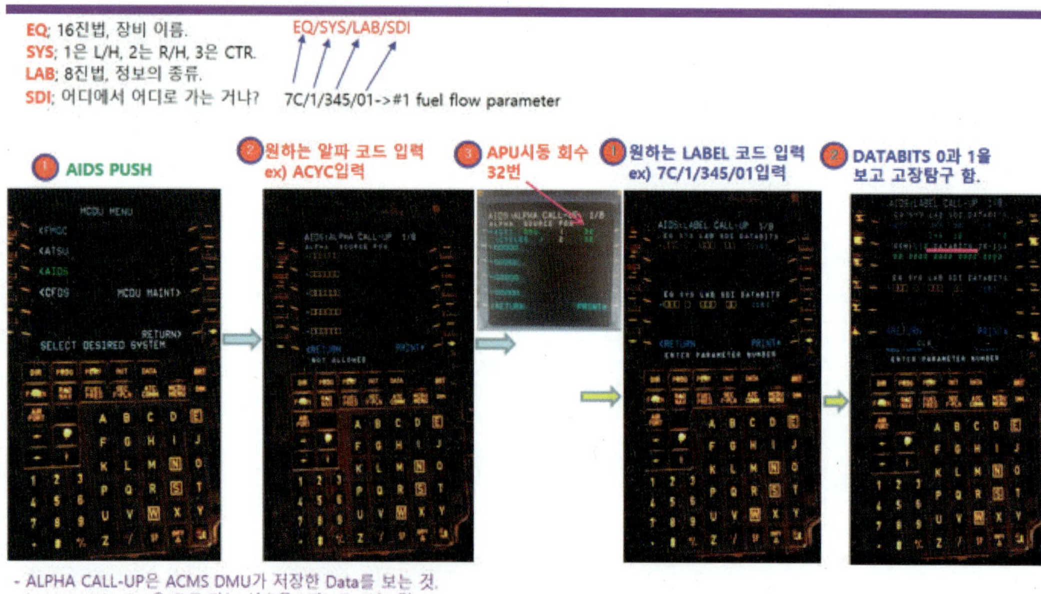

[그림 5-23] AIDS & SIGNAL의 이해

■ A321NEO AIDS PARAM LAB CALL-UP

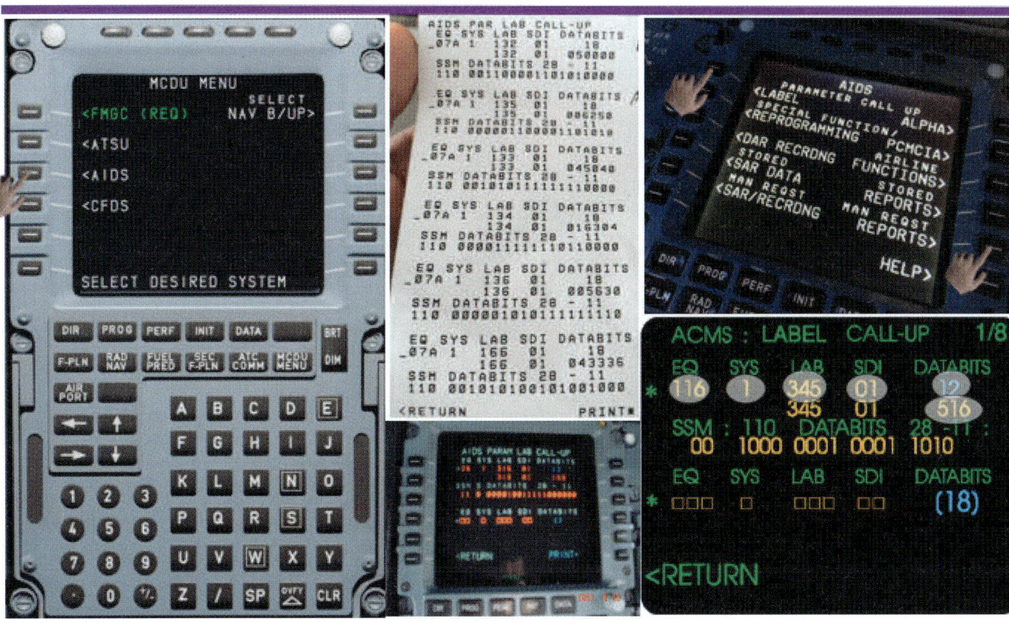

2진수	00011101	00010101	00010011	00011111
8진수	35	25	23	37
2진수	00101010	01110110	01011000	11100000
10진수	42	118	88	224
16진수	2a	76	58	e0

2진수	0	1	0	1	1	0	0	0
자릿수	2^7	2^6	2^5	2^4	2^3	2^2	2^1	2^0
10진수	128	64	32	16	8	4	2	1

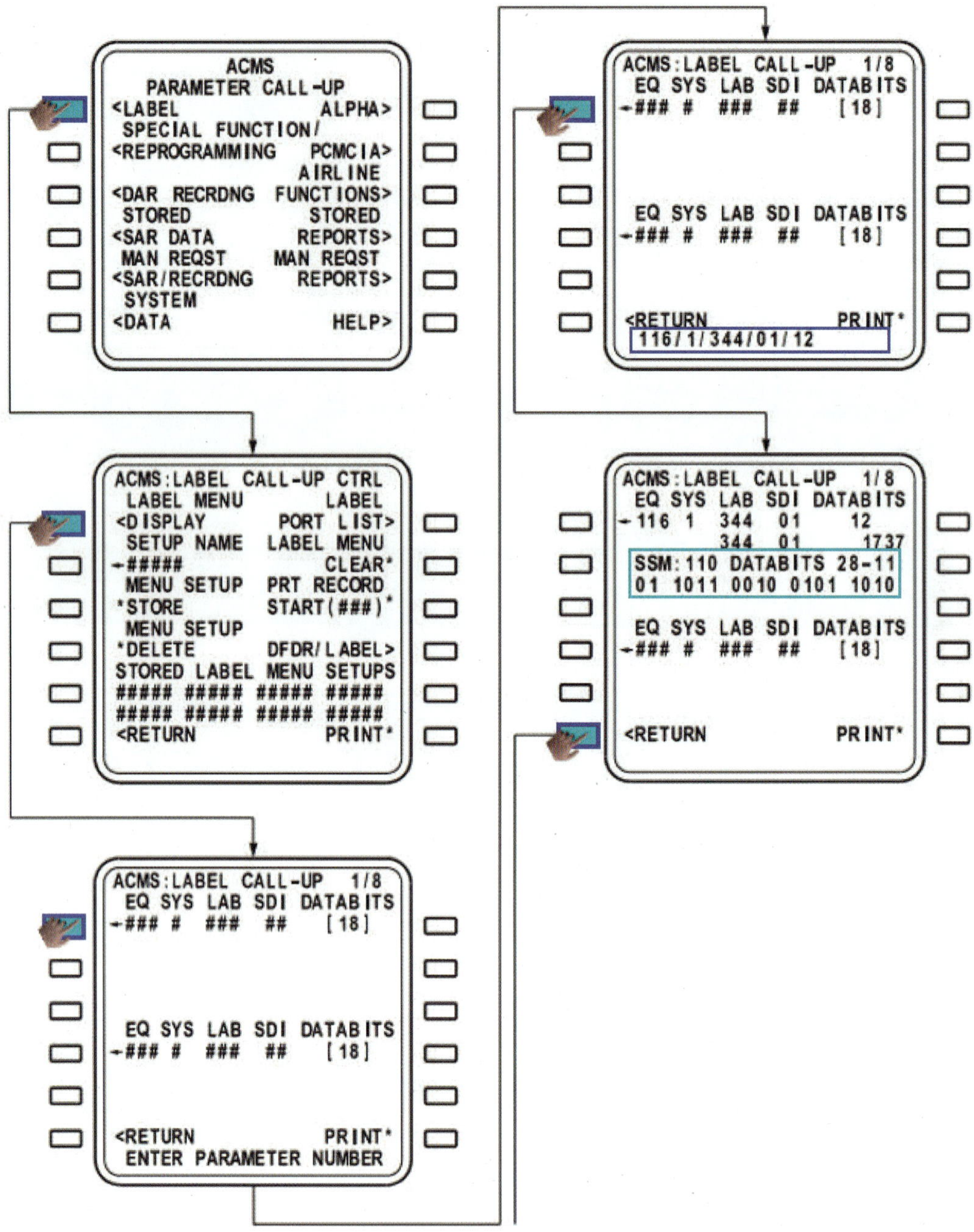

[실습번호 5-1] A321NEO INPUT MONITORING 고장탐구 실습

[실습번호 5-1] A321NEO INPUT MONITORING 고장탐구 실습

[실습목표]

(1) AIDS System Input monitoring을 학습한다.

(2) Digital 신호를 이해한다.

[도면]

[재료] TSM

[장비나 공구, Manual] TSM, FIM, AMM.

[안전 및 유의 사항]

(1) Manual 절차를 준수한다.

(2) 해당 시스템은 정지된 상태로 사용한다.

[실습순서]

(1) TSM, FIM 절차대로 수행한다.

[관계 지식] ACMS Recording, CFDS 동작 원리.

[평가] 진법, BCD, Manual 이해 능력을 평가한다.

NOTE

Chapter 6

고장탐구 필요지식 II

- Wire check 실습
- B777 Bulk cargo vent fan 고장탐구 실습

Chapter 6. 고장탐구 필요 지식 II

□ 항공기 전기·전자 고장탐구에 필요한 필요지식은, 먼저 전기에 대한 이해와 안전 사항을 준수하여야 하고 기타 필요한 지식으로는 Multimeter 사용 방법, Symbology의 이해, 매뉴얼의 이해, 항공기 부품의 위치 확인 방법, 공구 사용 방법 등으로 볼 수 있다. 그러면 두 개 Part로 구분하여 알아보고자 한다.

1. Multimeter 사용법

고장탐구 필요 지식 II에서는, 먼저 Multimeter부터 살펴보고자 한다. Multimeter의 기본 원리는 배율기, 분류기 저항의 원리를 이용한다. Multimeter 사용 시 주요 주의사항은 DC측정할 때는 ⊕⊖극성을 확인하여야 하고, 사용 후에는 반듯이 "OFF" 위치에 놓는다. 그리고, 전압측정은 병렬, 전류 측정은 직렬 측정한다. 다만, 전류 측정은 일반적으로 잘 하지 않는다. 이유는 전류 측정을 하기 위해서는 전선을 분리해야 되기 때문이다. 기타, 전선에 이상 없는지를 점검하는 방식에는 전압방식, 저항방식을 사용한다.

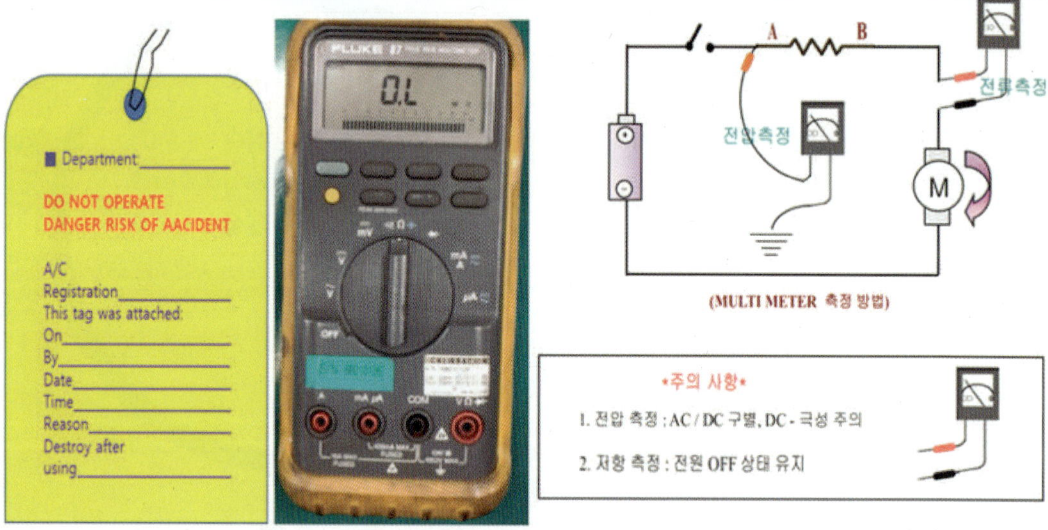

[그림 6-1] MULTIMETER

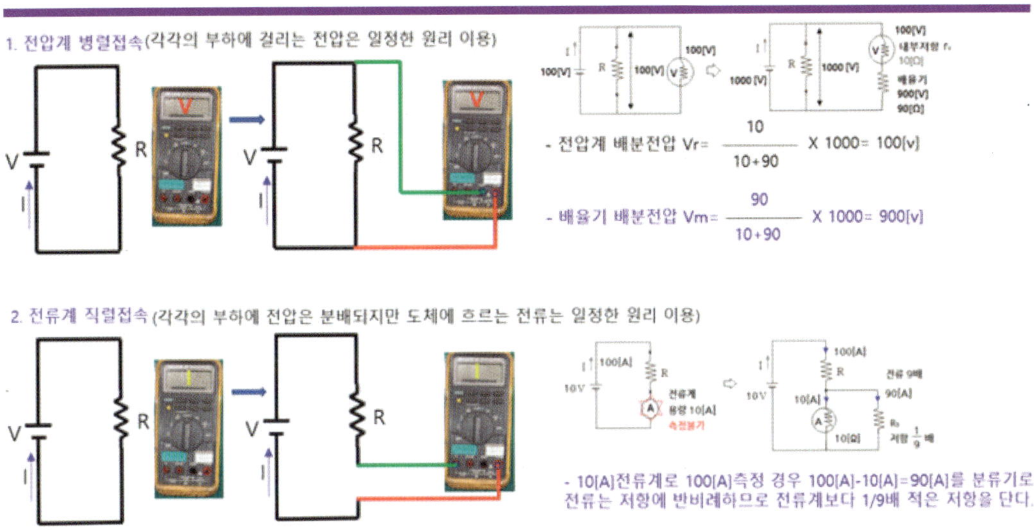

[그림 6-2] 배율기 & 분류기

2. Wiring check

Wiring check을 수행하면서 고려해야 할 기본 개념은 아래와 같다.

Basic Steps for Conducting a Wiring Check

Concept for Line Dispatch Wiring Checks:
To determine that there is NOT a wiring problem!

Prerequisites: Access, multimeter, meter connection adapters to airplane wiring, knowledge, training and skills

1. Remove Power from the system
2. Remove the connector at the component end
3. Remove the LRU box from its mount
4. Check for NO voltage (AC or DC) on the conductors
5. Check for Short circuits line-to-line
6. Check for Short circuits line-to-airplane ground
7. Check for Open circuits end-to-end

[그림 6-3] WIRING CHECK

전선의, 점검은 아래와 같은 방법으로 진행하며 완벽하게 진행되어야 한다. 전압의 이상 유무부터 확인하고 전선을 점검한다.

Detail 한, 전선 점검 6가지 방법은 그림과 같으나, 결함 증상(Symptom)과 유사한 점검 방법에 집중하여야 한다. 예를 든다면 어떤 시스템이 완전히 기능이 상실된 경우는 전원 관계와 전선 연결부분에 집중하여야 한다.

또한 Multimeter와 Connection adapter를 고정하고 Wire bundle을 흔들면서 점검하고 저항 값이 움직이면 원인을 찾아야 한다. 그리고 전선의 결함은 Access가 가까운 곳부터 육안으로 확인한다. 인원은 최소한 두 명이 필요하다.

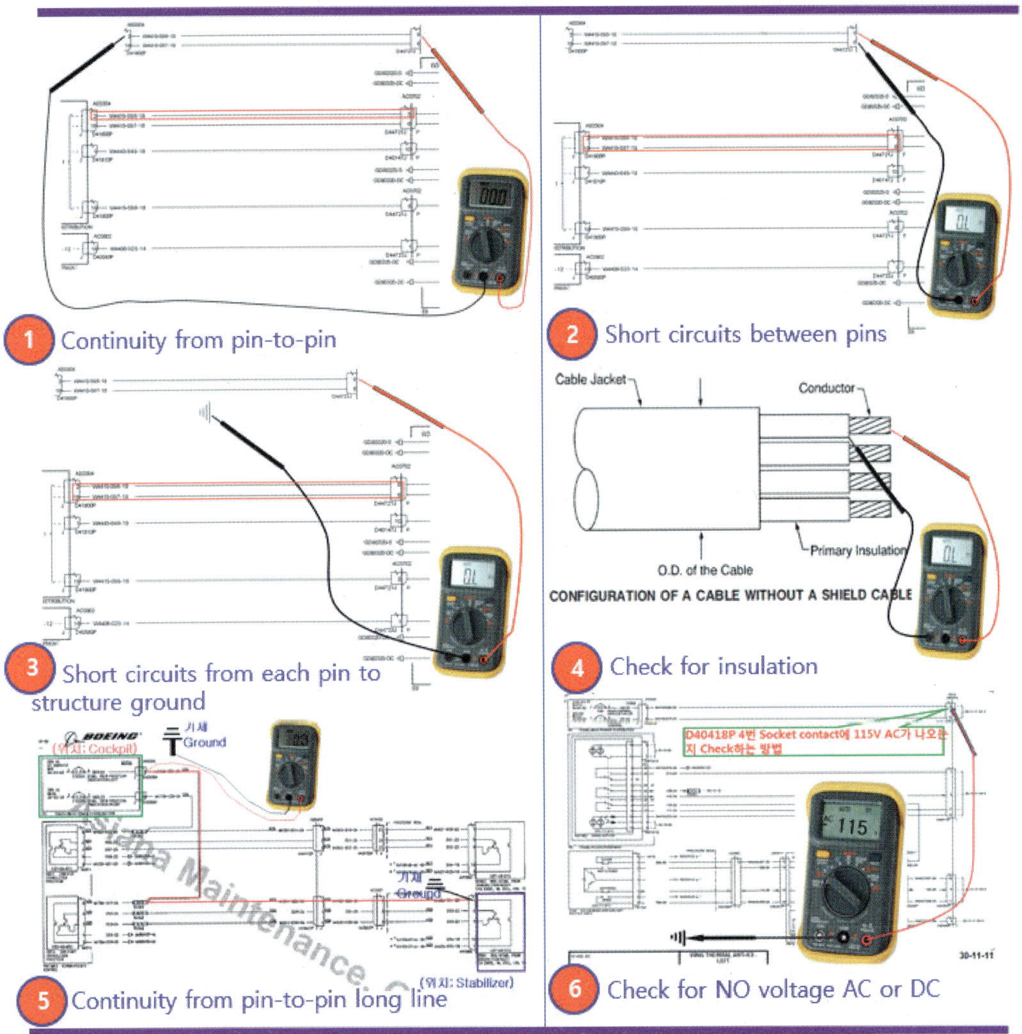

1. Electrical checks are used at components to find if they have a fault.
   Electrical checks are also used to find a problem in the wiring
   (also referred to as wiring checks).

2. A step can tell you to do a specific electrical check.
   When a step tells you to do a wiring check,
   these are the checks you must do Examine any connectors that you disconnect for contamination, damage, and bent or pushed back pins.

   1. Continuity from pin to pin
   2. Short circuits between pins
   3. Short circuits from each pin to structure ground.
   4. Insulation check

[그림 6-4] WIRING CHECK

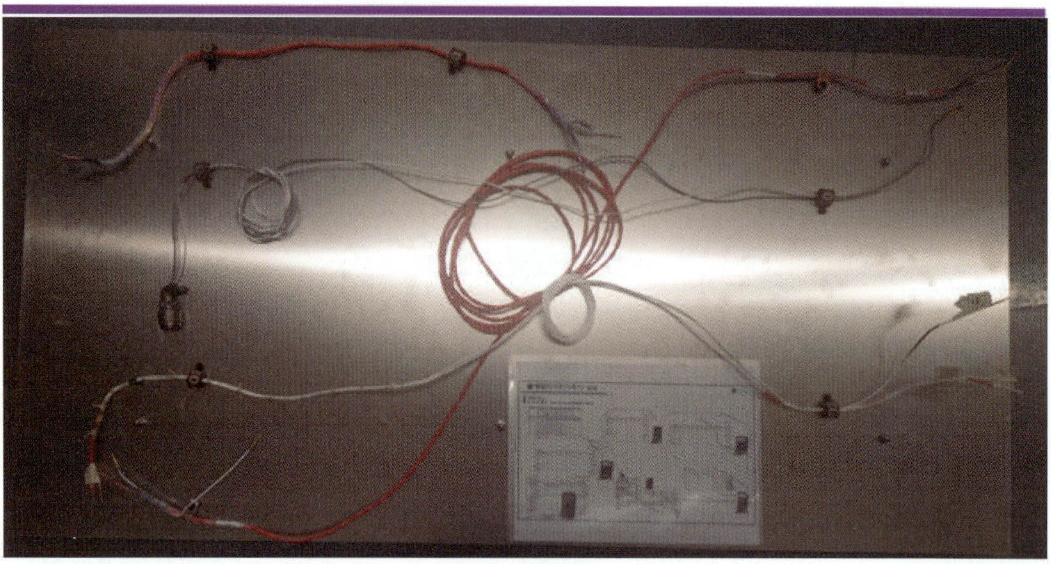

[그림 6-5] WIRING CHECK KIT

■ 실제 작업사례

HL7438 (CGO)	HL7438(SF) PVG에서 발생한 Battery계통결함은 ICN도착 재 고장탐구 결과 MEC내 Power distribution panel P414 Terminal block이 Short되어 결함이 발생된 것을 확인하였고, 이 작업은 IAI에서 개조작업시 Wire bundle분리가 부적절한 것이 원인으로 판단됨. 전기전자정비사를 연속 24시간 투입하여 정밀 점검 후 Terminal block교환 예정이나 자재 미보유로 부품확보 2~3일 소요 예정이며 화물 스케줄 조정 협의 중임. 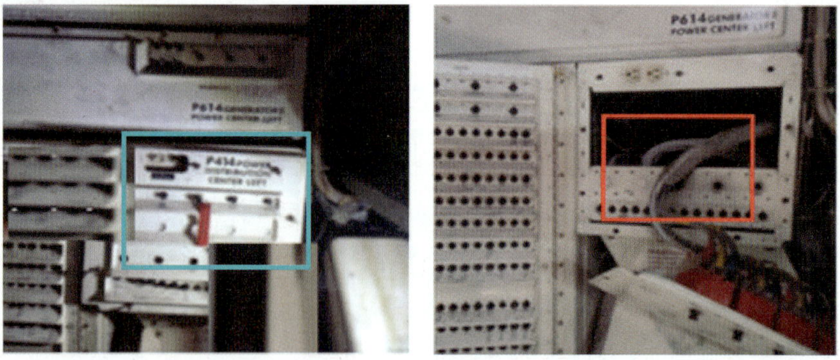 ▶ P414 MEC Power distribution panel
관련사항	- Wire bundle separation. - Visual check.

3. LRU Removal/Installation

Computer LRU 교환할 때는, 교환하고자 하는 LRU와 Rack에 있는 Name plate를 반듯이 확인하여야 한다. 특히 여러 개의 LRU 장착할 때는 더욱더 정확히 확인하고 이상 시는 Name plate와 Polarization key를 다시 한 번 더 확인한다.

■ POLARIZATION KEYS

PLUG CONNECTOR POLARIZATION POST POSITIONS

Polarization Code	Plug Shell Post		
	Left	Center	Right
48	6	2	6
49	1	2	5
50	2	2	5
51	3	2	5
52	4	2	5
53	5	2	5
54	6	2	5
55	1	2	4
56	2	2	4
57	3	2	4
58	4	2	4
59	5	2	4
60	6	2	4
61	1	2	3
62	2	2	3
63	3	2	3

Dark area shows the polarization post on the plug
Light area shows the polarization key on the receptacle

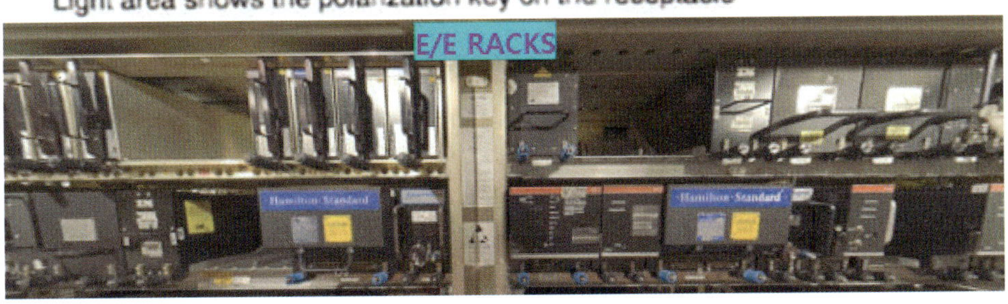

[그림 6-6] POLARIZATION KEY

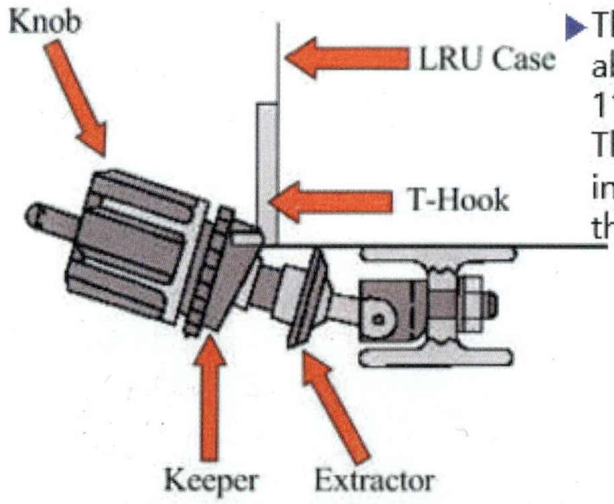

▶The LRU front-face can be lifled about 118 inch above the tray surface or moved right to lefl (about 118 inch).
This will help engage the electrical connector. During installation apply a light pressure to the front-face of the box. Do not use force during installation.

[그림 6-7] LRU R/I

4. Printed circuit card R/I

Printed circuit card를 교환하고자 할 땐 ESDS 절차를 준수하고, 장착할 때 Slot 위치와 Card가 Up-side down 되지 않도록 장착 방향을 주의 깊게 확인 후 장착한다.

■ PRINTED CIRCUIT CARD R/I

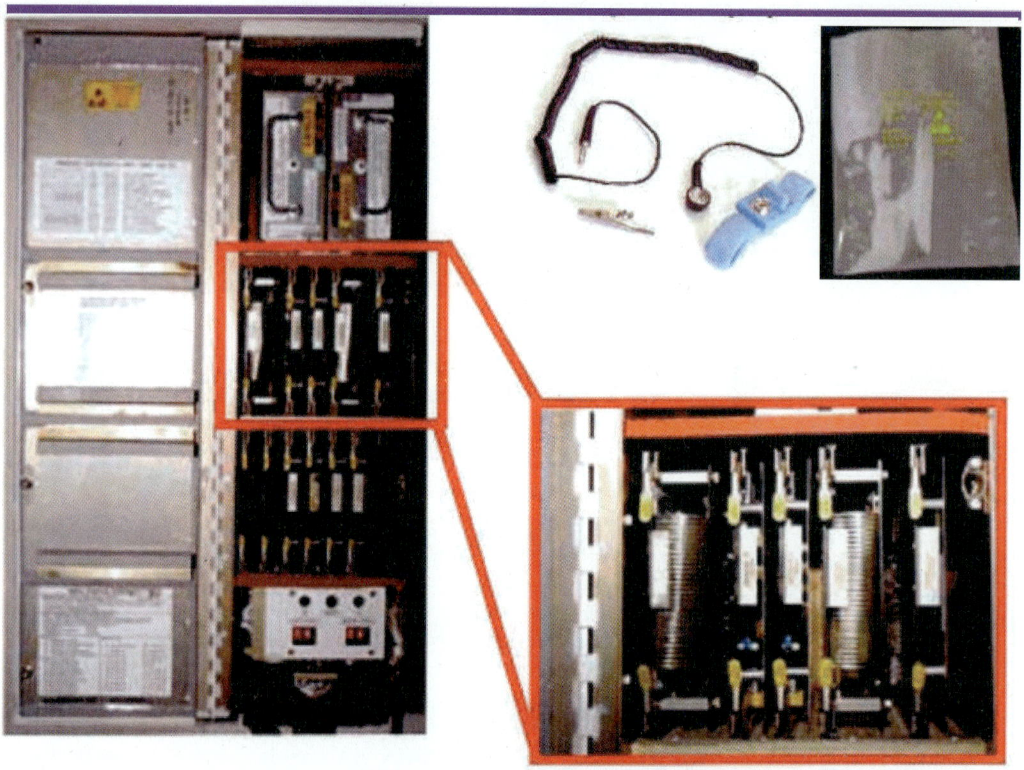

[그림 6-8] PRINTED CIRCUIT CARD R/I

■ B777 BULK CARGO VENT FAN

Do a continuity check between these pairs of pins at connector DB21263, on the Bulk Cargo Vent Fan, B21263 as follows (**WDM 21-26-21**):

BULK CARGO VENT FAN		**BULK CARGO VENT FAN**
DB21263		**DB21263**
pin 2	---------	pin 3
pin 3	---------	pin 4

1) If there is no continuity between these pairs of pins, then do these steps:
   a) Replace the Bulk Cargo Vent Fan, B21263. These are the tasks:
      - **Bulk Cargo Ventilation Fan Removal, AMM TASK 21-26-06-000-801**
      - **Bulk Cargo Ventilation Fan Installation, AMM TASK 21-26-06-400-801**
   b) Re-install the Bulk Cargo Vent Fan Relay, K21263.
   c) Do the Repair Confirmation at the end of this task.
2) If there is continuity between both pairs of pins, then do these steps and continue.
   a) Re-connect connector DB21263.
   b) Re-install the Bulk Cargo Vent Fan Relay, K21263.

ALL	BULK CARGO VENTILATION FAN WDM 21-26-21

[실습번호 6-1] B777 BULK CARGO VENT FAN 고장탐구 실습

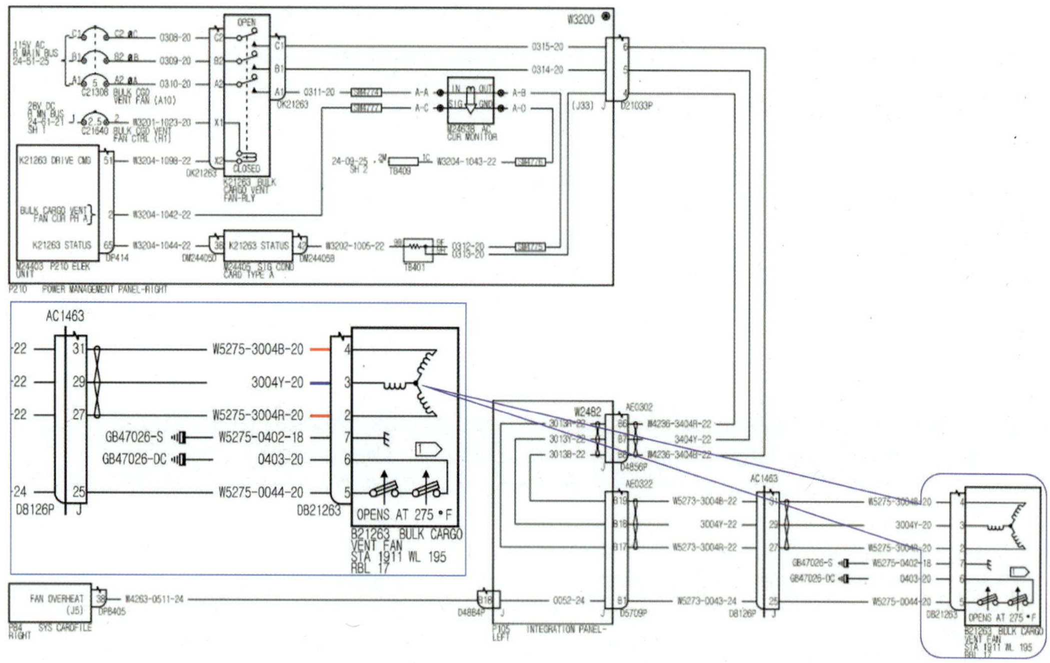
W3200
K21263 DRIVE CMD
K21263 STATUS
P210 POWER MANAGEMENT PANEL-RIGHT
AC1463
W5275-3004B-20
3004Y-20
W5275-3004R-20
GB47026-S
W5275-0402-18
GB47026-DC
0403-20
W5275-0044-20
D8126P
DB21263
OPENS AT 275 °F
B21263 BULK CARGO
VENT FAN
STA 1911 WL 195
RBL 17
W2482
FAN OVERHEAT
INTEGRATION PANEL-

■ B737 BLEEE AIR VALVE CONTROL

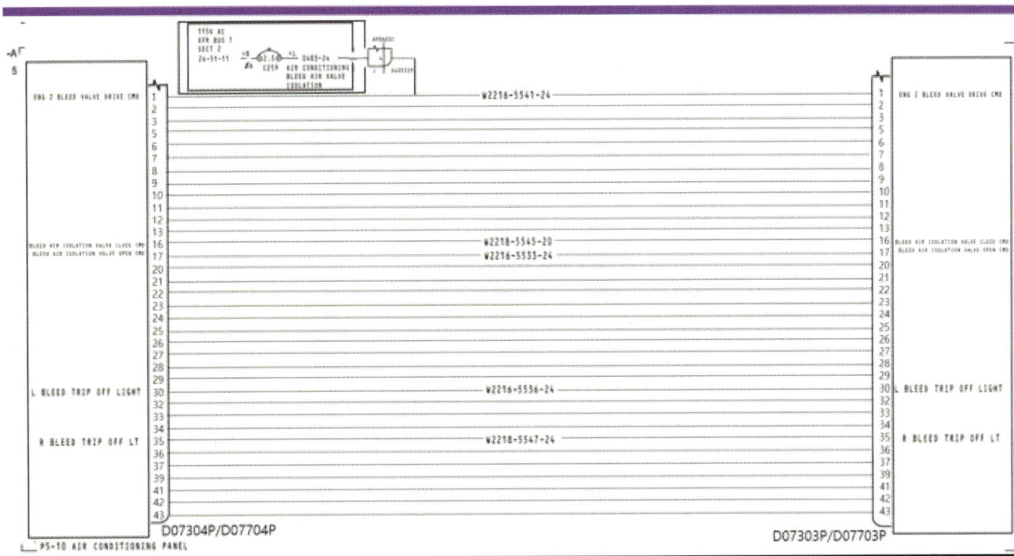

YH601-YT396	BLEED AIR VALVE CONTROL WDM 36-11-11

실습번호	6-1	과목명	항공기 WDM & 고장탐구	회로도명	Wiring check이해
자재		Connection adapters		1 EA	
공구		Multimeters			
적용 Manual		WDM 21-26-21, 36-11-11			

■ 실제 작업사례

HL7547 (CGO)	2023년 01월10일(화) Multi-leg운항중에 "NO 4 Engine EEC Fail" Message appear되어 예방정비차원 Ground time확보목직으로 OO111(ICN-KIX/STD 1100)편 B777 CGO로 변경 TN01+20분 지연운항 함. - B777 WDM 73-21-45 "SM-7" Splice chafing으로 Insulation저항이 220Ω(Normal O.LΩ)하여 교환 완료. - HCU(Heater control unit) P1 PLUG 2 & 7<->EEC P2 PLUG PIN 14 & 13이 서로 역으로 연결된 것 EEC P2 PLUG PIN 14 & 13번 수정 후 관련 Message ENG-4 28V DC POWER TO EEC(CH-B)정상 작동함.
관련사항	- Splice작업 Crimping. - WDM이해 & 인식.

[그림 6-2 실습] WIRING CHECK 실습

[실습번호 6-1] B777 BULK CARGO VENT FAN 고장탐구 실습

[실습목표]

(1) Manual을 보고 Wire 점검 능력을 학습한다.

(2) 회로도 Access 능력을 향상한다.

[도면]

[재료] Connection-adapter.

[장비나 공구, Manual] Multimeter, WDM.

[안전 및 유의 사항]

(1) Manual 절차를 준수한다.

(2) 정확한 공구를 사용한다.

[실습순서]

(1) AMM 절차대로 수행한다.

[관계 지식] Proximity SW 동작 원리.

[평가] Manual에 의거 평가한다.

NOTE

NOTE

Chapter 7

Avionics Tools & 장비 이해

- B777 Bulk cargo ventilation fan 고장탐구

Chapter 7. Avionics Tools & 장비 이해

□ 항공기 고장탐구에 사용되는 Tools & Equipment는 이미 언급한, Multimeter와 기본 공구와 또한 Pin tool을 말한다. 전선과 Electrical devices 수리에 관련된 주요 Pin tool은 아래와 같은 것들이 있다. Pin tool은 고가일 뿐만 아니라, 잘못 사용하면 항공기 전선 부품에 손상을 입히므로 조심해서 사용하여야 한다. 그러면 먼저, Bonding & Megger 저항의 의미와 장비 사용 방법을 간단히 그림으로 보자. 그리고 Bonding check을 해야 하는 곳과 본딩 저항값은 시스템과 재료에 따라 다 다르다. 여기서는 흔히 작업이 이루어지는 Static discharger 작업과 Radome 교환작업에 관련되는 것만 살펴보기로 한다.

※ Bonding 이란 2개 이상의 분리된 금속 구조물 또는 기계적으로는 접합되어 있으나 전기적으로 연결이 불충분한 금속 구조물을 전기적으로 완전히 연결하는 과정을 말하며 여기서 사용되는 도선을 본드선 (Bonding Wire) 또는 본딩점퍼 (Bonding Jumper) 라고 한다.

1. T-477 Bonding meter(사용 Example) ※ SWPM 20-20-00

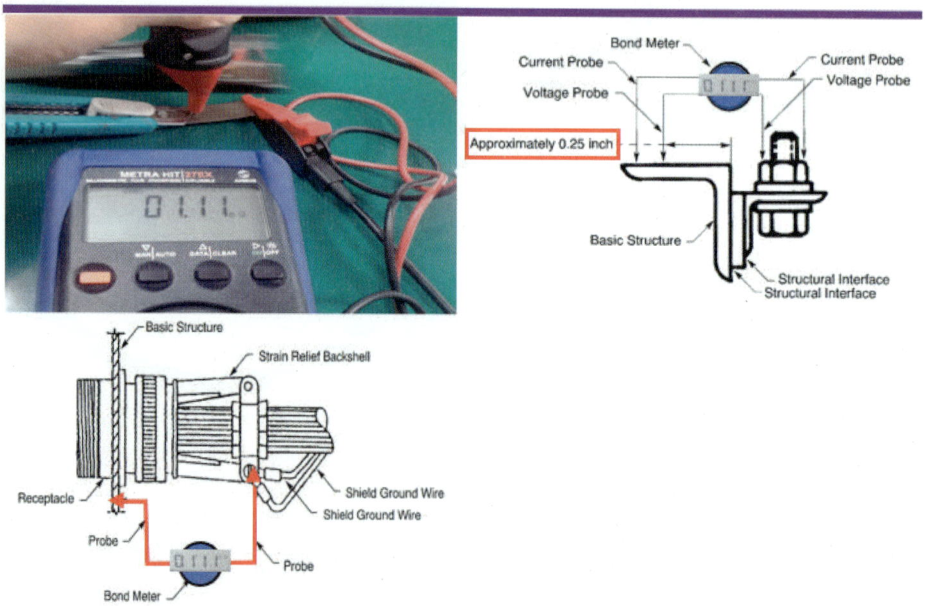

[그림 7-1] T-477 BONDING METER

가. Static discharger bonding check 방법

1. Test방법 SWPM 20-20-00 P61

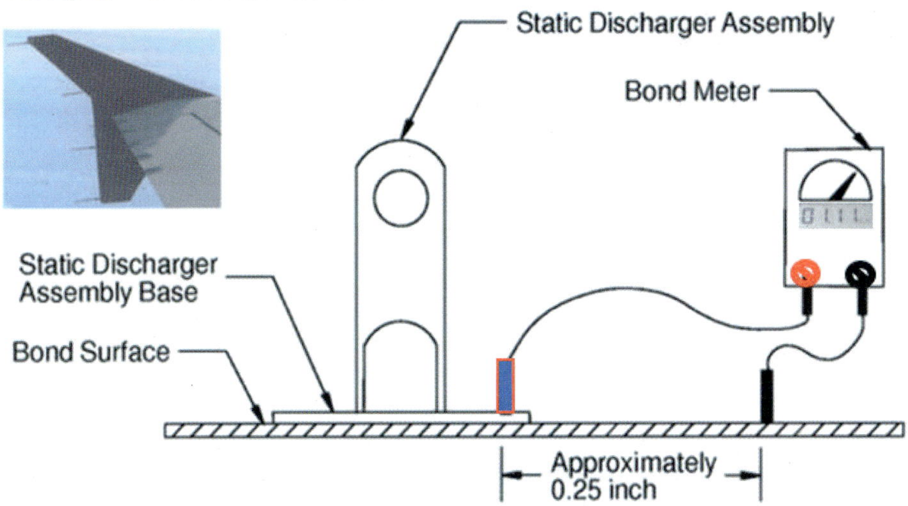

2. Resistance of static discharger bases installation on composite surfaces

Table 40 specifies the maximum bond resistance of a static discharger base that is mounted on a composite structure for a new installation or a repair where the faying surfaces are prepared for a bond again.

Table 40
MAXIMUM RESISTANCE OF STATIC DISCHARGER BASES

Discharger Base	Surface Mounted On	Maximum Resistance (Ohms)	Measured Between
Aluminum	Aluminum	0.1	Discharger and Bond Structure
	BMS8-278 Aluminum Coated Fabric	0.01	Discharger and Basic Structure
	Flamespray	0.1	Discharger and Bond Structure
Titanium	Graphite	1.0	Discharger and Bond Structure
	Epoxy	1.0	Discharger and Bond Structure

[그림 7-2] BONDING CHECK STATIC DISCHARGER

Electrical bond & ground에도 여러 가지가 있지만, 주요 사항을 보면 다음과 같다. ※ SWPM 20-20-00

(1) Basic structure: 항공기 주요 부분으로, 전기적으로 일치된 Metallic part

(2) Case ground: Equipment mounting surface를 통해 흐르는 Current return path.

(3) Critical ground: Wire terminal에서 Structure로의 Voltage drop(Resistance)은 각 Wire terminal이 조립되어 Ground 된 후 측정해야 한다.

(4) Bonding 선은 가능한 한 짧아야 한다.

나. Nose radome bonding check 방법

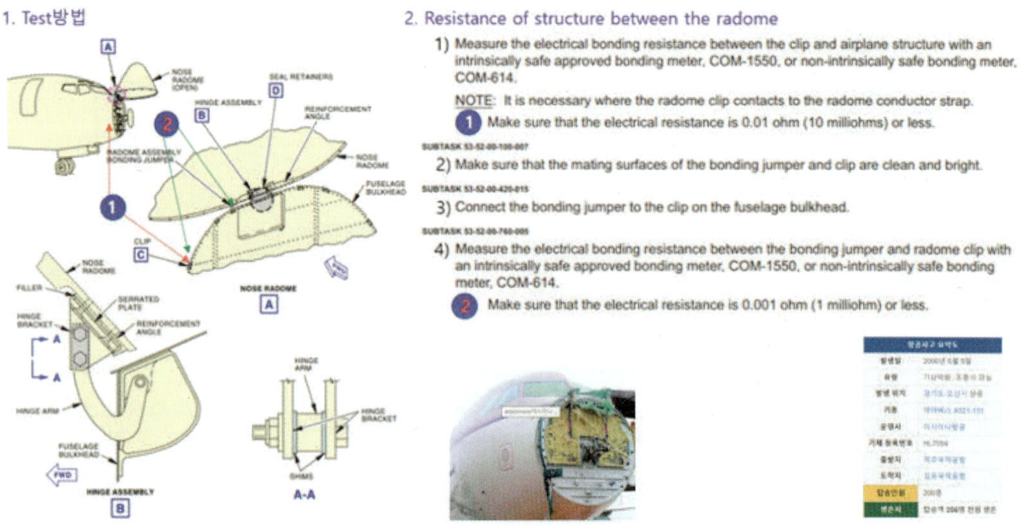

[그림 7-3] BONDING CHECK NOSE RADOME

2. MIT 420 Megger

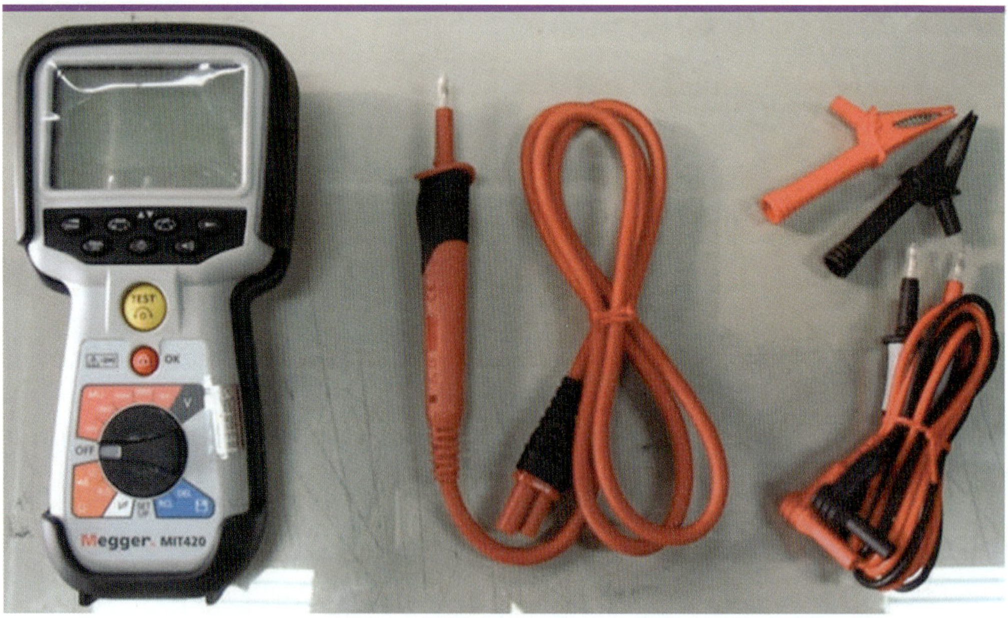

[그림 7-4] MIT 420 MEGGER

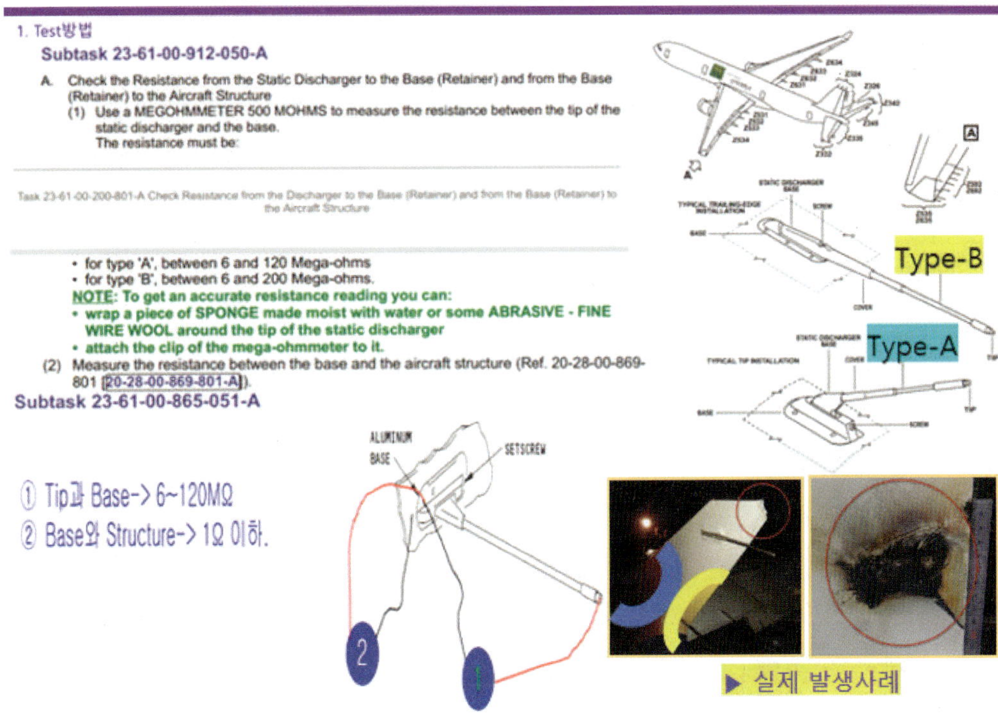
1. Test방법

Subtask 23-61-00-912-050-A

A. Check the Resistance from the Static Discharger to the Base (Retainer) and from the Base (Retainer) to the Aircraft Structure
(1) Use a MEGOHMMETER 500 MOHMS to measure the resistance between the tip of the static discharger and the base.
The resistance must be:

Task 23-61-00-200-801-A Check Resistance from the Discharger to the Base (Retainer) and from the Base (Retainer) to the Aircraft Structure

- for type 'A', between 6 and 120 Mega-ohms.
- for type 'B', between 6 and 200 Mega-ohms.

NOTE: To get an accurate resistance reading you can:
- wrap a piece of SPONGE made moist with water or some ABRASIVE - FINE WIRE WOOL around the tip of the static discharger
- attach the clip of the mega-ohmmeter to it.

(2) Measure the resistance between the base and the aircraft structure (Ref. 20-28-00-869-801 [20-28-00-869-801-A]).

Subtask 23-61-00-865-051-A

[그림 7-5] MEGGER CHECK AMM

3. 기본 공구 & Pin tools

가장 많이 사용하는 Pin tool은 DMC 사서 생산되는 것을 많이 사용한다. 주요 종류를 보면 Contact R/I, Crimping tool, Terminal tool 등 여러 가지가 있다.

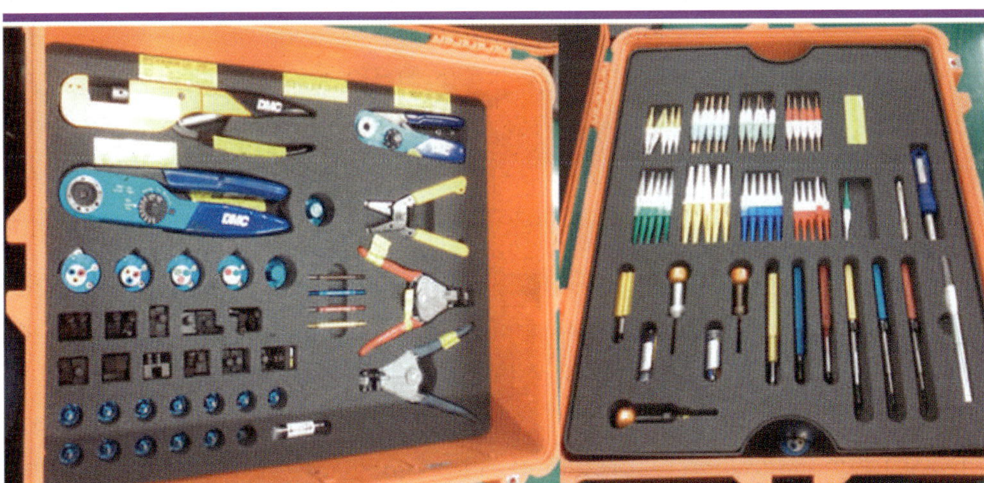

[그림 7-6] DMC INC. AVIONICS TOOL BOX

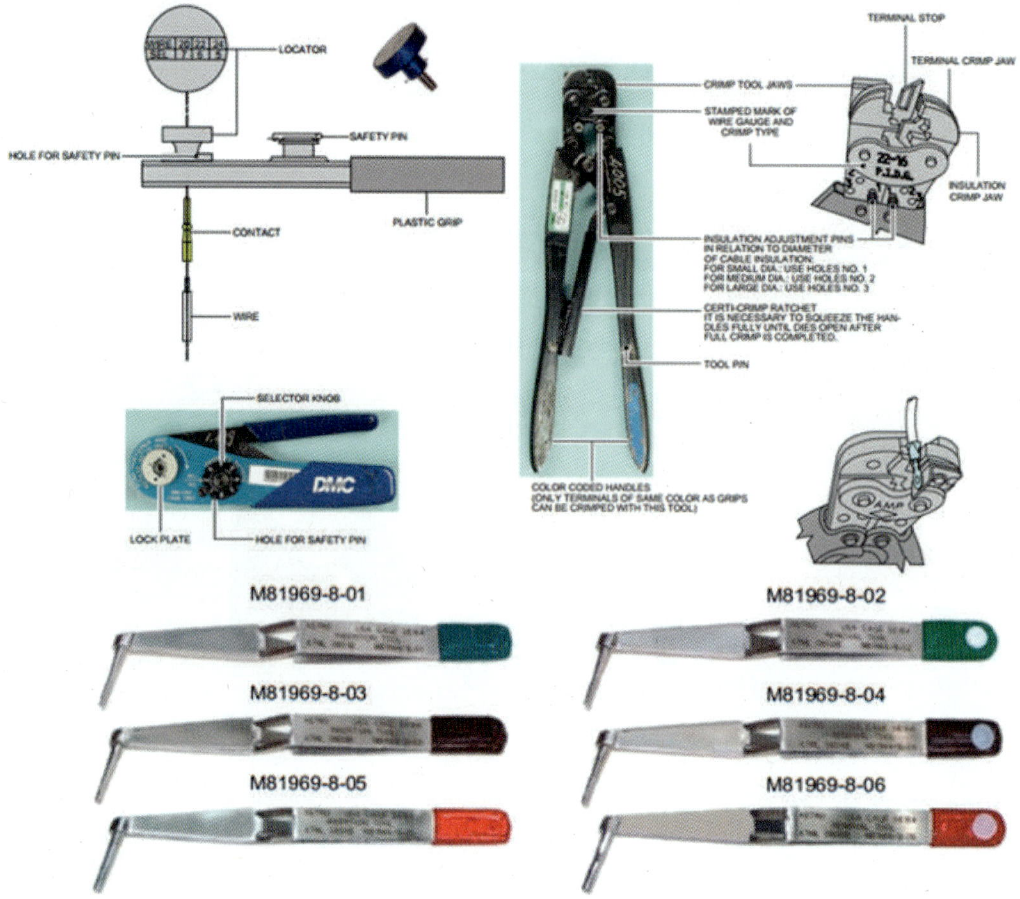

[그림 7-7] MANUAL CRIMPING & PIN TOOL

Wiring Practice Handbook SWPM 20-30-XX

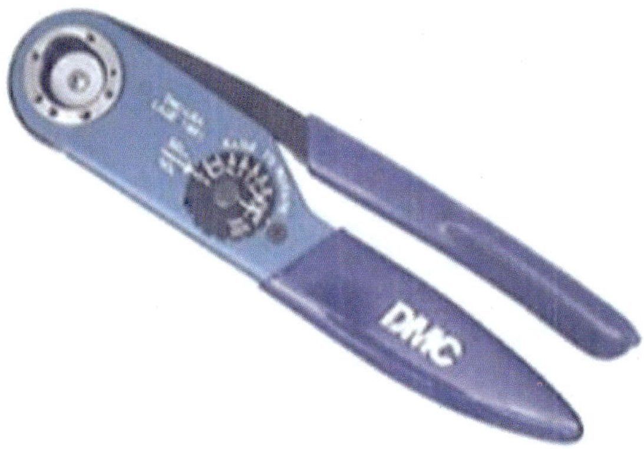

M22520/1-01

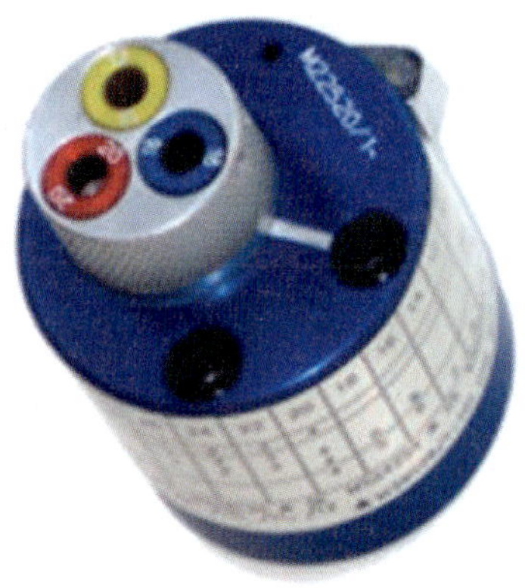

M22520/1-02

[그림 7-8] MANUAL CRIMPING TOOL & TURRET HEAD

Insulated Terminals

SWPM 20-30-11

BACT12AC48
Stud Size: 4

BACT12AC2
Stud Size: 6

BACT12AC49
Stud Size: 8

BACT12AC3
Stud Size: 10

BACT12AC50
Stud Size: 1/4

BACT12AC4
Stud Size: 5/16

BACT12AC5
Stud Size: 3/8

Crimp Barrel Size:	22-18 AWG
CAU Range:	7-24
Crimp Tools:	AMP 59250 (RED side) MD DMC: HX4 Handle with M22520/5-01 Die

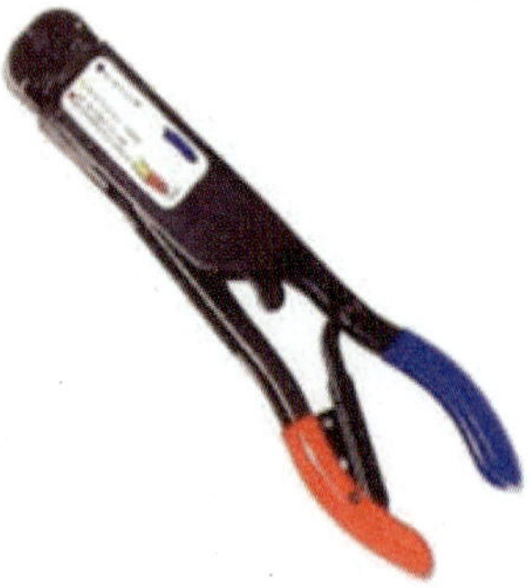

AMP 59250

HX4

[그림 7-9] MANUAL CRIMPING TOOL

Moisture Proof Butt Splices

SWPM 20-30-12

Splice (D609-06)
CAU Range: 8-15
Crimp Tool: Raychem: AD-1377
DMC: GMT232

Sleeve (D-436-0096)

D-436-36 Splice Kit

Splice (D609-07)
CAU Range: 12-27
Crimp Tool: Raychem: AD-1377
DMC: GMT232

Sleeve (D-436-0097)

D-436-37 Splice Kit

Splice (D609-08)
CAU Range 35-68
Crimp Tool: Raychem: AD-1377
DMC: GMT232

Sleeve (D-436-0098)

D-436-38 Splice Kit

AD-1377

[그림 7-10] MANUAL CRIMPING TOOL

MIL-C-2500 Connectors

SWPM 20-61-11

CONNECTOR TYPE
BACC45FM / BACC45FS
BACC45FN / BACC45FT
BACC63AE / BACC63AF
BACC63BN / BACC63BP
BACC63BV / BACC63CB
BACC63CC / BACC63X
BACC63Y / MS24264R
MS24265R / MS24266R

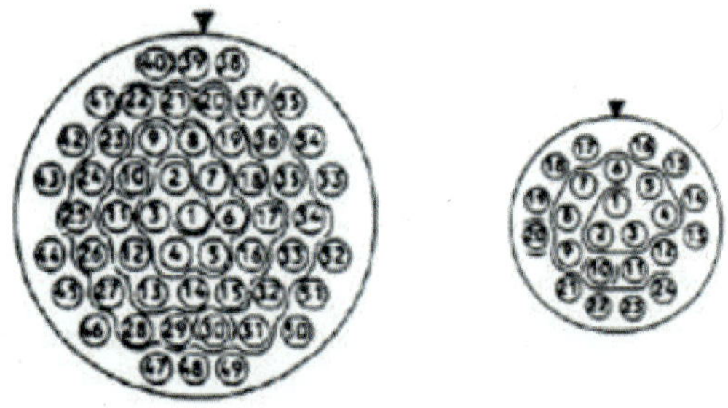

BACC47CN1	BACC47CN1S	BACC47CP1A	BACC47CP1S
Pin	Pin	Socket	Socket
Rhodium	Localized Gold	Gold	Localized Gold

Contact Size: 20 AWG　　Crimp Barrel: 20 AWG
Crimp Tool: M22520/1-01 Handle with M22520/1-02 Locator (red position)
Removal Tool: MS24256R20　　Insertion Tool: M24256A20

BACC47CN2	BACC47CP2T	BACC47CP2A
Pin	Socket	Socket
Rhodium	Rhodium	Gold

Contact Size: 16 AWG　　Crimp Barrel: 16 AWG
Crimp Tool: M22520/1-01 Handle with M2250/1-02 Locator (blue position)
Removal Tool: MS24256R16　　Insertion Tool: MS24256A16

BACC47CN3	BACC47CP3T
Pin	Socket
Rhodium	Rhodium

Contact Size: 12 AWG　　Crimp Barrel: 12 AWG
Crimp Tool: M22520/1-01 Handle with M22520/1-02 Locator (yellow position)
Removal Tool: MS24256R12　　Insertion Tool: MS24256A12

[그림 7-11] SOCKET & PIN CONTACTS

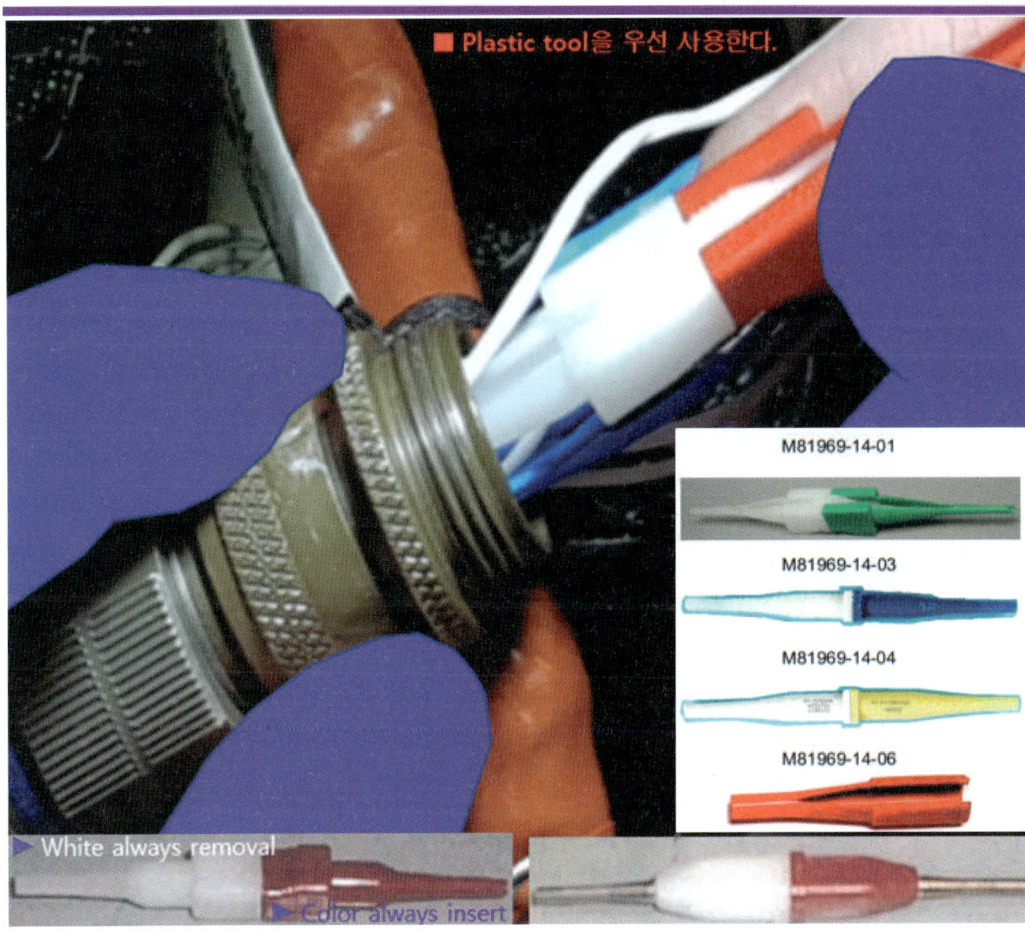

[그림 7-12] SOCKET & PIN CONTACTS 작업

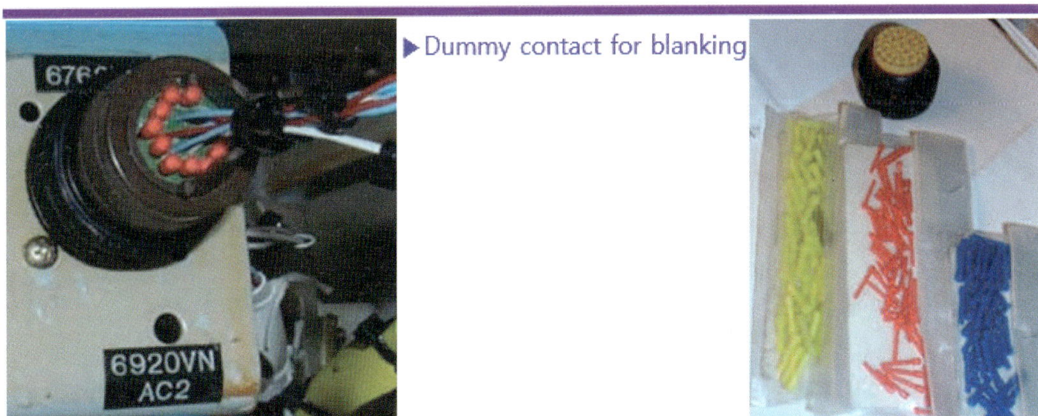

[그림 7-13] DUMMY CONTACTS

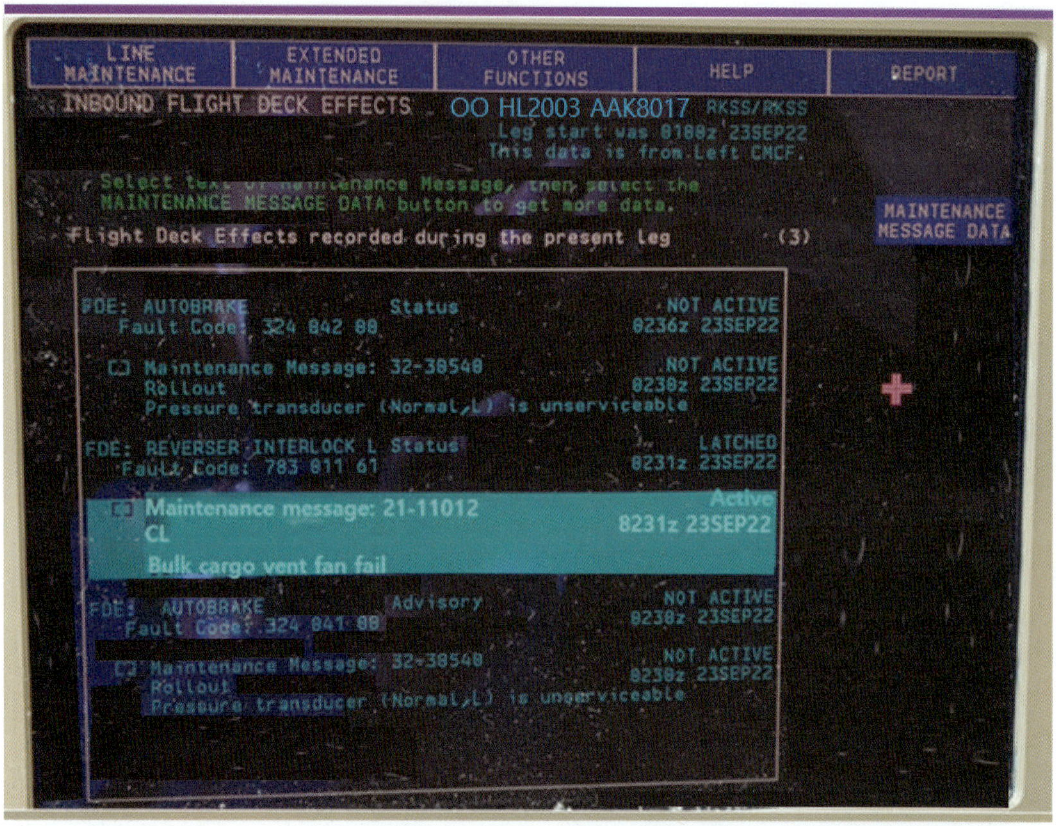

[실습번호 7-1] BULK CARGO VENTILATION FAN 고장탐구 실습

[실습번호 7-1] Bulk cargo ventilation fan 고장탐구 실습

[실습목표]

(1) MAT 사용법을 학습한다.

(2) FIM 사용법을 학습한다.

[도면]

[재료] B777-200ER FIM.

[장비나 공구, Manual] Multimeter, Connection-adapter, 기본 공구, WDM.

[안전 및 유의 사항]

(1) Manual 절차를 준수한다.

(2) 정확한 공구를 사용한다.

[실습순서]

(1) 전선을 점검한다.

(2) FIM 절차를 준수한다.

[관계 지식] 고장탐구, 매뉴얼 사용 능력

[평가] Manual에 의거 평가한다.

1/1

104, 201, 202, 205-999

Task 21-26-00-810-802 Bulk Cargo Ventilation Fan Problems - Fault Isolation

A. Maintenance Messages

(1) This task is for maintenance message: 21-11012.

B. Description

(1) Bulk Cargo Ventilation Fan does not follow command (on or off) or is overheated.

C. Possible Causes

(1) Bulk Cargo Ventilation Fan, B21263
(2) Bulk Cargo Vent Fan Relay, K21263
(3) Bulk Cargo Vent Fan Current Monitor, M24638
(4) Right ECSMC, A14
(5) I/O Card (1), M24403A16
(6) I/O Card (1), M24403A4
(7) Wiring

D. Related Data

(1) **WDM 21-26-21**
(2) **SSM 21-26-21**

E. Initial Evaluation

(1) If the MAT shows ACTIVE for the maintenance message, then do the Fault Isolation Procedure below.
(2) If the MAT shows LATCHED for the maintenance message, then do this Ground Test on the MAT: 21 Environmental Control System, System Test, Bulk Cargo Heat.
   (a) If the maintenance message shows on the Ground Test Display, then do the Fault Isolation Procedure - Electrical Failure below.
   (b) If the maintenance message does not show on the Ground Test Display, then continue.
   (c) Do this Ground Test on the MAT: 21 Environmental Control System, System Test, Bulk Cargo Heat.
   NOTE: You must do the Bulk Cargo Ventilation Fan check below while the Ground Test operates.
      1) Listen for the Bulk Cargo Ventilation Fan, B21263, to operate.
      2) If the Bulk Cargo Ventilation Fan, B21263, operates but does not make an unusual noise or there is not too much vibration, then there was an intermittent fault.
      3) If the Bulk Cargo Ventilation Fan, B21263, operates but makes an unusual noise or there is too much vibration, then do the Fault Isolation Procedure - Mechanical Failure below.

F. Fault Isolation Procedure - Mechanical Failure

104, 201, 202, 205-999

Subtask 21-26-00-810-083

[실습번호 7-1] BULK CARGO VENTILATION FAN 고장탐구 실습

2/2

(1) Replace the Bulk Cargo Vent Fan, B21263. These are the tasks:
- Bulk Cargo Ventilation Fan Removal, AMM TASK 21-26-06-000-801
- Bulk Cargo Ventilation Fan Installation, AMM TASK 21-26-06-400-801

(a) Do the Repair Confirmation at the end of this task.

104, 201, 202, 205-999

G. Fault Isolation Procedure - Electrical Failure

201, 202, 205-999

Subtask 21-26-00-810-084

(1) Do this check of the wiring (WDM 21-26-21):

(a) Remove the Bulk Cargo Vent Fan Relay, K21263, from the Right Power Management Panel, P210.

(b) Disconnect connector DB21263 from the Bulk Cargo Vent Fan, B21263.

(c) Examine the wiring between the Bulk Cargo Vent Fan Relay, K21263, on the P210 Panel and the Bulk Cargo Vent Fan, B21263, on the P210 Panel as follows (WDM 21-26-21):

BULK CARGO VENT FAN-RLY		BULK CARGO VENT FAN
DK21263		DB21263
pin A1	---------	pin 2
pin B1	---------	pin 3
pin C1	---------	pin 4

1) If you find a problem with the wiring, then do these steps:
   a) Repair the wiring.
   b) Re-connect connector DB21263.
   c) Re-install the Bulk Cargo Vent Fan Relay, K21263.
   d) Do the Repair Confirmation at the end of this task.
2) If you do not find a problem with the wiring, then continue.

(d) Do a continuity check between these pairs of pins at connector DB21263, on the Bulk Cargo Vent Fan, B21263 as follows (WDM 21-26-21):

BULK CARGO VENT FAN		BULK CARGO VENT FAN
DB21263		DB21263
pin 2	---------	pin 3
pin 3	---------	pin 4

1) If there is no continuity between these pairs of pins, then do these steps:
   a) Replace the Bulk Cargo Vent Fan, B21263. These are the tasks:
      - Bulk Cargo Ventilation Fan Removal, AMM TASK 21-26-06-000-801
      - Bulk Cargo Ventilation Fan Installation, AMM TASK 21-26-06-400-801
   b) Re-install the Bulk Cargo Vent Fan Relay, K21263.
   c) Do the Repair Confirmation at the end of this task.
2) If there is continuity between both pairs of pins, then do these steps and continue.

[실습번호 7-1] BULK CARGO VENTILATION FAN 고장탐구 실습

3/3

a) Re-connect connector DB21263.
b) Re-install the Bulk Cargo Vent Fan Relay, K21263.

(2) Replace the Bulk Cargo Vent Fan Relay, K21263 (WDM 21-26-21).
 (a) Do the Repair Confirmation at the end of this task.

(3) Replace the Bulk Cargo Vent Fan Current Monitor, M24638, in the P210 Panel (WDM 21-26-21).
 (a) Do the Repair Confirmation at the end of this task.

(4) Do this check of the wiring (WDM 21-26-21, SSM 21-26-21):
 (a) Remove the Right ECSMC, P84A14. This is the task: ECS Miscellaneous Card (ECSMC) Removal, AMM TASK 21-00-10-000-801.
 (b) Disconnect connector DB21263 from the Bulk Cargo Vent Fan, B21263.
 (c) Examine the wiring between the Right ECSMC, P84A14, on the P84 Panel and the Bulk Cargo Vent Fan, B21263 as follows (WDM 21-26-21, SSM 21-26-21):

RIGHT ECS CARD		BLK CRG VENT FAN
XA14		DB21263
pin 78	---------	pin 5

 (d) Examine the wiring between the Bulk Cargo Vent Fan, B21263 and Structure Ground as follows (WDM 21-26-21, SSM 21-26-21):

BLK CRG VENT FAN		
DB21263		
pin 6	---------	GB47026-DC

  1) If you find a problem the wiring, then do these steps:
   a) Repair the wiring.
   b) Re-connect connector DB21263.
   c) Re-install the Right ECSMC, P84A14. This is the task: ECS Miscellaneous Card (ECSMC) Installation, AMM TASK 21-00-10-400-801.
   d) Do the Repair Confirmation at the end of this task.
  2) If you do not find a problem with wiring, then continue.
 (e) Do a continuity check between this pair of pins at connector DB21263, on the Bulk Cargo Vent Fan, B21263 as follows (WDM 21-26-21):

BULK CARGO VENT FAN		BULK CARGO VENT FAN
DB21263		DB21263
pin 5	---------	pin 6

  1) If there is no continuity between pin 5 and pin 6 at the Bulk Cargo Vent Fan, B21263, then do these steps:
   a) Replace the Bulk Cargo Vent Fan, B21263. These are the tasks:
    - Bulk Cargo Ventilation Fan Removal, AMM TASK 21-26-06-000-801
    - Bulk Cargo Ventilation Fan Installation, AMM TASK 21-26-06-400-801
   b) Re-connect connector DB21263.
   c) Re-install the Right ECSMC, P84A14. This is the task: ECS Miscellaneous

[실습번호 7-1] BULK CARGO VENTILATION FAN 고장탐구 실습

4/4

Card (ECSMC) Installation, AMM TASK 21-00-10-400-801.

d) Do the Repair Confirmation at the end of this task.

2) If there is continuity between pin 5 and pin 6 at the Bulk Cargo Vent Fan, B21263, then continue.

(5) Replace the I/O Card (1), M24403A4, in the P210 Panel. These are the tasks:

- Electronic Unit Circuit Card - Removal, AMM TASK 24-09-00-000-806-001
- Electronic Unit Circuit Card - Installation, AMM TASK 24-09-00-400-805-001

(a) Do the Repair Confirmation at the end of this task.

(6) Replace the I/O Card (1), M24403A16, in the P210 Panel. These are the tasks:

- Electronic Unit Circuit Card - Removal, AMM TASK 24-09-00-000-806-001
- Electronic Unit Circuit Card - Installation, AMM TASK 24-09-00-400-805-001

(a) Do the Repair Confirmation at the end of this task.

(7) Do this check of the wiring (WDM 21-26-21):

(a) Disconnect connector DP414 from the P210 Electronics Unit, M24403.

(b) Examine the wiring between the ELMS, M24403 and the Current Monitor, M24638, in the P210 Panel as follows (WDM 21-26-21):

EU CASE ASSY-WIRED		CUR MON-BULK CARGO VENT FAN
DP414		M24638
pin 2	---------	term SIG

1) If you find a problem with the wiring, then do these steps:

a) Repair the wiring.

b) Re-connect connector DP414.

c) Do the Repair Confirmation at the end of this task.

2) If you do not find a problem with the wiring, then continue.

(c) Do a continuity check between the Current Monitor, M24638 and Structure Ground as follows (WDM 21-26-21, WDM 24-09-25):

AC CUR MONITOR		
M24638		
term GND	---------	GROUND

1) If there is no continuity between terminal GND and Structure Ground, then do these steps:

a) Repair the wiring.

b) Re-connect connector DP414.

c) Do the Repair Confirmation at the end of this task.

END 104, 201, 202, 205-999

H. Repair Confirmation

104, 201, 202, 205-999

Subtask 21-26-00-810-085

(1) Do this Ground Test on the MAT: 21 Environmental Control System, System Test, Bulk Cargo Heat.

[실습번호 7-1] BULK CARGO VENTILATION FAN 고장탐구 실습

5/5

(a) If the maintenance message does not show on the Ground Test Display, then you corrected the fault.

(b) If the maintenance message shows on the Ground Test Display, then continue the Fault Isolation Procedure at the subsequent step.

END 104, 201, 202, 205-999

[실습번호 7-1] BULK CARGO VENTILATION FAN 고장탐구 실습

NOTE

NOTE

Chapter 8

Midterm Examination

- 지필시험

Chapter 8. Midterm Examination

□ [채점 기준] 옳으면 각 6.7점, 기타 0점

▶ 순수단답형

1. 항공기에서 결함이 발견되는 행위를 무엇이라고 하는가?
   ① PIREP ② Discrepancy ③ Malfunction ④ Squawks

2. 전기전자 전선의 수리 매뉴얼은 다음 중 어느 것인가?
   ① SWPM ② WDM ③ AMM ④ TSM

3. 전선의 적정상태를 점검하는 장비는 다음 중 어느 것인가?
   ① Oscilloscope ② Bonding meter ③ Megger tester ④ Multimeter

4. 항공기 Single wiring system의 설명으로 <u>틀린</u> 것은?
   ① 항공기 무게를 가볍게 한다. ② 항공기 결함을 예방한다.
   ③ 신호 전송이 빠르다. ④ 정비비용이 감소된다.

5. 항공기 전선의 수리 중, 전선의 중간 부분을 연결하는 Electrical device는 무엇인가?
   ① Terminal ② Pin ③ Splice ④ Contact

6. Terminal을 Stacking 할 수 있는 개수는 최대 몇 개인가?
   ① 1개 ② 5개 ③ 10개 ④ 2개

7. Circuit breaker에서 Third contact를 무엇이라고 하는가?
   ① Alternate ② Main ③ Sub contact ④ Auxiliary

8. 항공기 시스템 중 결함 Message #를 발생시키는 시스템은 어느 것인가?
   ① ATSU ② CMCS ③ VHF ④ ACARS

9. 전기회로에서 전류가 일정한 회로는 무엇인가?
① 션트회로 ② 병렬회로 ③ 직렬회로 ④ 직병렬회로

10. "11011" or High, low는 무슨 신호인가?
① Digital ② Octal ③ Analog ④ Hexadecimal

11. "회로 내의 어떤 지점에서 들어오는 전류의 합과 나가는 전류의 합은 같다."라는 무엇에 관한 법칙인가?
① KVL법칙 ② 옴의 법칙 ③ KCL법칙 ④ 전자유도의 법칙

12. "회로 속 닫힌 경로에서, 전원의 기전력의 합은 회로 소자의 전압강하의 합과 같다."는 무엇에 관한 법칙인가?
① KVL법칙 ② 옴의 법칙 ③ KCL법칙 ④ 전자유도의 법칙

13. 항공기 작업우선순위가 가장 높은 Message는?
① Status ② MEMO ③ COMM ④ Warning

14. 항공기 Message 중 항상 흰색으로만 지시되는 Message는?
① Status ② MEMO ③ Caution ④ Warning

15. 항공기 C/B가 POP-OUT 되었다. 가장 먼저 해야 할 일은 무엇인가?
① Reset한다. ② 원인을 파악한다. ③ Recycle한다. ④ Defer한다.

수고하셨습니다.

NOTE

Chapter 9

항공기 전선의 작업

- 전선의 Repair process 실습
- 전선 Cleaning

Chapter 9. 항공기 전선의 작업

□ 항공기 전선은, 수리가 이루어지면 전위차 발생으로 인한 열원이 발생할 수 있다. 따라서 정확한 수리 방법은 고온 지역과 저온 지역 그리고 SWAMP 지역과 또 Chapter & Part number 별로 다르게 적용되므로 SWPM, ESPM EWIS Manual에 따라 수리하여야 한다. FAA, NTSB 등 국제항공 관련 기구에서도 엄격히 규정하고 있다. 그러면 이와 관련한 EWIS 개발 배경과 중요성을 알아보자.

아래 표는, 전선의 결함 발생 빈도를 나타낸 것으로써 전선의 작업의 중요성을 보여주고 있다. 그리고 전선 수리 관련 중요한 내용을 보면, ① Splice를 사용하여 Wire를 수리하는 것보다 Wire를 교환하는 것이 바람직하다. ② Wire 당 Splice는 3개까지 가능하고, 제작사가 한 것은 제외. Splice를 사용한 Engine wire harness의 적용은 다음과 같다. ① Temporary repair 경우만 허용된다. ② Power plant는 차기 정비 시 수리해야 한다. ③ 모든 Splice는 moisture resistance splice만 사용해야 한다. Splice를 사용하여 수리하지 못하는 부위는 다음과 같다. ① Clamp 내부 및 Support 부위 ② Connector back shell 혹은 Adapter 내부 ③ Conduit 내부 ④ 계기 Panel 혹은 Hinged door 등 Wire harness가 자주 Bent 되는 장소 ⑤ Fuel tank 내부이다.

※ ESPM 20-53-20

Wire 결함발생 구분	비율(%)
Chaffed/damaged insulation	44
Broken wire	12
Open conductor	3
Shorted conductors	5
Missing wire	2.5
NDF	24
No determination	9.5

[그림 9-1] 전선 작업

■ 주요 전선 비정상 사례

▶ Clean the electrical connector socket contacts and connector face as follows:

WARNING: DO NOT GET ISOPROPYL ALCOHOL IN YOUR MOUTH, EYES, OR ON YOUR SKIN. DO NOT BREATHE THE FUMES FROM THE ISOPROPYL ALCOHOL. KEEP THE ISOPROPYL ALCOHOL AWAY FROM SPARKS, FLAME, AND HEAT. ISOPROPYL ALCOHOL IS POISONOUS AND FLAMMABLE, WHICH CAN CAUSE INJURIES TO PERSONS AND DAMAGE TO EQUIPMENT.

(a) Flush the electrical connector with alcohol, B00679 [C04-035] to remove contamination and other unwanted materials from the socket contacts and connector face.

CAUTION: MAKE SURE YOU USE THE CORRECT SIZE MINIATURE NYLON BRUSH TO CLEAN THE ELECTRICAL CONNECTOR SOCKET CONTACTS. USE A MINIATURE NYLON BRUSH THAT IS SIZED FOR THE SPECIFIC SOCKET CONTACT. OTHERWISE, DAMAGE TO THE SOCKET CONTACT CAN OCCUR OR THE SOCKET CONTACTS WILL NOT BE SUFFICIENTLY CLEANED.

(b) Use a nylon miniature brushes, G50938 [C10-228] and clean the electrical connector socket contacts with alcohol, B00679 [C04-035] as follows:

1) Use a 0.031 inch (0.79 mm) size nylon brush for the 20 gauge socket contact and 0.062 inch (1.57 mm) brush for the 16 gauge socket contact.

▶ 큰 Miniature nylon brush사용으로 손상된 Socket contact모습

[그림 9-2] 전선 결함 사례

■ 실제 작업사례

HL7450 (CGO)	HL7450(SF) OL396 SIN-ICN운항중 발생한 MEC내 냉각계통 결함과 Battery계통 다수 결함은 전기전자전문가 연속 투입하여 고장탐구 결과 Lower deck forward cargo compartment ceiling panel내 전선공급 Wire가 Ceiling panel 장착 Screw와 접촉되어 Short로 결함이 확인 됨. 소요자재 미보유로 부품확보에 5일 소요예상 되어 후속편 등 화물기 스케쥴 조정 TF구성운영 예정 입니다..  ▶ Lower deck forward cargo compartment ceiling panel
관련사항	- Wire bundle separation. - Electrical short concept. - Screw torque.

■ EWIS 강화 대책

1. EWIS: Electrical wiring interconnection system

1) 전선 간 연결 Point 사이에서 전기 또는 전기적인 신호(Data)를 보내는 목적으로 항공기에 장착된 모든 전선(Wire)이다.

2) 전선을 고정하기 위해 사용되는 장치나 기구(Wiring device or electrical device)
   - 전선과 전선을 서로 연결하기 위한 모든 부분품을 일컫는 말이다.

※ FAA원문 참조

According to 14 CFR 25.1701 and CS 25.1701 Regulations, EWIS is: Any wire, wiring device or combination of these, including termination devices, installed in any area of the aircraft for the purpose of transmitting electrical energy, including data and signals, between two and more intended termination points.

2. EWIS Items

1) Example: Wire, cable, bus bar, switch, relay, terminal, circuit breaker connector, splice, ground, sleeve, clamp, cable tie, pressure seal, shield 등이다. 그러나 항공기 형식 디자인의 일부가 아닌 IFE, Cabin 개인 엔터테인먼트 기기인 노트북 컴퓨터 등은 제외되며, 특이하게도 광섬유(Optical fiber)는 EWIS 정의에 포함되지 않는 점이다.

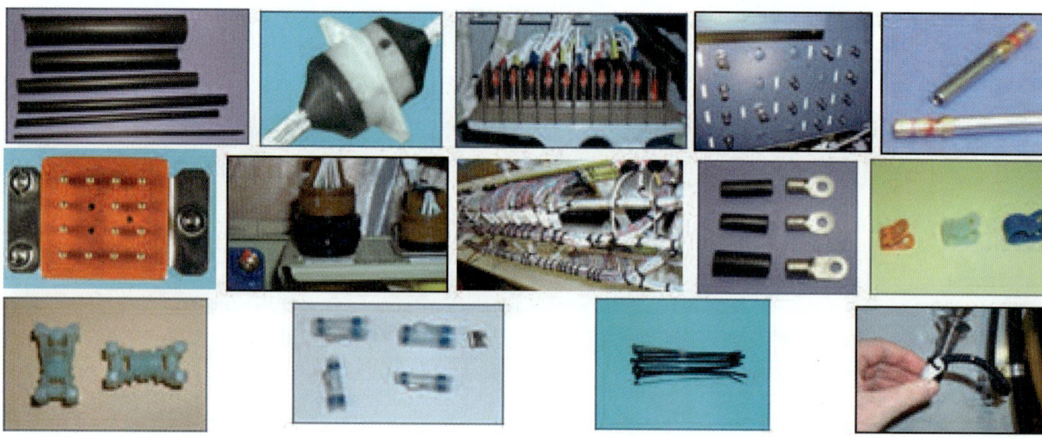

3. EWIS Training Program.

1) EWIS Training Program 개발 필요성.

(1) EWIS가 중요시된 사고사례와 교육의 필요성을 낳게 한 주요 항공사고에 대해 알아보자.

▶사　고 : July 17, 1996
▶원　인 : Fuel tank explosion
▶사망자 : 230(all)
▶기　종 : B747-131
▶항공사 : TWA 800 Trans World Airlines

▶사　고 : Sep 2, 1988
▶원　인 : In-flight fire leading to electrical failure, spatial disorientation and crew distraction
▶사망자 : 229(all)
▶기　종 : MD-11
▶항공사 : Swiss flight 111 HB-IWF

2) 1967년 4월에 설립된 미국연방 교통안전위원회.

(1) National Transportation Safety Board (NTSB).

① 항공기 사고의 주요 원인을 : Aging wiring으로 판단.
FAA에 Aging systems Plan에 명시하고 규칙 제정 권고하였고, 작업자에 대한 교육을 요구함.

② Aging Transport Systems Rule making Advisory committee (ATSRAC) - 1998 설립.

(2) 권고사항.

① EWIS인증: Standard wiring practices manual의 Development Enhanced EWIS maintenance의 Requirement.

② EWIS교육: 항공사 -> 제작사 -> 감항 정부 당국.

3) EWIS교육 목적

Maintenance, Preventive Maintenance, Inspection, Alternation, Repair, Cleaning of EWIS 등을 수행할 시 교육하여야 한다.

4) EWIS교육 목표

① Proper process
② Procedures
③ Methods
④ Technique
⑤ Practices

5 Advisory circular No 120-94

U.S. Department of Transportation
Federal Aviation Administration

Advisory Circular

Subject: AIRCRAFT ELECTRICAL WIRING INTERCONNECTION SYSTEMS TRAINING PROGRAM

Date: 11/20/07

AC No. 120-94

Initiated by: AFS-300/ANM-100

1. PURPOSE. This advisory circular (AC) provides guidance for developing an enhanced electrical wiring interconnection systems (EWIS) training program.

▶ FAA AC (Advisory Circular No. 120-94 내용)
Aging aircraft 에서의 Wiring 결함에 의한 사고 증가 (Aging System Plan)에 대한 대책으로 교육프로그램 개설을 권고하며, 항공기 정비업무자 또는 일반 항공업무를 수행하는 인원에 대하여 잠재적으로 **불안전한 Wiring** 조건들에 대한 인식과 수리를 보증할 수 있도록 관련 요원에 대한 향상된 교육의 필요성을 강조하고 있음.

■ FIBER OPTIC BASICS & GENERAL WIRE TYPE 구조

▶ Purples

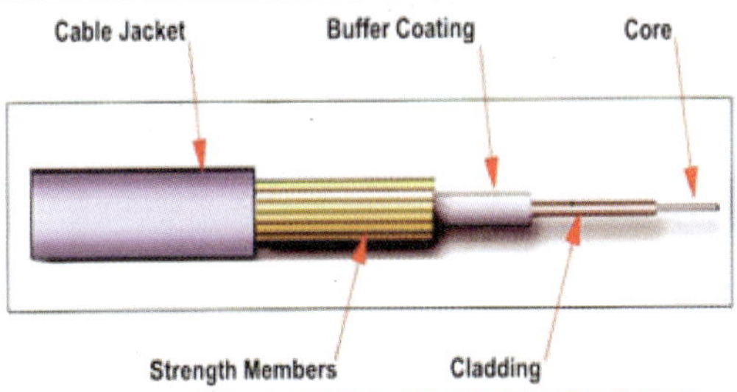

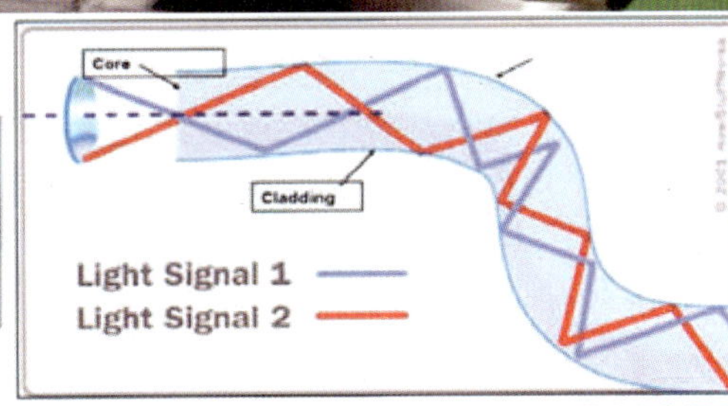

NEVER LOOK INTO THE END OF A CABLE AS EYE DAMAGE CAN OCCUR. REMOVE POWER AND DISCONNECT BOTH ENDS BEFORE INSPECTION

DO NOT BEND THE CABLE MORE THAN 10 TIMES THE CABLE DIAMETER. BREAKAGE CAN OCCUR

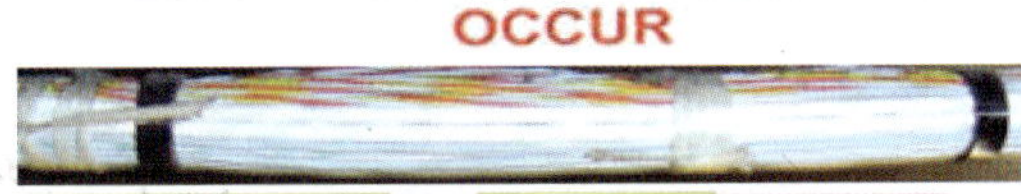

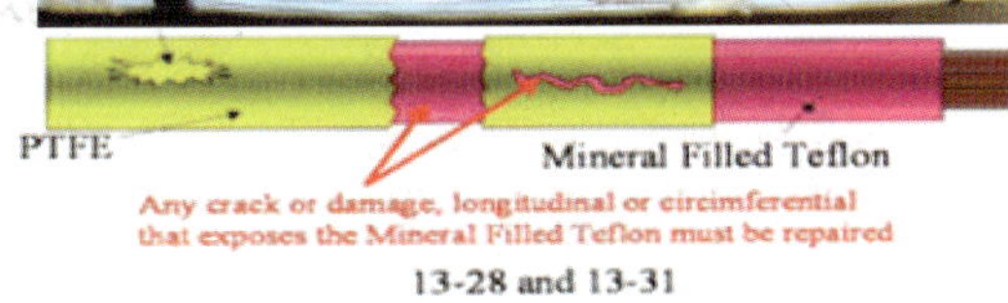

▶ 일반전선

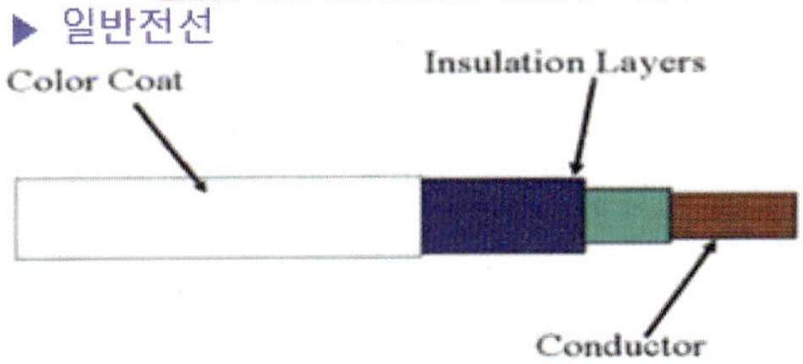

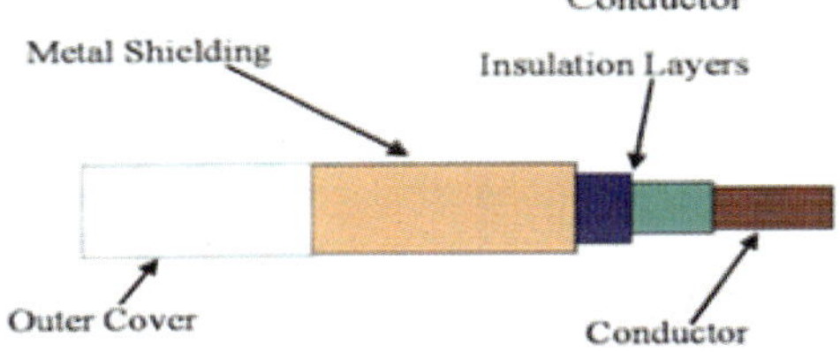

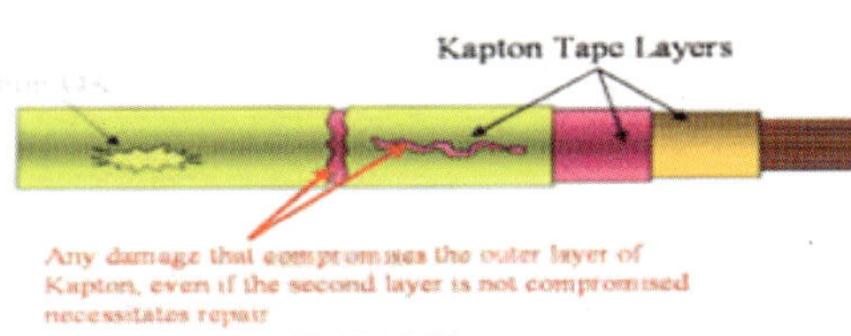

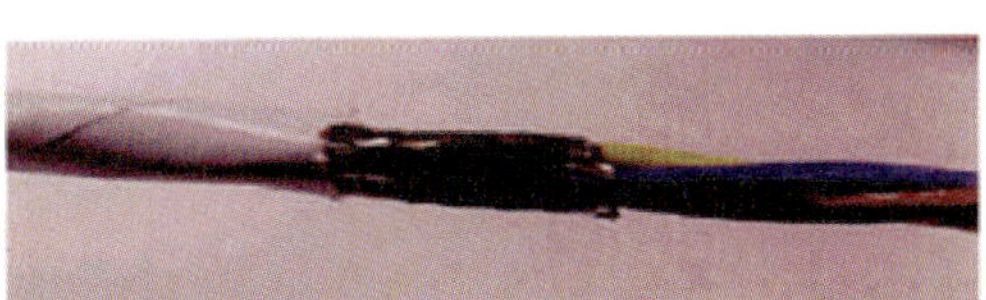

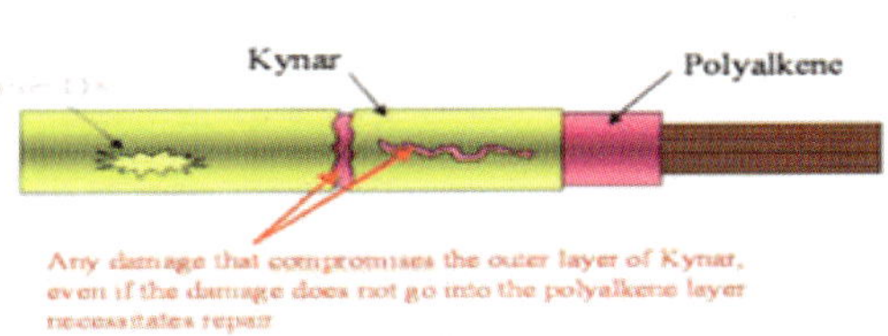

[그림 9-3] 전선의 구조

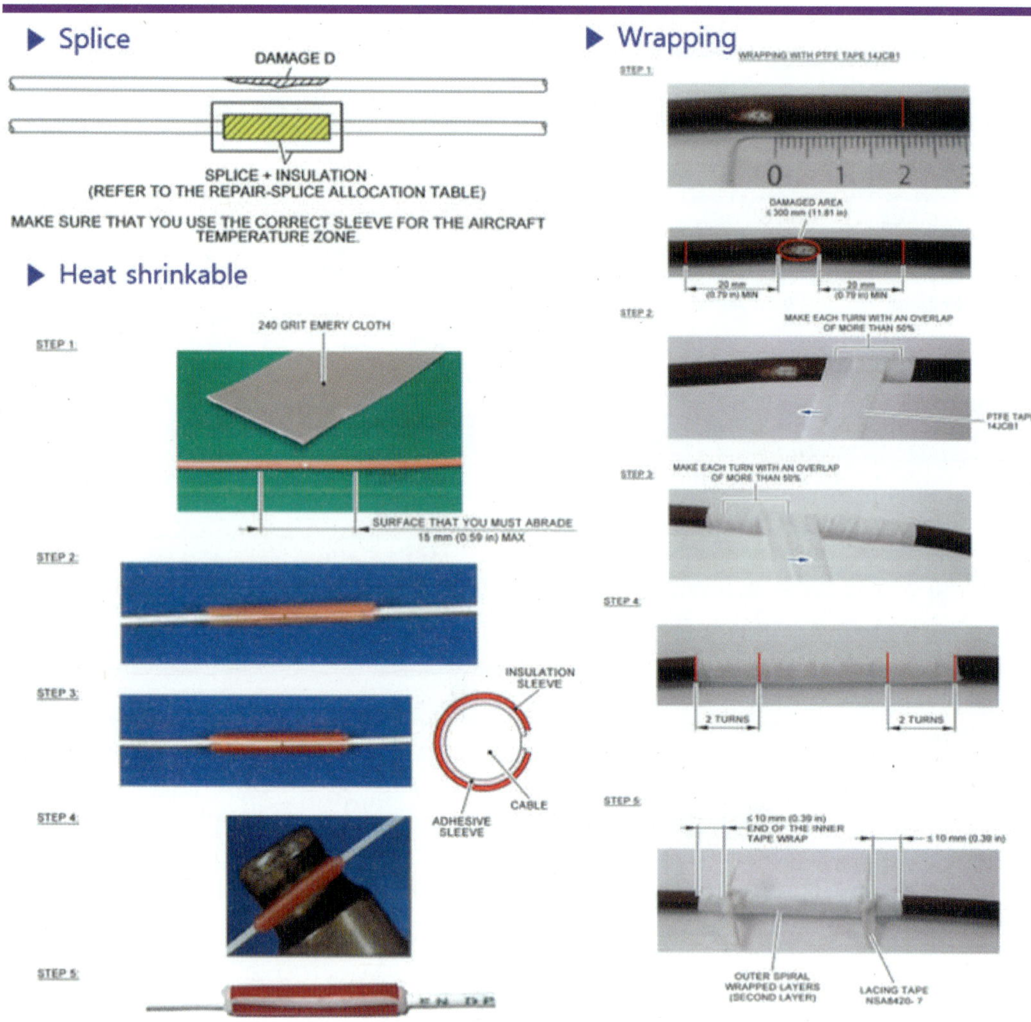

[그림 9-4] 전선의 REPAIR

▶ Wire type이란? -> Insulation이 어떤 것으로 되어있느냐를 말한다.
∴ 어떤 환경에 설치되느냐!

▶ Wire class란? -> Core 선의 재질, 구성이 어떤 것으로 되어있느냐를 말한다.
∴ 어떤 전도 특성이 있느냐!

따라서, Wire 교환 시는 동일 P/N 것으로 교환하여야 하고, 단종 된 것이라면, Manual을 참조하여 반드시 Alternate P/N 것으로만 교체하여야 한다.

※ SWPM 20-00-13, ESPM 20-32-21

▶ C-WRAP SLEEVE

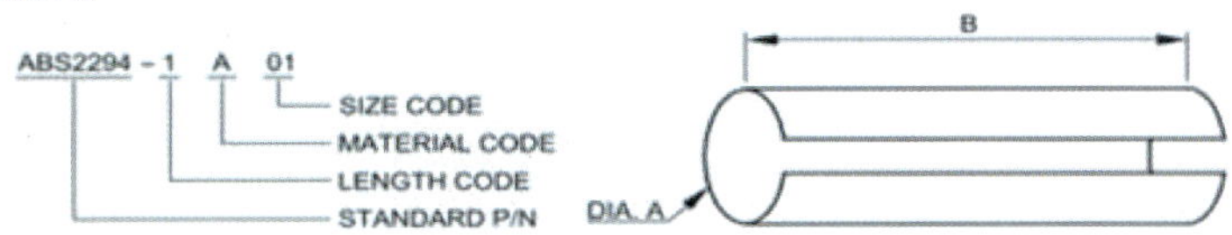

SLEEVE P/N	COLOR	INNER DIA. "A" mm (in) 0.05 mm (0.002 in)		CUT LENGTH "B" mm (in) (BEFORE SHRINKING)		PERMITTED WIRE GAUGE	
		ADHESIVE	OUTER SLEEVE	ADHESIVE	OUTER SLEEVE	WIRE TYPE	WIRE GAUGE
ABS2294-1A01	GREEN	1.11 (0.04)	2.29 (0.09)	21.75 1.5 (0.86 0.06)	19.05 0.5 (0.75 0.02)	DR AD	26 TO 24 24
ABS2294-1A02	RED	1.68 (0.07)	2.74 (0.11)			DR AD MLA VNA	22 TO 20 22 TO 20 26 TO 24 24
ABS2294-1A03	BLUE	2.13 (0.08)	3.43 (0.14)			DR AD MLA VNA	18 TO 16 18 TO 16 22 TO 18 22 TO 18
ABS2294-1A04	YELLOW	3.34 (0.13)	4.80 (0.19)			DR AD MLA VNA	14 TO 10 14 TO 10 16 TO 14 16 TO 14

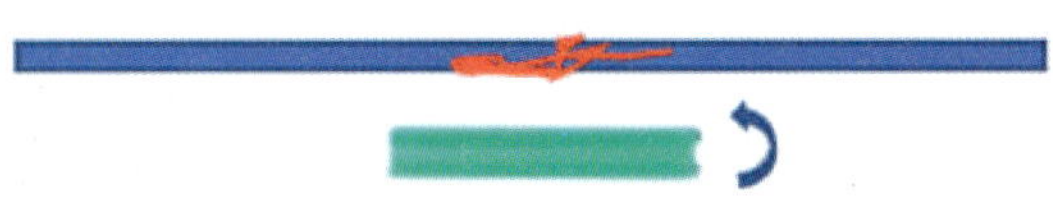

▶ WIRE CLEANING(AMM 20-55-10)

Natural contamination	Recommended cleaning material
Aircraft hydraulic fluid Fuel and Oil/Grease De-icing fluids	Isopropyl Alcohol (Material No. 11-010) or equivalent.(Refer to the local regulations)
Anti-corrosion material Dust	
Accidental contamination	To be treated on a case-by-case basis dependent on the chemical nature of the material

[그림 9-5] 전선의 REPAIR

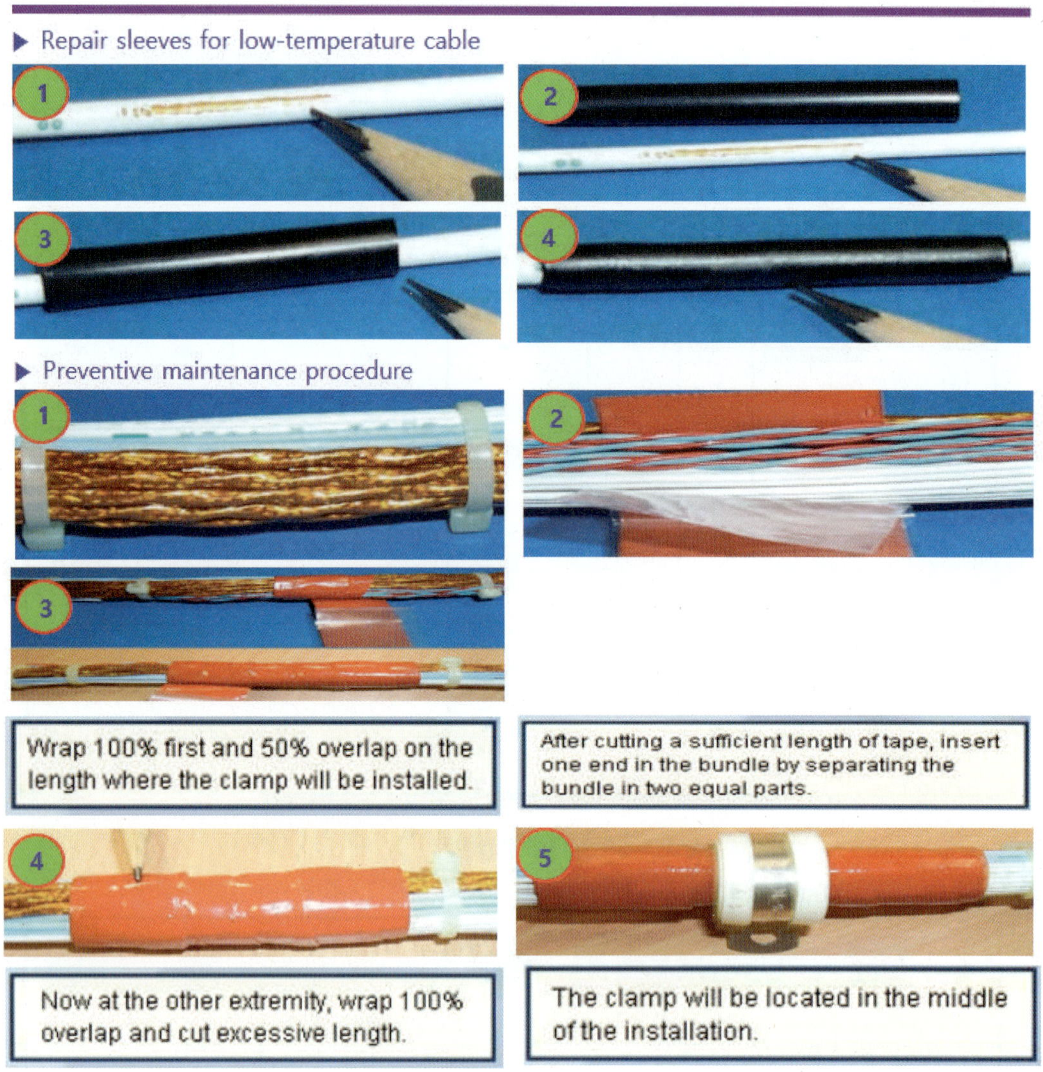

[그림 9-6] 전선의 REPAIR

LOW TEMPERATURE (200°C (392°F)) TYPES: AKA, AKB, CF, CF-A, CF-C, CF-U, PD, PF, QD, QF, RD AND RF
LOW TEMPERATURE (150°C (302°F)) TYPE: AK

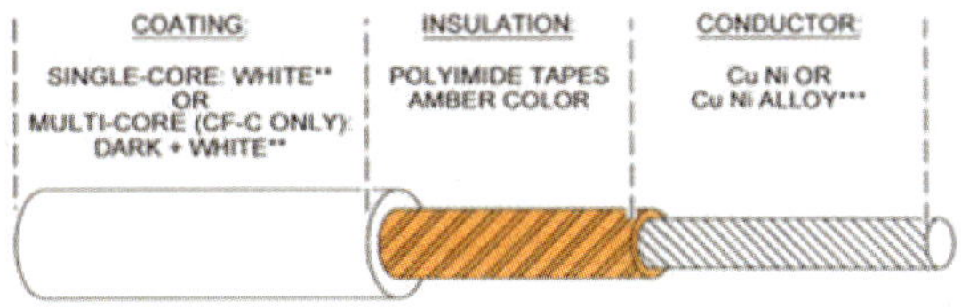

* GRADE 3 FOR SAFETY CABLE OR EFCS ROUTE OR G/E ROUTE
** IN SOME CASES, THE COATING CAN HAVE A DIFFERENT COLOR
*** REFER GAUGE FOR METAL COLOR
**** FOR THE REPAIR GRADES, REFER TO ATA 20-53-20

DAMAGE LOCATION	DAMAGE ASSESSMENT	GRADE****	REPAIR TYPE (SEQUENCE OF PRIORITY)
COATING:	- SURFACE SCRATCHES ON THE OUTER COATING: YOU CAN SEE THE POLYIMIDE INSULATION BUT IT IS NOT DAMAGED.	0	NO REPAIR (CABLE SATISFACTORY IN THIS CONDITION)
	- IN CONDITION OF CF-C ONLY: YOU CAN SEE THE DARK COATING. YOU CAN SEE THE POLYIMIDE INSULATION THROUGH THE TRANSPARENT COATING BUT IT IS NOT DAMAGED.		
INSULATION:	- SURFACE NICKS IN THE POLYIMIDE: YOU CANNOT SEE THE CONDUCTOR.	1	1-B
	- DEEP NICKS IN THE POLYIMIDE: YOU CAN SEE THE CONDUCTOR BUT IT IS NOT DAMAGED.	2*	1-C OR 1-E
	- MIDDLE OF THE CABLE: SEPARATION OF THE AMBER COLOR POLYIMIDE TAPE.	2*	1-E
	- END OF THE CABLE: SEPARATION OF THE AMBER COLOR POLYIMIDE TAPE.	1	1-B
CONDUCTOR:	- DAMAGED STRANDS OR CUT CONDUCTOR: YOU CAN SEE THE COPPER (DAMAGED NICKEL) OR THE STRANDS ARE CUT.	2*	1-C OR 1-E

[그림 9-7] 전선의 REPAIR

Wire gage에는 여러 가지가 있는데 항공기에는 AWG(American Wire Gage)이다. 이는 4/0부터 49번가지 Insulator를 제외한 Conductor 지름의 크기가 비가 되도록 정한 것이고 항공기에는 4/0번부터 26번까지 짝수만 사용한다. AWG 번호가 작을수록 도선의 지름이 크고 허용전류가 커진다. ※ IDG Cable etc.

Shield 선의 기능은 Routing을 통해 원하지 않는 Energy가 전송될 때 Wire와 Equipment를 보호해주기 위해 한다. Shield 선은 가능한 한 짧게 한다. ※ SWPM 20-25-00

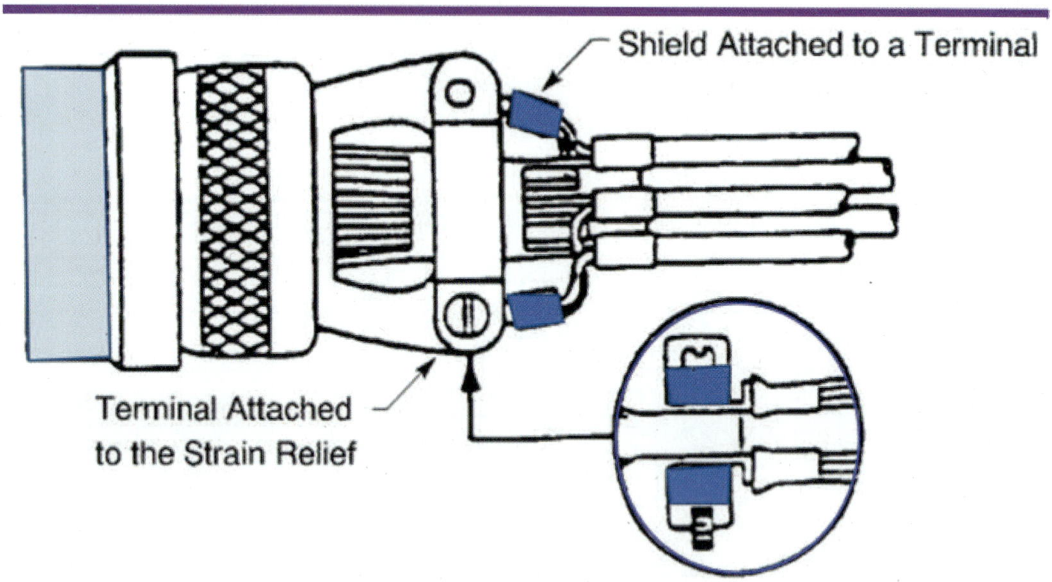

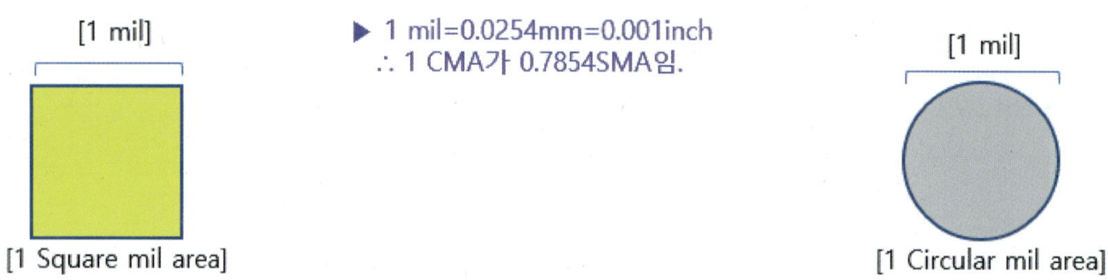

[그림 9-8] 전선의 REPAIR

■ 실제 작업사례

HL7777 (PAX)	OU969(ICN-HKG/ATA 0113 kst)편 Landing Gear Down시 "ENG 1 OIL PRESS" Message Display되어 (Pirep) 위탁정비사(CASL)에서 Oil Pressure Sensor Cleaning 후 Dry Monitoring Check 결과 이상 없어 후속 OU970(HKG-ICN/STD 0310, STA 0630 kst)편 지연 없이 운항, 인천공항후 추가고장탐구 위하여 후속 OU793(ICN-DME/STD 0830 kst)편을 HL7433/B747SF 항공기로 변경 TC 01+50분, AT 00+15분, Total 02+05분 지연 운항, 동 항공기는 ON282(ICN-LAX/STD 2330 kst)편 운항. •고장탐구 결과 "Engine Strut No.3 Forward Fairing Access Door 근처 Wire Bundle W6012에서 Wire Chafing" 발견하여 수정 조치함
관련사항	- Wire routing. - Visual check.

■ WIRE REPAIR PROCESS

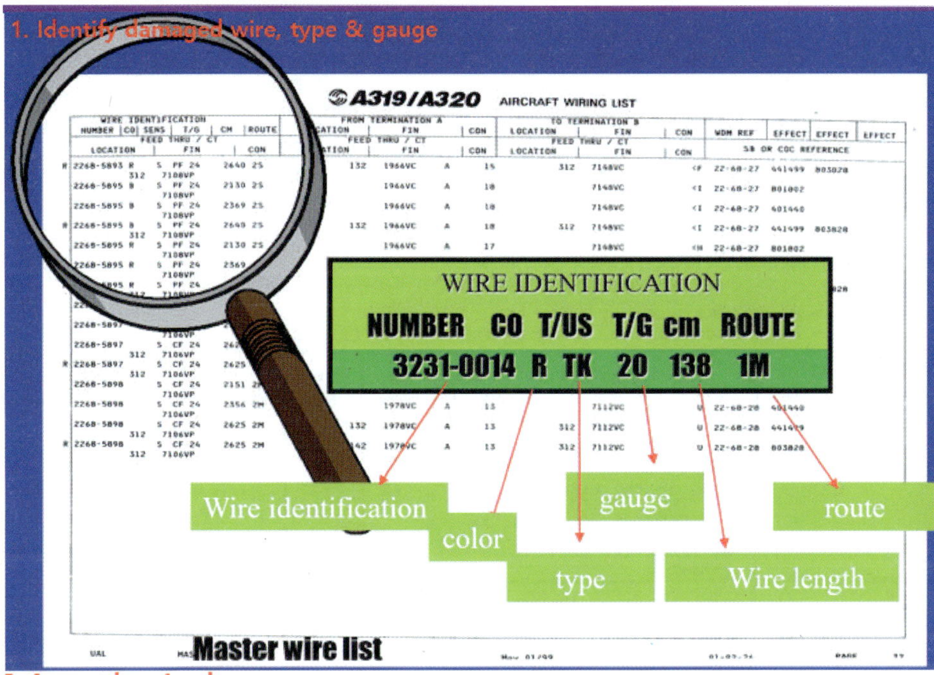

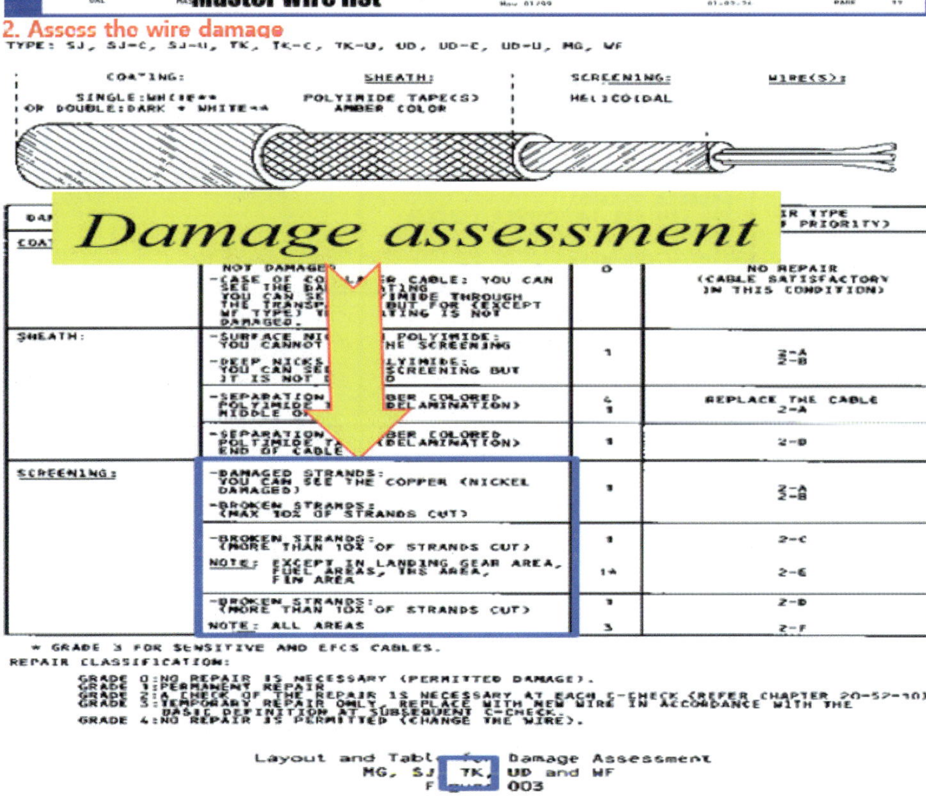

■ WIRE REPAIR PROCESS

3. Define the repair grade and repair method associated

TYPE: SJ, SJ-C, SJ-U, TK, TK-C, TK-U, UD, UD-C, UD-U, MG, WF

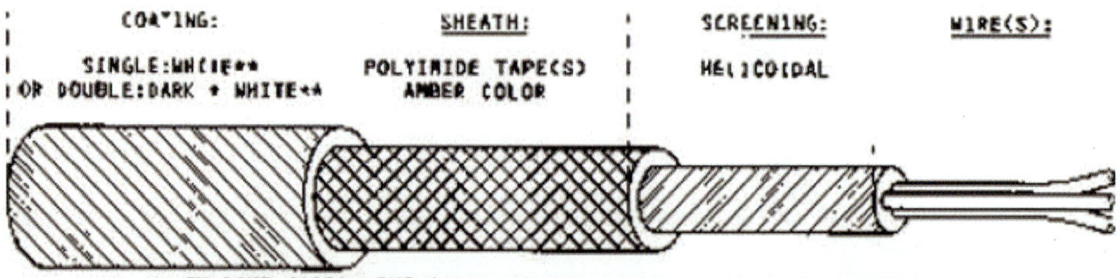

** IN SOME CASES, THE COLOR OF THE COATING CAN BE PALE BLUE.

DAMAGE LOCATION	DAMAGE ASSESSMENT	GRADE	REPAIR TYPE (ORDER OF PRIORITY)
COATING:	-SURFACE SCRATCHES IN OUTER COATING: YOU CAN SEE POLYIMIDE BUT IT IS NOT DAMAGED -CASE OF CO2 LASER CABLE: YOU CAN SEE THE DARK COATING YOU CAN SEE POLYIMIDE THROUGH THE TRANSPARENT BUT FOR (EXCEPT WF TYPE) THE COATING IS NOT DAMAGED.	0	NO REPAIR (CABLE SATISFACTORY IN THIS CONDITION)
SHEATH:	-SURFACE NICKS IN POLYIMIDE: YOU CANNOT SEE THE SCREENING -DEEP NICKS IN POLYIMIDE: YOU CAN SEE THE SCREENING BUT IT IS NOT DAMAGED	1	2-A 2-B
	-SEPARATION OF AMBER COLORED POLYIMIDE TAPE (DELAMINATION) MIDDLE OF CABLE	4 1	REPLACE THE CABLE 2-A
	-SEPARATION OF AMBER COLORED POLTIMIDE TAPE (DELAMINATION) END OF CABLE	1	2-B
SCREENING:	-DAMAGED STRANDS: YOU CAN SEE THE COPPER (NICKEL DAMAGED) -BROKEN STRANDS: (MAX 10% OF STRANDS CUT)	1	2-A 2-B
	-BROKEN STRANDS: (MORE THAN 10% OF STRANDS CUT) NOTE: EXCEPT IN LANDING GEAR AREA, FUEL AREAS, THS AREA, FIN AREA	1 1*	2-C 2-E
	-BROKEN STRANDS: (MORE THAN 10% OF STRANDS CUT) NOTE: ALL AREAS	1 3	2-D ▶METHOD 2-F

▶Grade of repair

* GRADE 3 FOR SENSITIVE AND EFCS CABLES.

REPAIR CLASSIFICATION:

GRADE 0:NO REPAIR IS NECESSARY (PERMITTED DAMAGE).
GRADE 1:PERMANENT REPAIR
GRADE 2:A CHECK OF THE REPAIR IS NECESSARY AT EACH C-CHECK (REFER CHAPTER 20-52-10).
GRADE 3:TEMPORARY REPAIR ONLY, REPLACE WITH NEW WIRE IN ACCORDANCE WITH THE BASIC DEFINITION AT SUBSEQUENT C-CHECK.
GRADE 4:NO REPAIR IS PERMITTED (CHANGE THE WIRE).

▶TK

Layout and Table for Damage Assessment
MG, SJ, TK, UD and WF
Figure 003

■ WIRE REPAIR PROCESS

4. Do the wire /cable repair

REPAIR	TYPE	GENERAL DESCRIPTION	CONDITIONS OF APPLICATION
2	E	REF. § 3. PROCEDURE REF. SOLDER REPAIR SLEEVES ALLOCATION TABLE	-DAMAGE ≤ 200mm(7.8740in.) -SINGLE-CORE CABLE REPAIRED BY SPLICE -DAMAGE NOT NEAR CABLE END

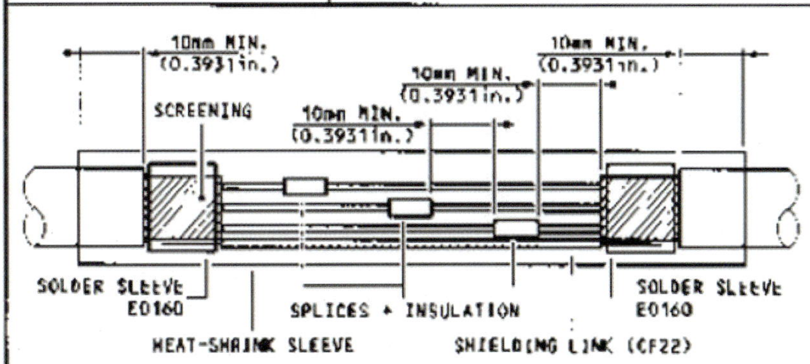

MAKE SURE YOU USE THE CORRECT SLEEVE FOR THE AIRCRAFT TEMPERATURE ZONE

REPAIR	TYPE	GENERAL DESCRIPTION	CONDITIONS OF APPLICATION
	F	REF. § 3. PROCEDURE REF. SOLDER REPAIR SLEEVES ALLOCATION TABLE	-SINGLE-CORE CABLE REPAIRED BY SPLICE -DAMAGE NOT NEAR CABLE END

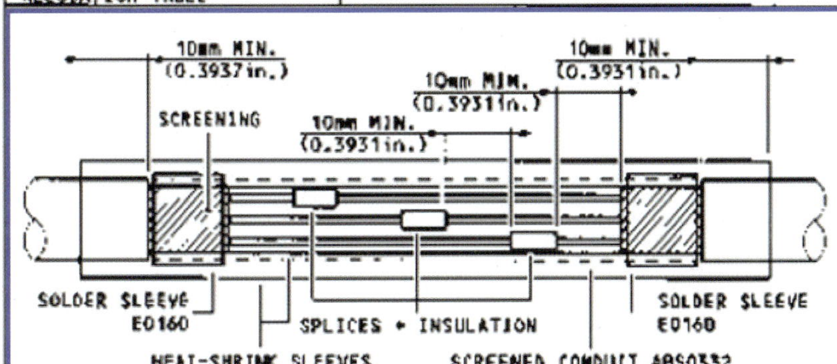

MAKE SURE YOU USE THE CORRECT SLEEVE FOR THE AIRCRAFT TEMPERATURE ZONE

NOTE: YOU CAN USE METHODS 2E AND 2F INSTEAD OF METHODS 2C AND 2D IF:
-AT LEAST ONE SINGLE-CORE CABLE IS REPAIRED BY SPLICE
(CUT THE OTHER SINGLE-CORE CABLE(S) AND INSTALL A SPLICE)
-NO SINGLE-CORE CABLE IS AFFECTED BUT THE DAMAGE IS
NOT LOCATED IN END ZONE(CUT AND INSTALL A SPLICE ON EACH
SINGLE-CORE CABLE.)

■ WIRE REPAIR PROCESS

4. Do the wire /cable repair

Select wire gauge: 20

Select solder sleeve E0160

TYPE: TK, TK-C, TK-U, TJA, TJB

CABLE GAUGE	SHRINKABLE SOLDER SLEEVE F0160	ABS0332	SLEEVE E0718	SLEEVE NSA937210MB
26	1-0-H	05	01 OR 02	02 OR 03
24	1-0-H	05	02	02 OR 03
22	1-0-H	05	02 OR 03	03 OR 04
20	1-1-H	05	03	03 OR 04
18	1-1-H	05	03 OR 04	03 OR 04
16	1-1-H	10	03 OR 04	04 OR 05
14	1-1-H	10	04	04 OR 05 OR 06
12	1-2-H	10	04 OR 05	05 OR 06

NOTE: FOR 200°C(392°F) CABLE, USE SLEEVE E0718 IN PRIORITY

PN= E0160 1-1-1-H

TYPE: TT, TT-U, TG

CABLE GAUGE	SHRINKABLE SOLDER SLEEVE E0160	ABS0332	SLEEVE NSA937210MB
26	1-0-H	05	02 OR 03
24	1-0-H	05	03 OR 04
22	1-1-H	05	03 OR 04
20	1-1-H	05	03 OR 04
18	1-1-H	10	04 OR 05
16	1-1-H	10	04 OR 05

TYPE: UD, UD-C, UD-U, UKA, UKB

CABLE GAUGE	SHRINKABLE SOLDER SLEEVE E0160	ABS0332	SLEEVE E0718	SLEEVE NSA937210MB
26	1-0-H	05	01 OR 02	02 OR 03
24	1-0-H	05	02 OR 03	03 OR 04
22	1-0-H	05	02 OR 03	03 OR 04
20	1-1-H	05	03 OR 04	03 OR 04
18	1-1-H	10	03 OR 04	03 OR 04
16	1-1-H	10	04	04 OR 05
14	1-2-H	10	04 OR 05	05 OR 06

NOTE: FOR 200°C(392°F) CABLE, USE SLEEVE E0718 IN PRIORITY

Sleeve PN selection

TYPE: UE, UE-U, UG

CABLE GAUGE	SHRINKABLE SOLDER SLEEVE E0160	ABS0332	SLEEVE NSA937210MB
26	1-0-H	05	03 OR 04
24	1-1-H	05	03 OR 04
22	1-1-H	05	03 OR 04
20	1-1-H	05	04 OR 05
18	1-1-H	10	04 OR 05
16	1-2-H	10	05 OR 06

S15 20 33 22 0 80M0 00

R
R

Solder Repair Sleeves - Allocation Table
Methods 2D/2F Only

[실습번호 9-1] 전선의 REPAIR 실습

■ WIRE REPAIR PROCESS

4. Do the wire /cable repair

E0360RKxXxX

▶ Butt splice
- Parallel splice
- Splice for aluminum wire
- Splice for thermocouple wire

▶ P/N :E0360 RK2220

COPPER CABLE				WIRE GAUGE	SPLICE
LOW TEMPERATURE (200°C/392°F)		HIGH TEMPERATURE (260°C/500°F)			
WIRE	CABLE *	WIRE	CABLE *		
AK/AKA/AKB CF/CF-C/CF-U PD/PF QD/QF RD/RF	HB/HC HG/MG SFA/SFB SJ/SJ-C/SJ-U TJA/TJB TK/TK-C/TK-U UD/UD-C/UD-U UKA/UKB YZ	DE/DG DK/DK-C/DK-U PE/PG QE/QG RE/RH	HA SE ST/ST-U TG TT/TT-U UE/UE-U UG VJ/VR YD/YF/YK	26	RA2324
				24	RA2324 RK2424
				22-20	RA2322 RK2220
				18-16	RA1816 RK1816
				14	RA1314 RK1614
				12	RA1112 RK1210
				10	RA1210 RK1210
				8	RA0808 RK0808
				6	RA0606 RK0606

NSA936809RGXXXX

COPPER CABLE				WIRE GAUGE	SPLICE	SLEEVE NSA937493
LOW TEMPERATURE (200°C/392°F)		HIGH TEMPERATURE (260°C/500°F)				
WIRE	CABLE *	WIRE	CABLE *			
AK/AKA/AKB CF/CF-C/CF-U PD/PF QD/QF RD/RF	HB/HC HG/MG SFA/SFB SJ/SJ-C/SJ-U TJA/TJB TK/TK-C/TK-U UD/UD-C/UD-U UKA/UKB YZ	DE DK/DK-C/DK-U PE/PG QE/QG RE/RH	HA SE ST/ST-U TG TT/TT-U UE/UE-U UG VJ/VR YD/YF/YK	24-22 20-18	RG0001	001
				16-14	RG0002	002
				12-10	RG0003	

NSA936813RHXXXX

ALUMINUM CABLE		WIRE GAUGE	SPLICE	SLEEVE 1	SLEEVE 2
WIRE	CABLE *			E0484K	E0718
YV	QP	6	RH0604	MJ05	07
YU/YV	-	4-3	RH0604		
		2	RH0402	MJ06	08
		1-0	RH0201		

NSA936809RGXXXX

THERMOCOUPLE CABLE		WIRE GAUGE	SPLICE	SLEEVE NSA937493
WIRE	CABLE *			
HM/HN YB/YC	HP YT	22	RG0001	001

* THE SPLICE ARE GIVEN ONLY FOR THE REPAIR OF THE WIRE(S) INCLUDED IN THESE CABLES

Repair Splices - Allocation Table
Figure 003

5. Identify the damage cause and solve it

[실습번호 9-1] 전선의 REPAIR 실습

[실습번호 9-1] 전선의 REPAIR 실습

[실습목표]

(1) 전선을 ESPM, SWPM에 따라 수리를 학습한다.

(2) ESPM, SWPM 사용 방법을 학습한다.

[도면]

[재료] 전선, PTFE Tape, C-Wrap Sleeve, Heat gun etc.

[장비나 공구, Manual] Heating gun. 기본 공구. ESPM 20-53-29

[안전 및 유의 사항]

(1) Manual 절차를 준수한다.

(2) 정확한 공구를 사용한다.

[실습순서]

(1) 3가지 수리 절차를 학습한다.

(2) Repair grade에 따라 수리한다.

[관계 지식] 매뉴얼 사용 능력

[평가] 수리 상태를 Manual에 의거 평가한다.

NOTE

NOTE

Chapter 10

항공기 Splice, Terminal, Etc 작업

- Burndy pin 교환작업
- Splice 작업
- Terminal 작업
- Sleeve 작업
- Terminal block 작업
- Racing tape & Tie wrap, clamp 작업
- End caps 작업

Chapter 10. 항공기 Splice, Terminal, Etc 작업

□ Terminal, splice, sleeve 작업은 전선 작업에서 가장 흔히 하는 작업임과 동시에 가장 기본이 되는 작업이므로 잘 익혀 두어야 한다.

1. Terminal 작업 ※ SWPM 20-30-00, 11

Terminal 작업도 Splice 작업처럼 고온 지역과, 저온 지역에 따라 공구와 작업 방법, 그리고 Terminal 종류는 Uninsulated lug, Insulated lug, High temperature lug 등이 있다.

Terminal 사용은 Stud size 8에는 Size 10 hole인 Terminal을 사용한다. 즉, 숫자 짝수 2보다 큰 것을 사용함. Stud에 장착할 수 있는 최대 Terminal은 4개이다.

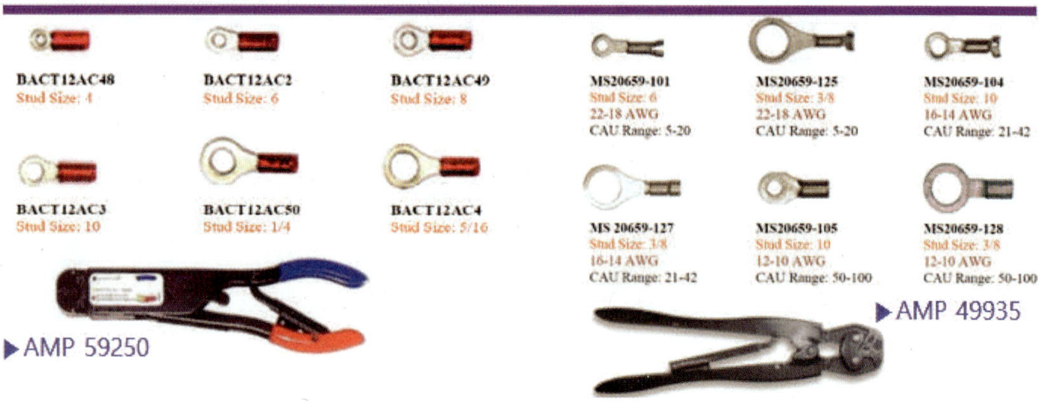

▶ Tyco/AMP Terminal

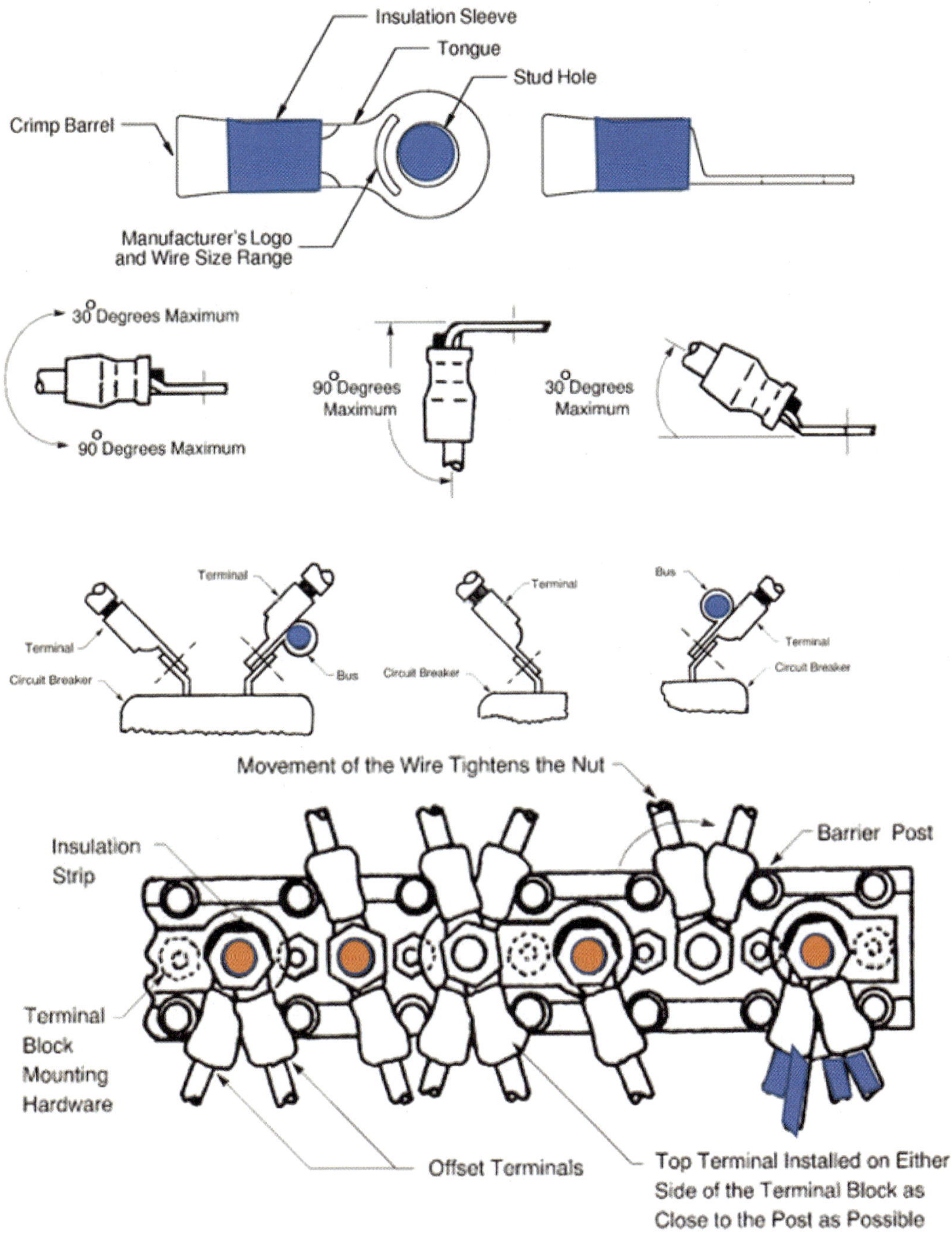

[그림 10-1] TERMINAL 작업

■ TYCO Hand Crimping Tool P/N AD1377S

(Ref. Fig. Hand Crimping Tools TYCO AD1377S SHEET 1)

HAND CRIMPING TOOL - TYCO AD1377S

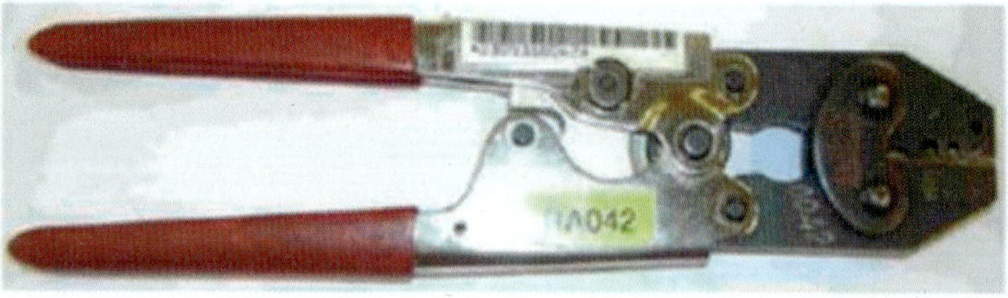

P_SP_205622_D3_00560001_01_00

Figure 20-56-22-0056-0001 / SHEET 1/1 - Hand Crimping Tools TYCO AD1377S

[그림 10-2] TERMINAL 작업

■ AMP Hand Crimping Tools P/N 46121, 49775(-1) (ex 47386), 47387 and 48518

(Ref. Fig. Hand Crimping Tools-AMP 46121, 47386, 47387, 48518 and 49775 SHEET 1)

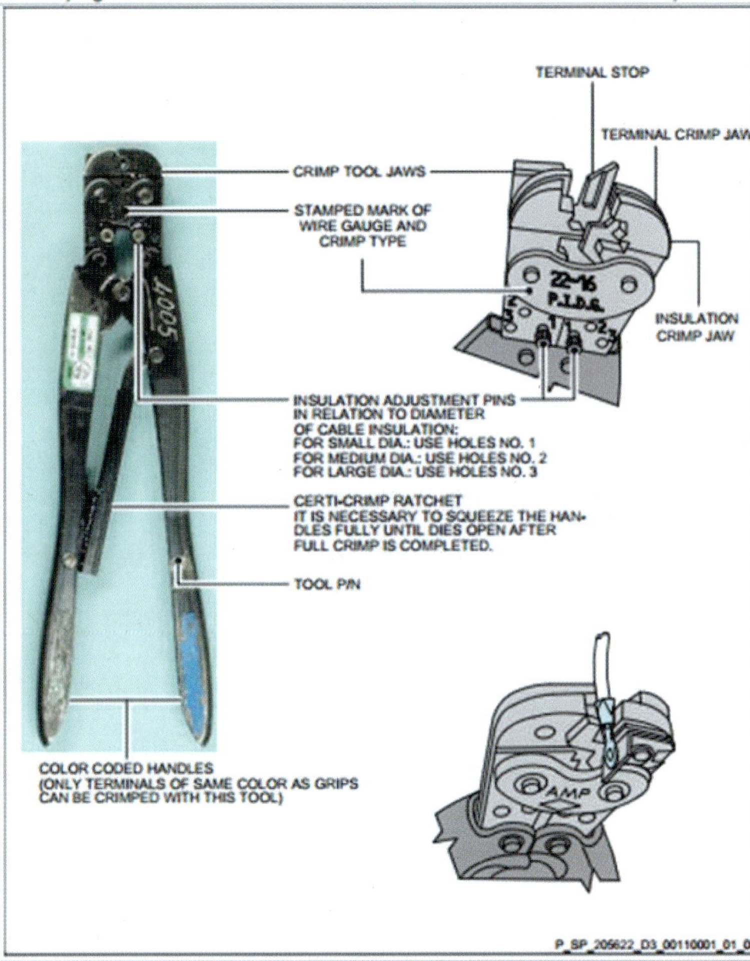

Figure 20-56-22-0011-0001 / SHEET 1/1 - Hand Crimping Tools-AMP 46121, 47386, 47387, 48518 and 49775

[그림 10-3] MANUAL CRIMPING TOOL

■ TERMINAL 방법

▶ High Temp Area에는 알맞은 Terminal을 사용해야 한다.
(ex: Engine Fire Loop Detector Terminal)

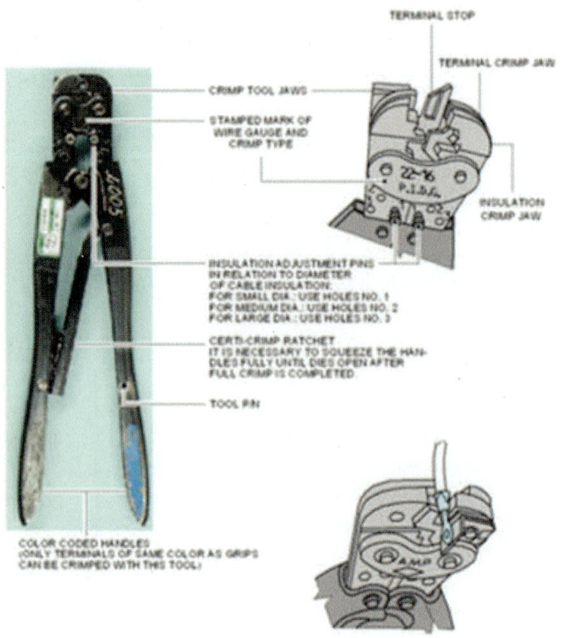

▶ 저온용 ▶ 고온용

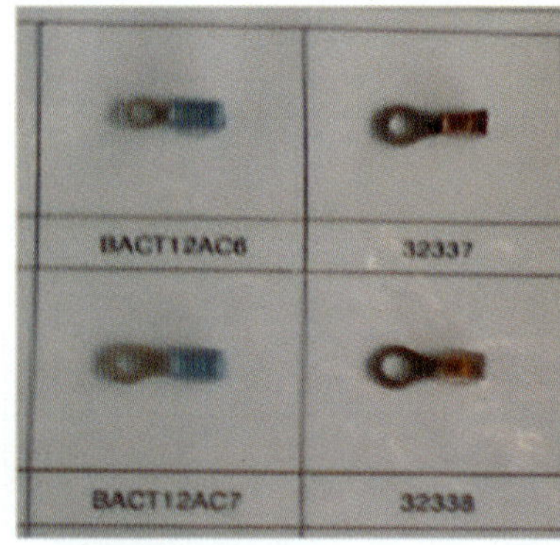

AMP 59250 AMP 49935

▶ Correct Incorrect

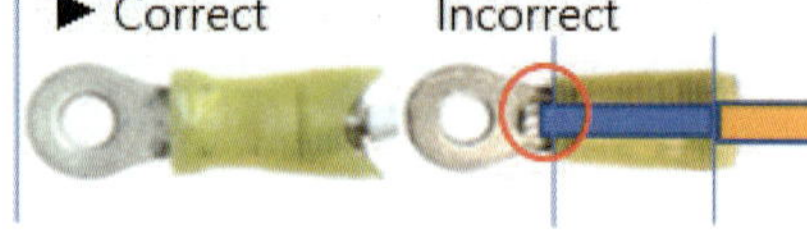

[그림 10-4] TERMINAL 작업

■ TERMINAL, SPLICE 작업

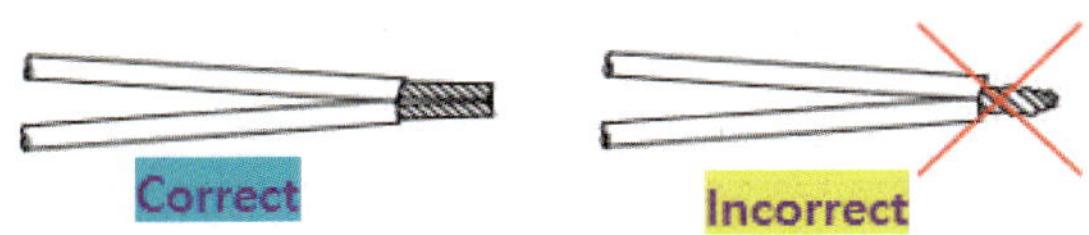

ILLUSTRATION OF DEFECT	DESCRIPTION	DECISION	LIMITS
	CRIMPING NOT FULLY DONE (NEEDLE PUMP NOT ON THE GREEN PART OR DIES NOT CLOSED CORRECTLY)	REFUSED	-
	TERMINAL INSULATION DAMAGED (TORN, SPLIT, CRUSHED) BECAUSE OF A BAD POSITION OF THE CRIMPING TOOL (CRIMPING ON FRONT SIDE OF METALLIC BRUSH)	REFUSED	-
	INCORRECT CRIMPING OF THE TERMINAL INSULATION (CRIMPING AT THE REAR OF THE METALLIC BRUSH)	REFUSED	-
	SCRATCH ON THE TERMINAL WITH NICKEL AND COPPER REMOVED	REFUSED	-
	TERMINAL SKIRT MOVED DOWN AFTER CRIMPING	REFUSED	-
	REMOVAL OF NICKEL ON FRONT FACE OF THE BARREL CAUSED BY CONTACT WITH THE CRIMPING TOOL	ACCEPTED	-
	BEAD OF INSULATION (PEEK) ON FRONT FACE OF THE BARREL	ACCEPTED	-
	TERMINAL SLIGHTLY TWISTED	ACCEPTED	TWISTING ANGLE ≤15°

Splice Insulation Color	Wire Size (AWG)
	26-24
	24-20
	22-16
	16-14
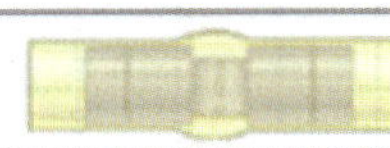	12-10

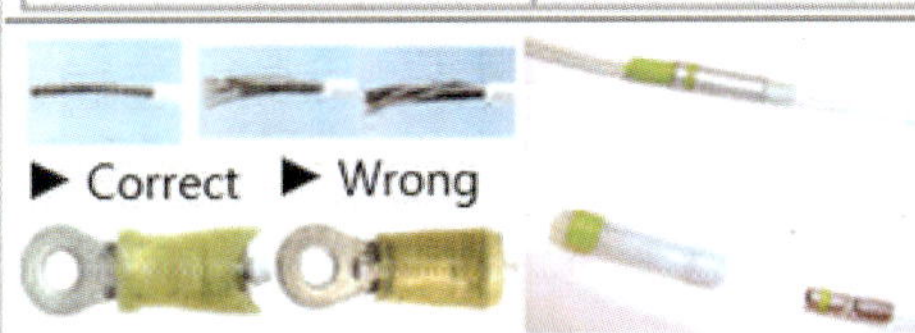

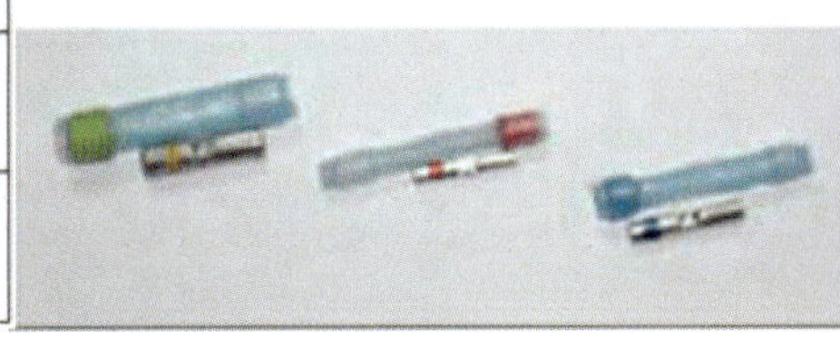

[그림 10-5] TERMINAL 작업

2. Splice 작업 ※ SWPM 20-30-12, 13

Splice 작업은 Wire 중간에서 처리하는 작업으로 고온 지역과, 저온 지역에 따라 공구와 Splice 종류 그리고 작업 방법이 다르다.

Splice 종류로는 Uninsulated, Insulated, High temperature, Moisture sealed splice 등이 있다. Splice 고려 사항은, System, Type of wire, Temperature area를 고려해야 한다. 여압 지역에는 Insulated splice를 사용하고, Low voltage이면 Closed end splice를 사용한다. 비여압 지역과 High voltage circuit에서는 Moisture proof splice

를 사용해야 한다. 엔진과 Fire zone에는 임시로 Moisture resistant Splice로만 가능하고 차기 정비 때 전선 교환해야 한다. 그리고 Wire 당 최대 2~3개 Splice 가능하나 교환이 원칙이다.

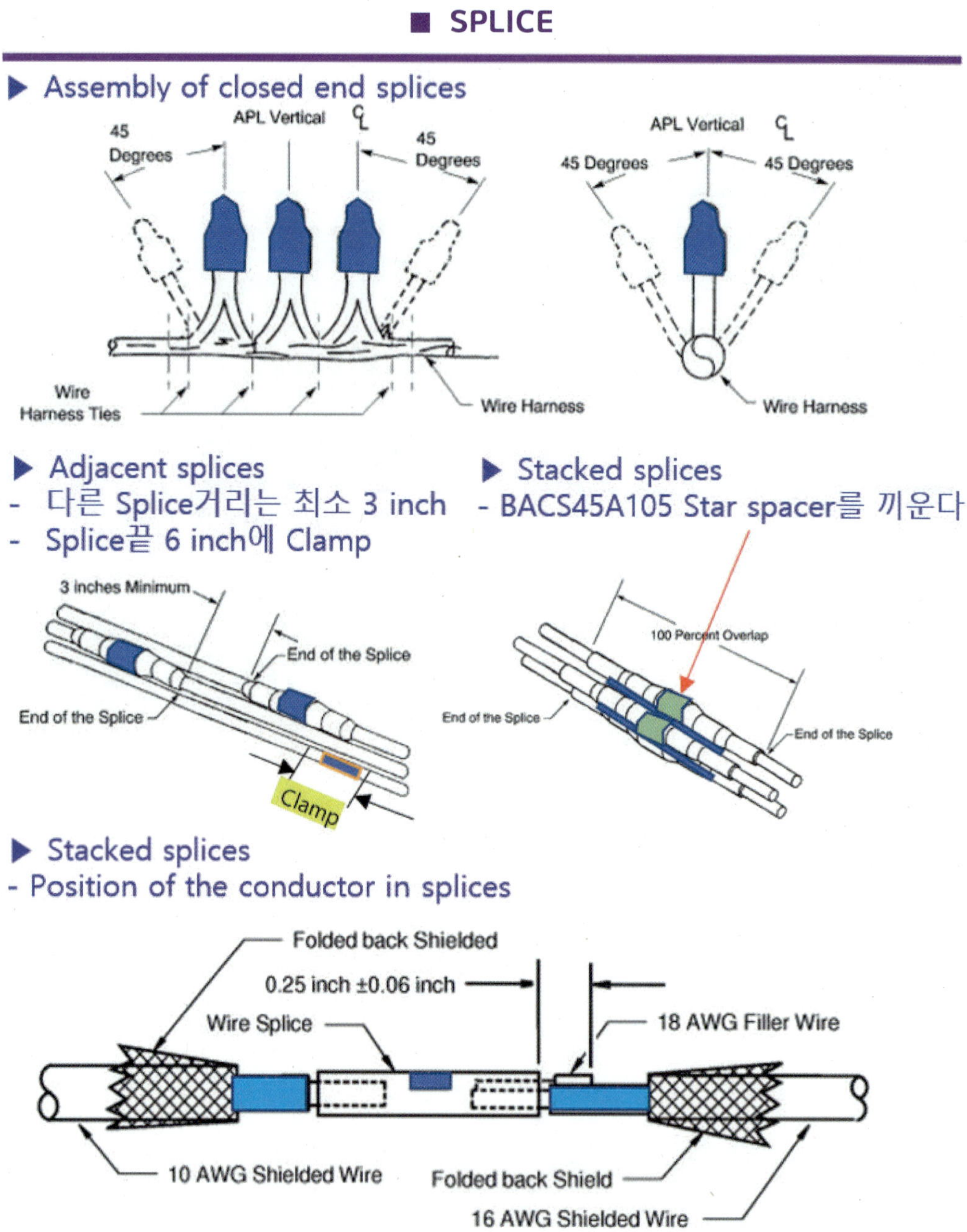

[그림 10-6] SPLICE & TERMINAL 작업

3. Sleeve 작업 ※ SWPM 20-10-18

Skydrol resistant material은 특정 Skydrol area에 있는 Wire bundle에만 사용하고, Fiber glass sleeve의 끝은 Nycote 88 Vanish 또는 Equivalent varnish로 Fiberglass의 Strand가 함께 붙도록 Coating을 해야 한다.

■ HEAT SHRINKABLE SLEEVE

ILLUSTRATION	DESCRIPTION	DECISION
	CORRECT SHRINKING	ACCEPTED
	HEAT-SHRINK SLEEVE LARGER THAN THE RELATED CABLE	REJECTED
	CABLE AND SLEEVE BURNED	REJECTED
	SLEEVE MELTED AND BURNED	REJECTED
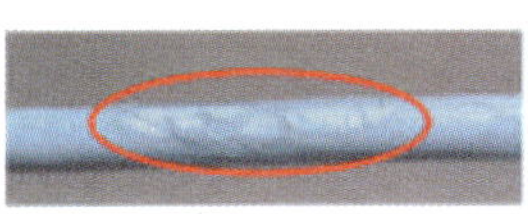	SLEEVE MELTED, NOT BURNED	REJECTED

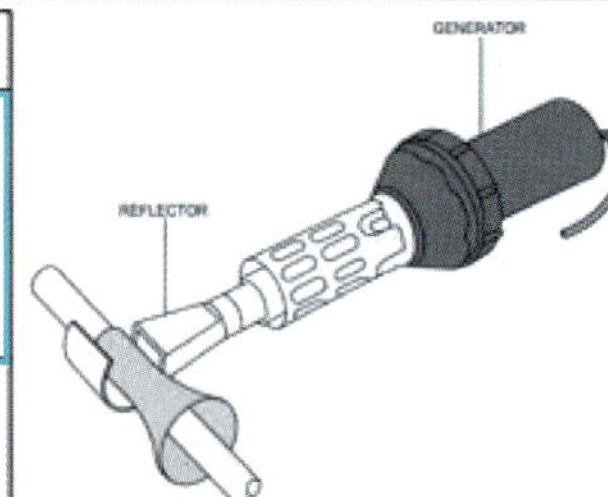

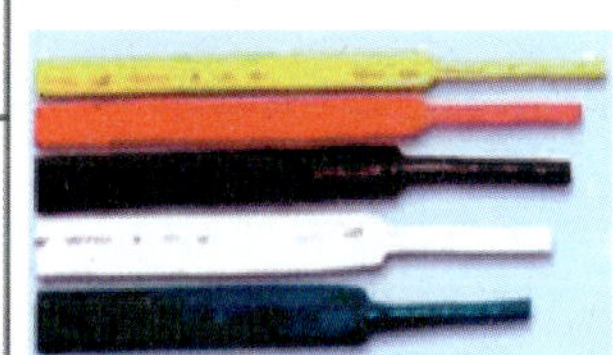

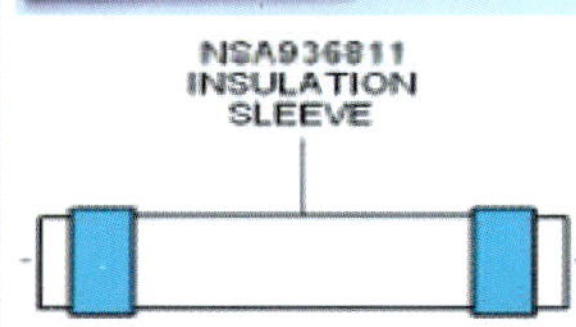

[그림 10-7] SLEEVE 작업

4. Terminal block 작업 ※ SWPM 20-90-10

Terminal block module identification은 Block type, location에 따라 Code로서 Wire diagram에 나타내 준다. 예를 들어서 P/N가 FA3이라면 F는 Block type, A는 Horizontal row, 3은 Vertical column이다.

■ TERMINAL BLOCK MODULE

Boeing Standard	Block Type (Reference)	Terminal Block Module		
		Part Number	Density	Supplier
BACM15C1A	F	YHLZ-22	Standard	Burndy
BACM15C1B	G	YHLZ-44	Standard	Burndy
BACM15C2A	H	YHLZ-8	Standard	Burndy
BACM15C3A	X	YHLZ16-2	High	Burndy
BACM15C3D		421120-450	High	Precision Connector Design
BACM15C3B	Y	YHLZ16-4	High	Burndy
BACM15C3E		421120-452	High	Precision Connector Design
BACM15C3C	Z	YHLZ16-8	High	Burndy
BACM15C3F		421120-454	High	Precision Connector Design

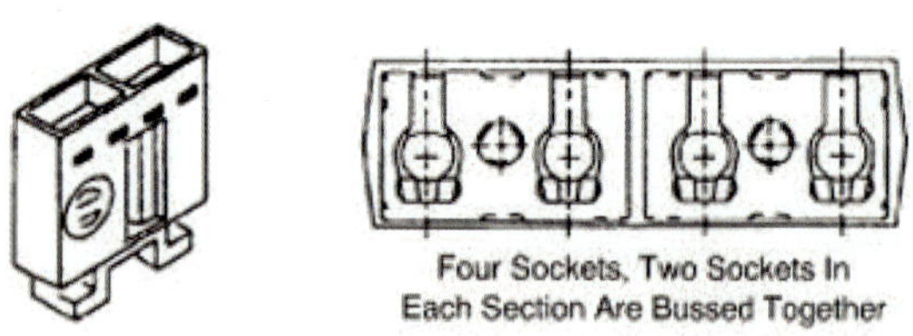

Contact	Removal Tool	Supplier
M39029/11-145	CIET20HDL	Cannon
	DRK-269	Daniels
	M81969/1-02	QPL
	MS3156-20	QPL

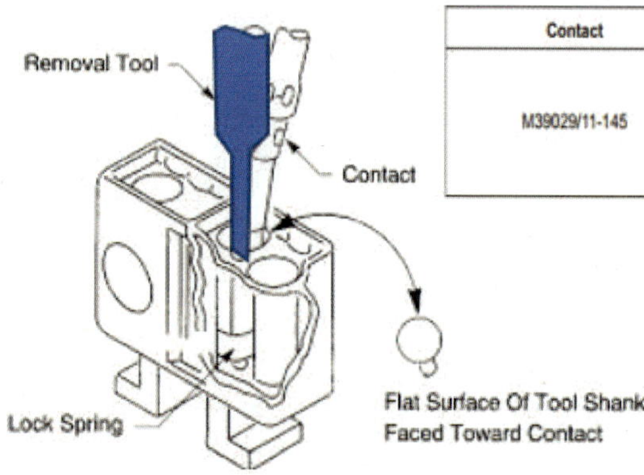

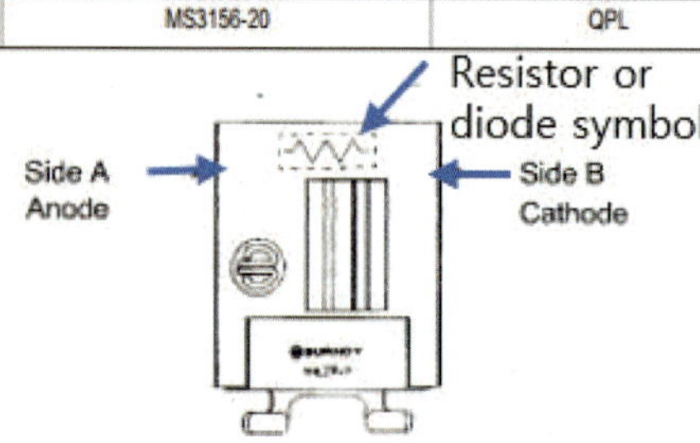

[그림 10-8] TERMINAL BLOCK MODULE 작업

■ SLACK, BURNDY, CLEARNCE, ENDS ETC

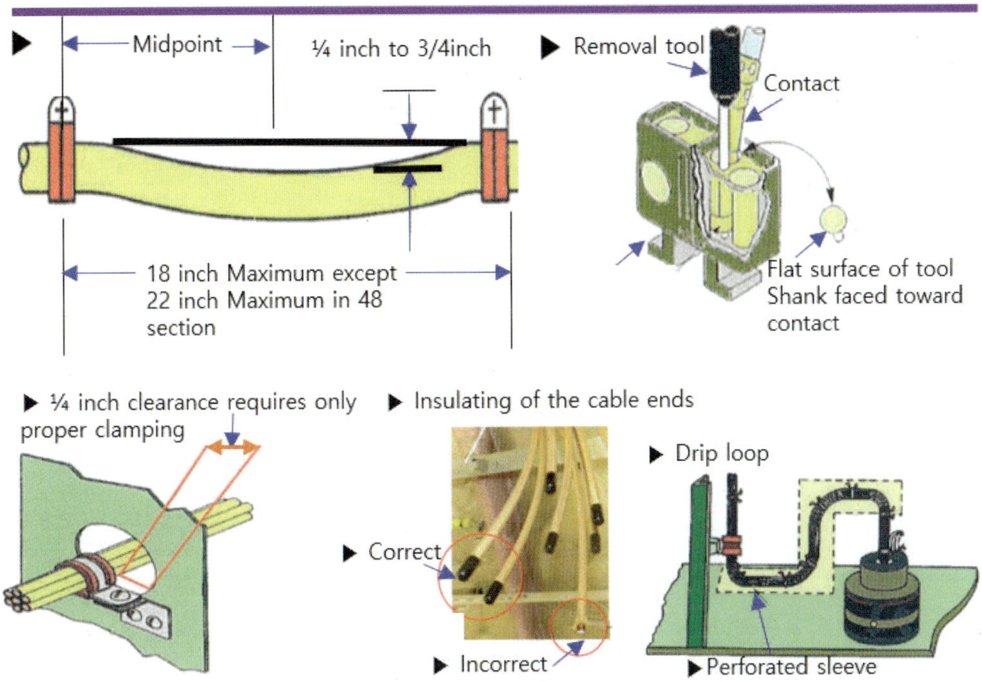

[그림 10-9] SLACK, BURNDY, CLARENCE, END CAP, ETC 작업

■ RACING & TIE, CLAMP WRAP

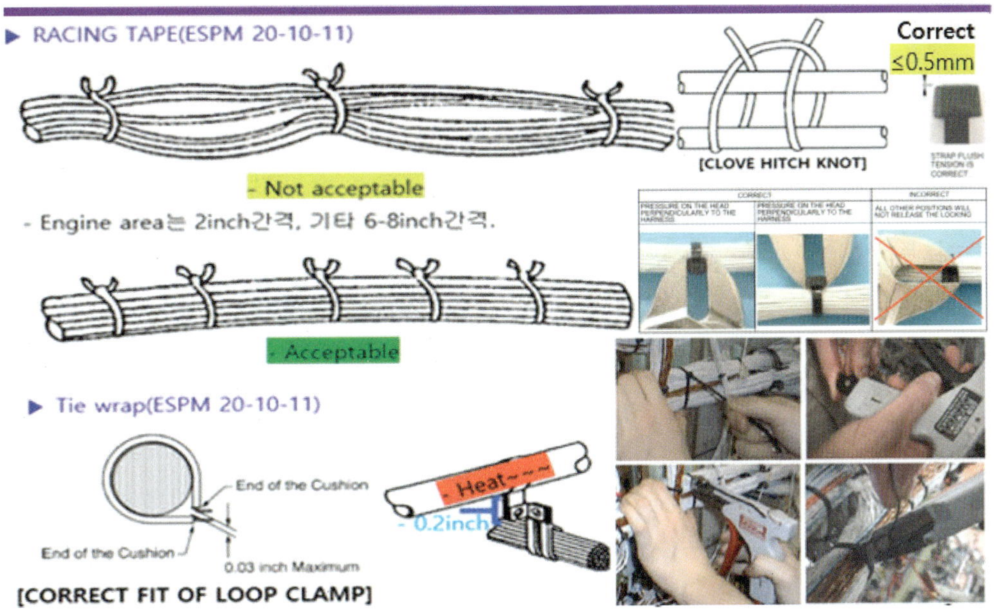

[그림 10-9] RACING & TIE WRAP 작업

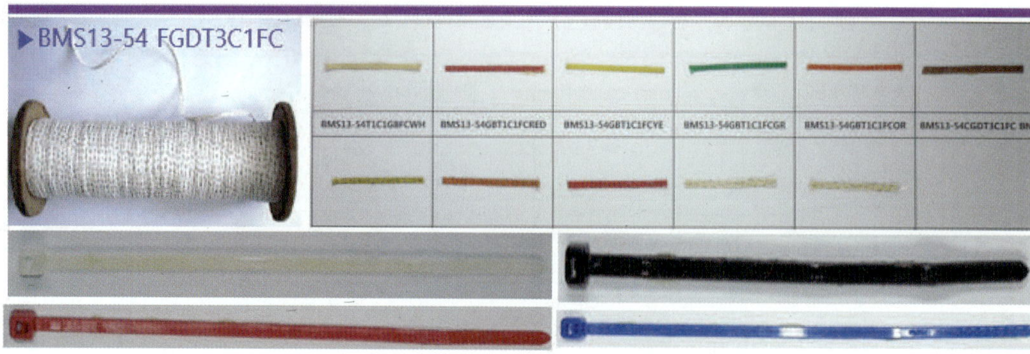

[그림 10-10] RACING & TIE WRAP

■ END CAPS

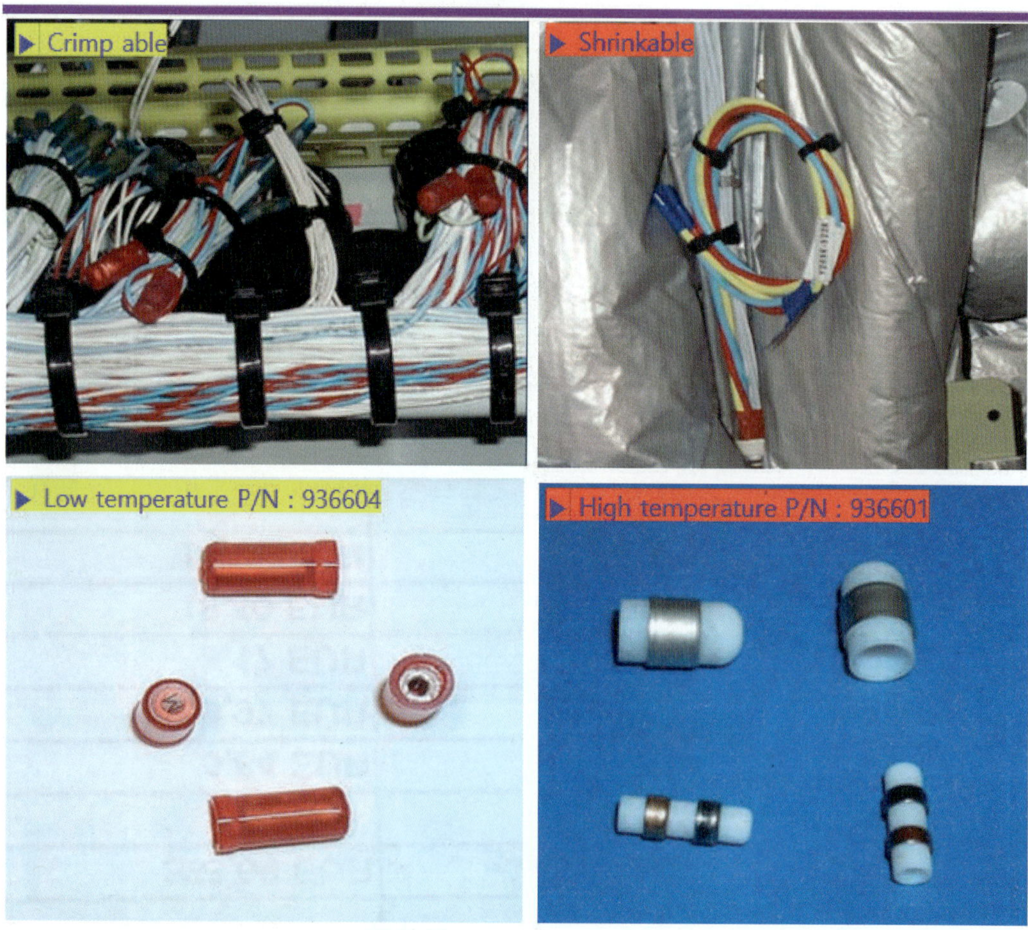

▶ ESPM 20-42-13

[그림 10-11] END CAPS 작업

■ BURNDY PIN교환 작업

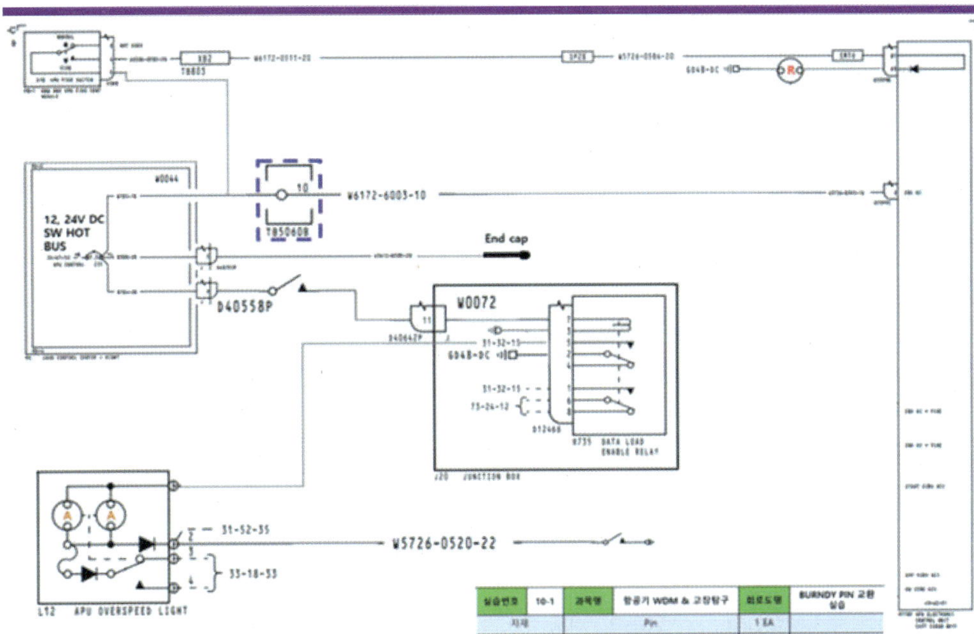

실습번호	10-1	과목명	항공기 WDM & 고장탐구	회로도명	BURNDY PIN 교환 실습
자재		Pin		1 EA	
		Burndy block		1 EA	
		Diode, Lamp		각 3 EA	
공구		Removal/Insert tool			

YD121~124	APU CONTROL-AIRPLANE INTERFACE 49-62-11

▶ SWPM 20-90-10

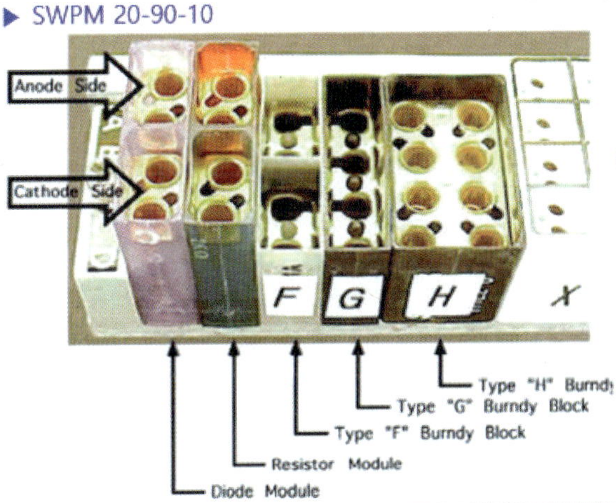

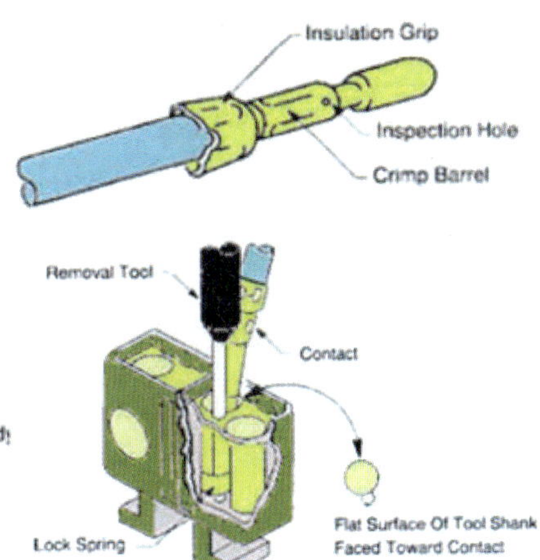

Contact	Removal Tool		
	Handle	Tip	Supplier
BACC47DE()	ATB3062-2	-	Astro
	DHK21	-	Daniels
	J-1276-1	-	Burndy
	ST2220-3-34-1	ST2220-3-34A-3	Boeing
	ST2220-3-34-2	ST2220-3-34A-8	Boeing

[실습번호 10-1] BURNDY PIN 교환작업

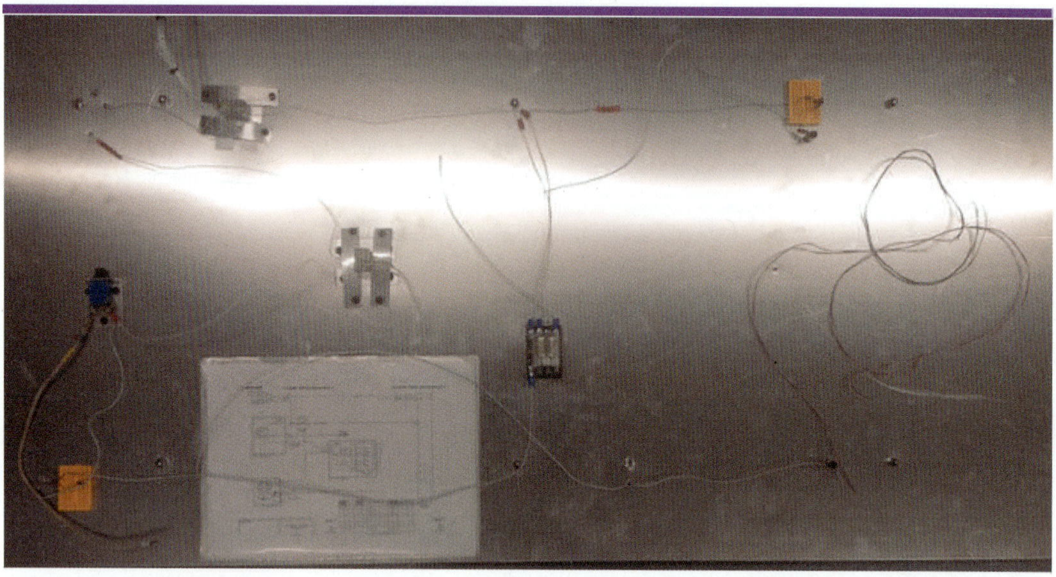

[실습번호 10-1] TERMINAL BLOCK BURNDY PIN 교환작업 KIT

[실습번호 10-1] TERMINAL BLOCK BURNDY PIN 교환작업

[실습목표]

(1) Burndy pin, SWPM, ESPM에 따라 연결작업을 학습한다.

(2) SWPM, ESPM사용 방법을 학습한다.

[도면]

[재료] Burndy pin P/N BACC47DE(), Splice, Terminal etc.

[장비나 공구, Manual] DMC Pin too P/N DRK21, Crimping tool, 기본 공구, SWPM, ESPM.

[안전 및 유의 사항]

(1) Manual 절차를 준수한다.

(2) 정확한 공구를 사용한다.

[실습순서]

(1) Burndy pin수리 절차를 확인한다.

(2) 수리 지역에 맞는(고온, 저온, 진동지역) Splice, Terminal 선택한다.

[관계 지식] 매뉴얼 사용 능력

[평가] Manual에 의거 평가한다.

NOTE

NOTE

Chapter 11

항공기 Contact 작업

- Contact 교환작업

Chapter 11. 항공기 Contact 작업

□ 항공기는 Section 별로 제작되기 때문에 전기 배선도도 Section 별로 만들어져 회로를 연결하기 위해 Connector 들이 많이 필요하게 되고 따라서 One touch로 회로를 장 탈착할 수 있게 되어 있다.

종류로는 MIL-C-26500 계열인 Threaded type coupling(Screw type), Bayonet type coupling 등 기타 RF Coaxial BNC, UHF Type, umbilical connector, DPX 등 여러 가지가 있다. ※ SWPM 20-61-11

Contact 작업은, Avionics 수리 작업뿐만 아니라, E.O 작업등 시스템 개선작업에서도 많이 수행하는 작업이며 결함도 다른 종류에 비해 비교적 빈번하게 발생한다.

[그림 11-1] CONTACT R/I TOOL

▶ Plug, terminal block, connector, push button sw removal tools

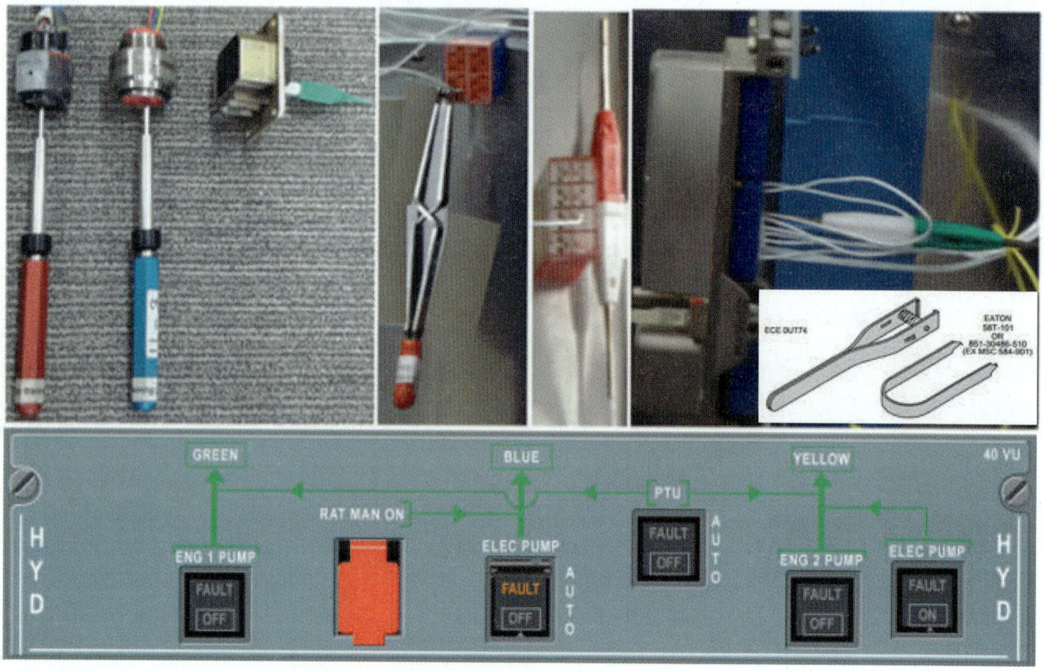

[그림 11-2] CONTACT R/I TOOL EXAMPLE

■ Plug 장탈착. ☞ ESPM 20-44-10, SWPM 20-60-06참조

▶ Blue, Red선이 안보일 때까지 돌린다. ☞ Band는 안보일 때까지, Strips는 Align될 때까지 돌린다.

① Screw type

▶ Bayonet type은 딱 소리가 나면 된다.

① Make sure the strips aligned.

② Make sure the locking stud is visible.

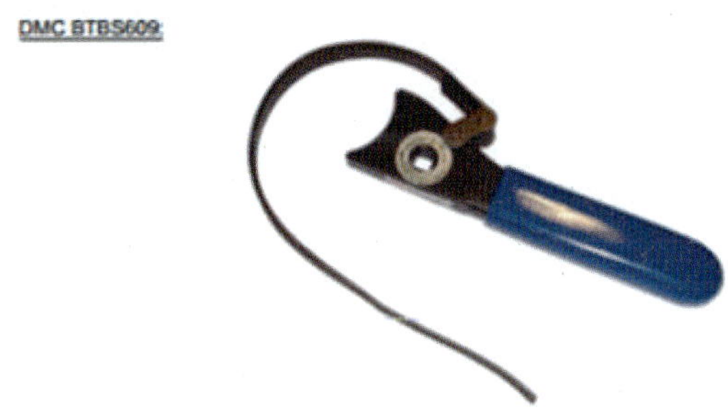

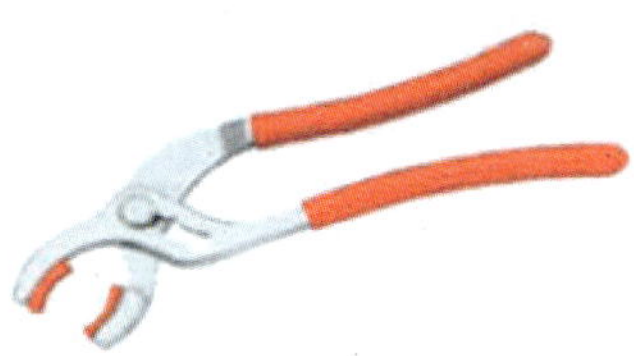

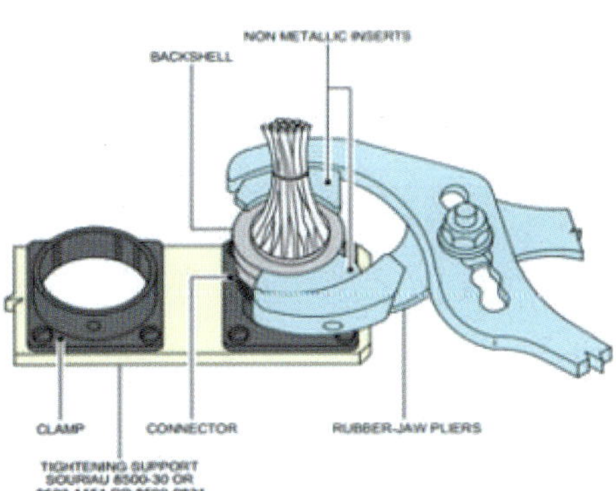

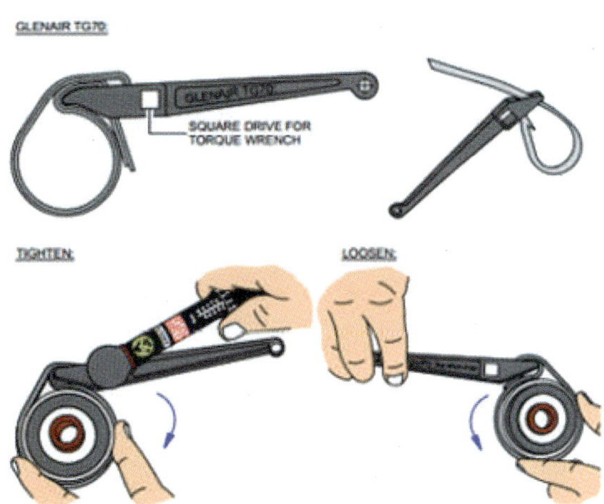

[그림 11-3] PLUG 장착 방법

■ CONNECTORS

▶ Round body connector

Contact Engaging End Size	Removal Tool
20	M81969/19-06
16	M81969/19-01

▶ ITT Cannon(DPX, DPD, DPA)

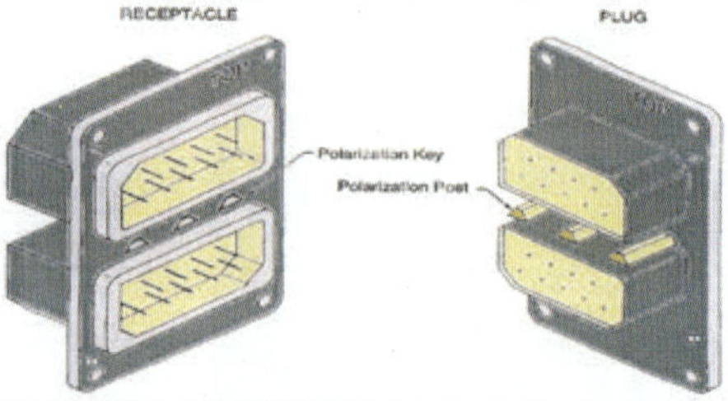

Crimp Barrel Size	Removal Tool
8	CET8-2
22	CIET22DPXMA
	M81969/1-01
	MS3156-22

▶ BURNDY Block

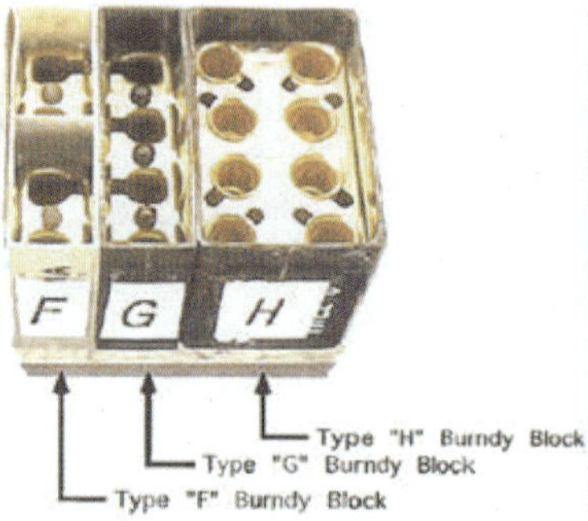

Contact	Removal Tool		
	Handle	Tip	Supplier
BACC47DE( )	ATB3062-2	-	Astro
	DMK21	-	Daniels
	J-1276-1	-	Burndy
	ST2220-3-34-1	ST2220-3-34A-3	Boeing
	ST2220-3-34-2	ST2220-3-34A-8	Boeing

▶ ARINC 600

Contact Size		Removal Tool
Engaging End	Crimp Barrel	
22	22	282-890
		8660-162
		ATB02054
		CET-BKAF-22S
		CET-DPXMA-22
		CIET-22
		DRK2663
		DRK266J
		M81969/1-01
		MS3156-22

▶ BURNDY S280W555-( )

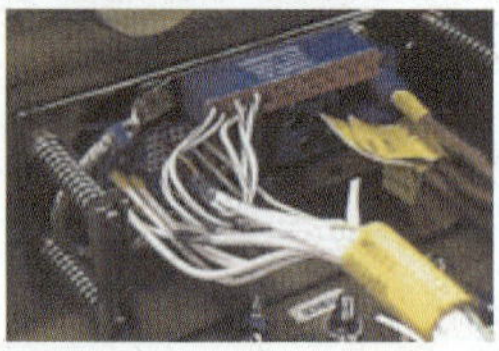

Crimp Barrel Size	Removal Tool	
	Part Number	Color
20	ATR 2080 BAC	-
	ATR 2079 BAC	-
	M81969/14-11	White
	RRX208	-
18	M81969/14-11	White

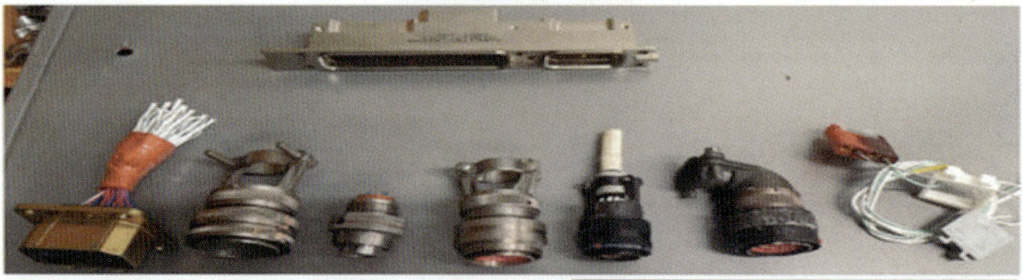

[그림 11-4] PLUG & RECEPTACLE

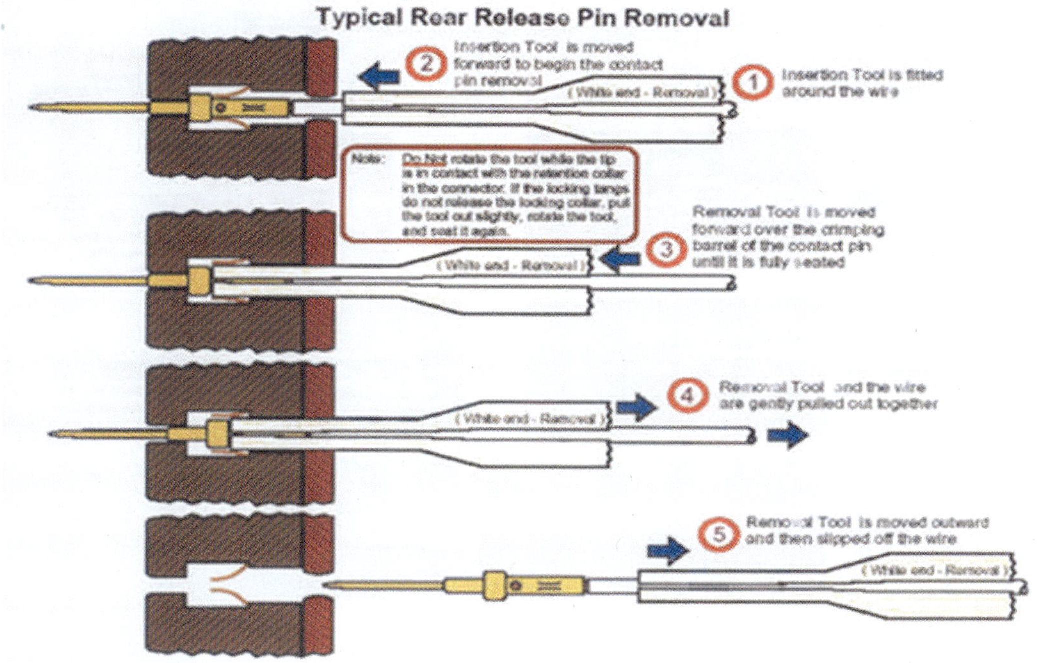

[그림 11-5] CONTACT REMOVAL

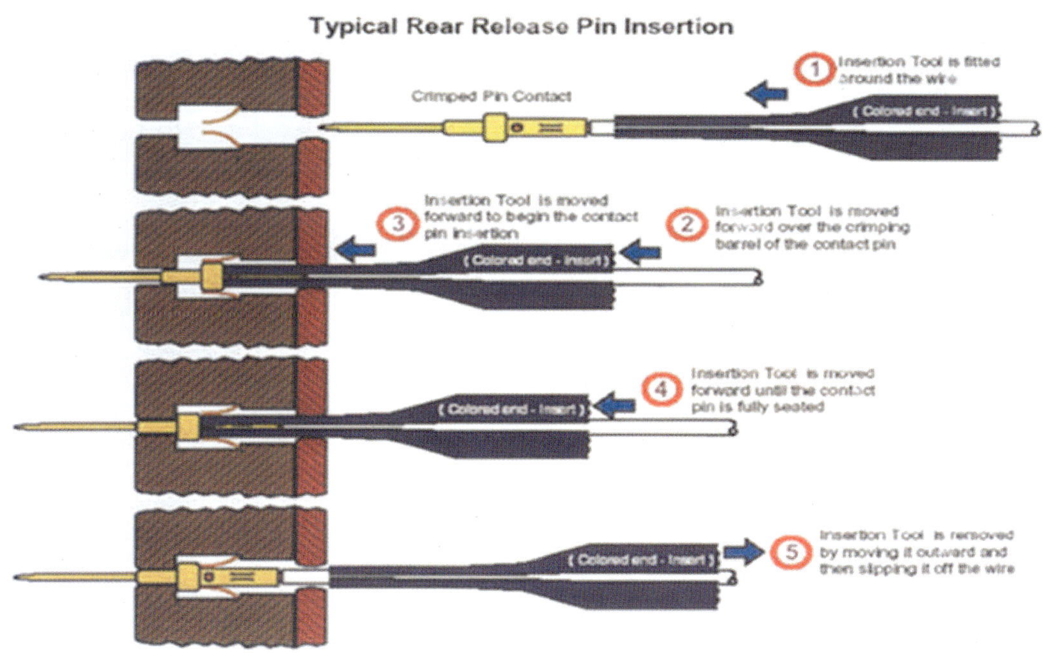

[그림 11-6] CONTACT INSERTION

▶ Wire striping with tool

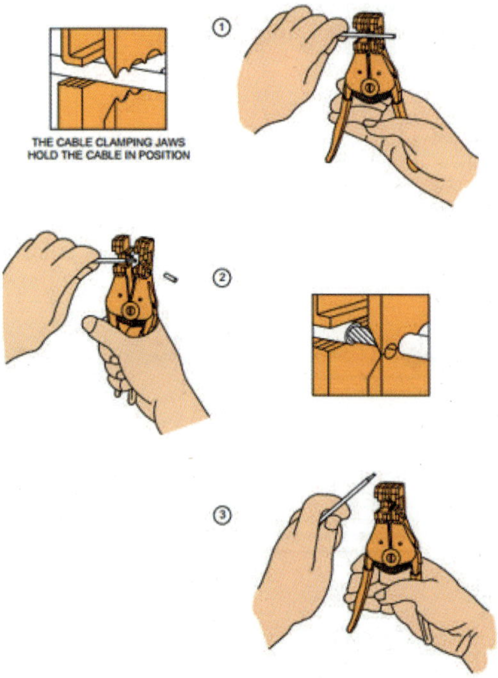

▶ Wire striping with scapel

① MAKE A CIRCULAR NOTCH ON THE CABLE INSULATION

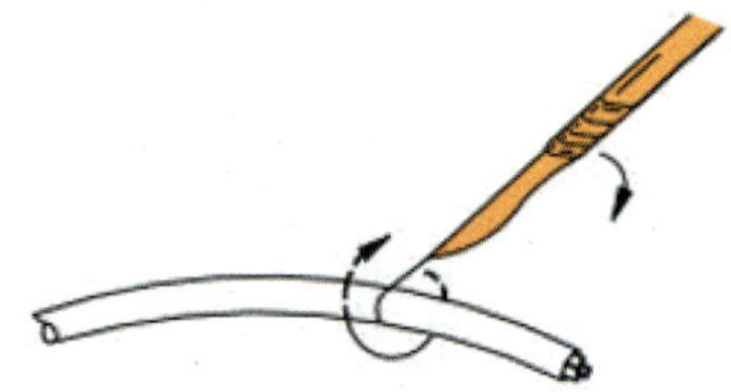

② DIRECTION OF FOLDING TO BREAK THE INSULATOR

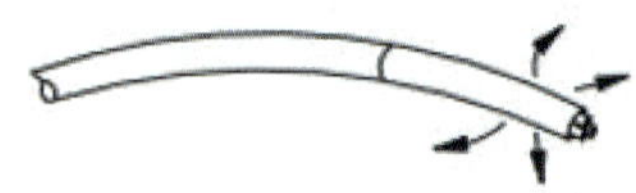

③ SLIDE THE INSULATION TO REMOVE IT

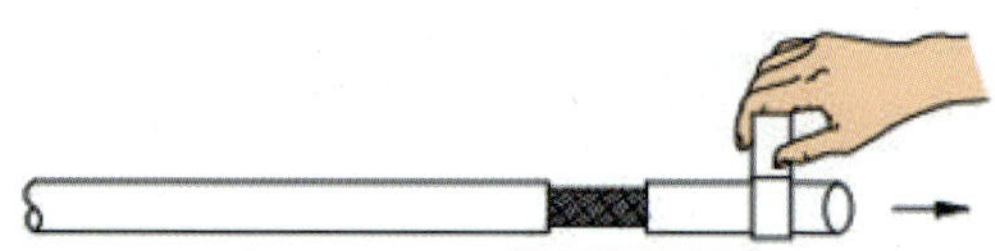

Illustration of defect	Description	Decision	Limits
	BRAIDING STRAND CUT NOT PERPENDICULAR	UNACCEPTABLE	-
	CORE MARKED ALONG A GENERATING LINE	UNACCEPTABLE	COPPER OR ALUMINUM VISIBLE
	BRAIDING UNSTRANDED	UNACCEPTABLE	-
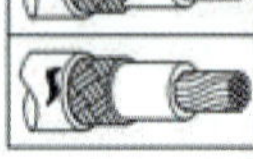	MARK ON INSULATING TUBING	UNACCEPTABLE	POLYIMIDE VISIBLE
	RESIDUAL INSULATOR ON BRAIDING STRANDS	ACCEPTABLE	L < 1mm
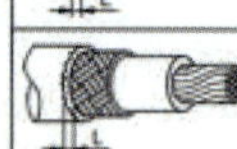	TUBING CUT TORN	ACCEPTABLE	L < 1mm
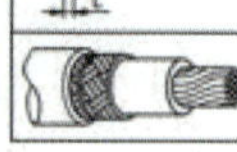	BRAIDING STRANDS NOTCHED	ACCEPTABLE	COPPER OR ALUMINUM VISIBLE

ILLUSTRATION OF DEFECT	DESCRIPTION	DECISION
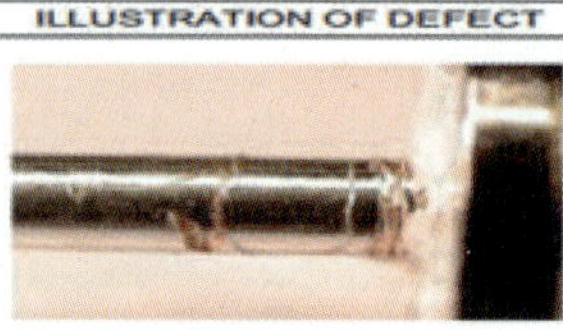	CONDUCTOR OF THE CABLE DAMAGED BY THE SCALPEL DURING THE STRIPPING.	REJECTED

[그림 11-7] WIRE STRIPPING

A. Contact crimping tool (M22520/1-01)

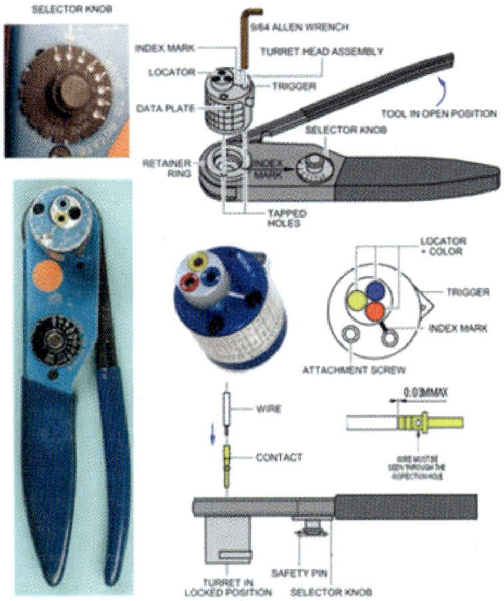

B. Contact crimping tool (M22520/2-01)

The M22520/2-01 basic crimp tool is designed with eight die closures that are changeable by a selector knob for ***AWG 20 through AWG 32*** with positive ratchet action.

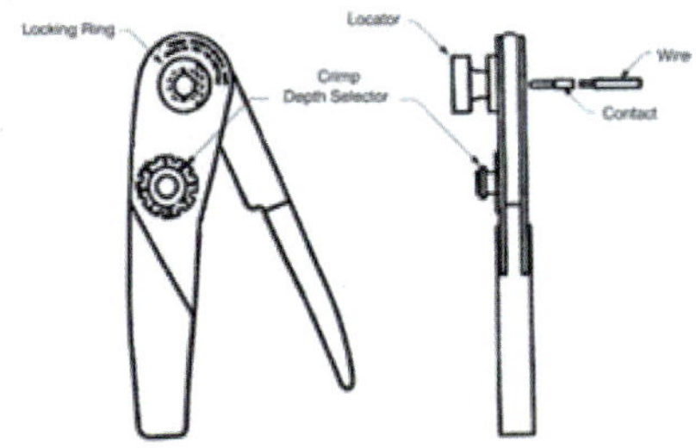

C. Procedure

(a) 준비된 전선의 도선을 Contact에 넣고 Inspection hole을 통해 도선이 보이는지 확인 한다.

(b) Contact crimp barrel 밖으로 도선 가닥이 빠져 나온 게 있는지 확인 한다.

(c) Contact을 Locator에 끼우고 Tool로 압착한다.

결함	내용	GO/NO	결함	내용	GO/NO
	CONTACT PRESENT, NO DAMAGE CAUSED BY CRIMPING	ACCEPTED		STRAND OUT OF THE CRIMPING BARREL	REFUSED
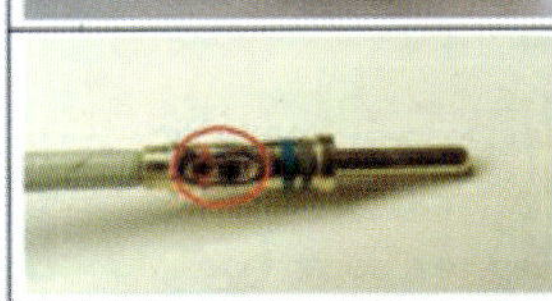	ELECTRICAL CRIMPING INDENT NOT IN THE CORRECT POSITION ON THE BARREL	REFUSED	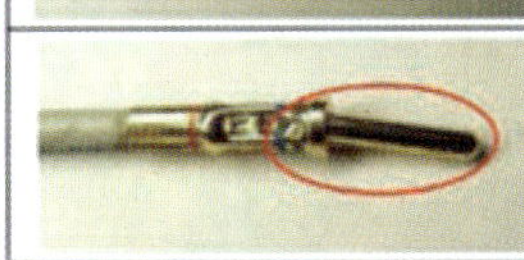	BENDING CAN BE SEEN WITH NAKED EYES	REFUSED
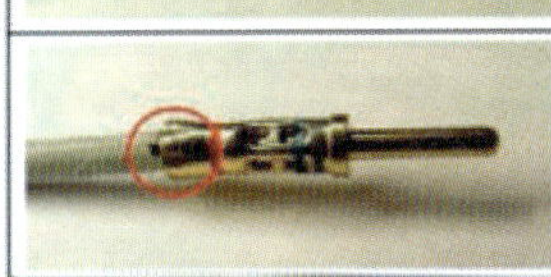	BAD SHAPE OF THE SEALING CRIMPING	REFUSED			

[그림 11-8] CONTACT CRIMPING

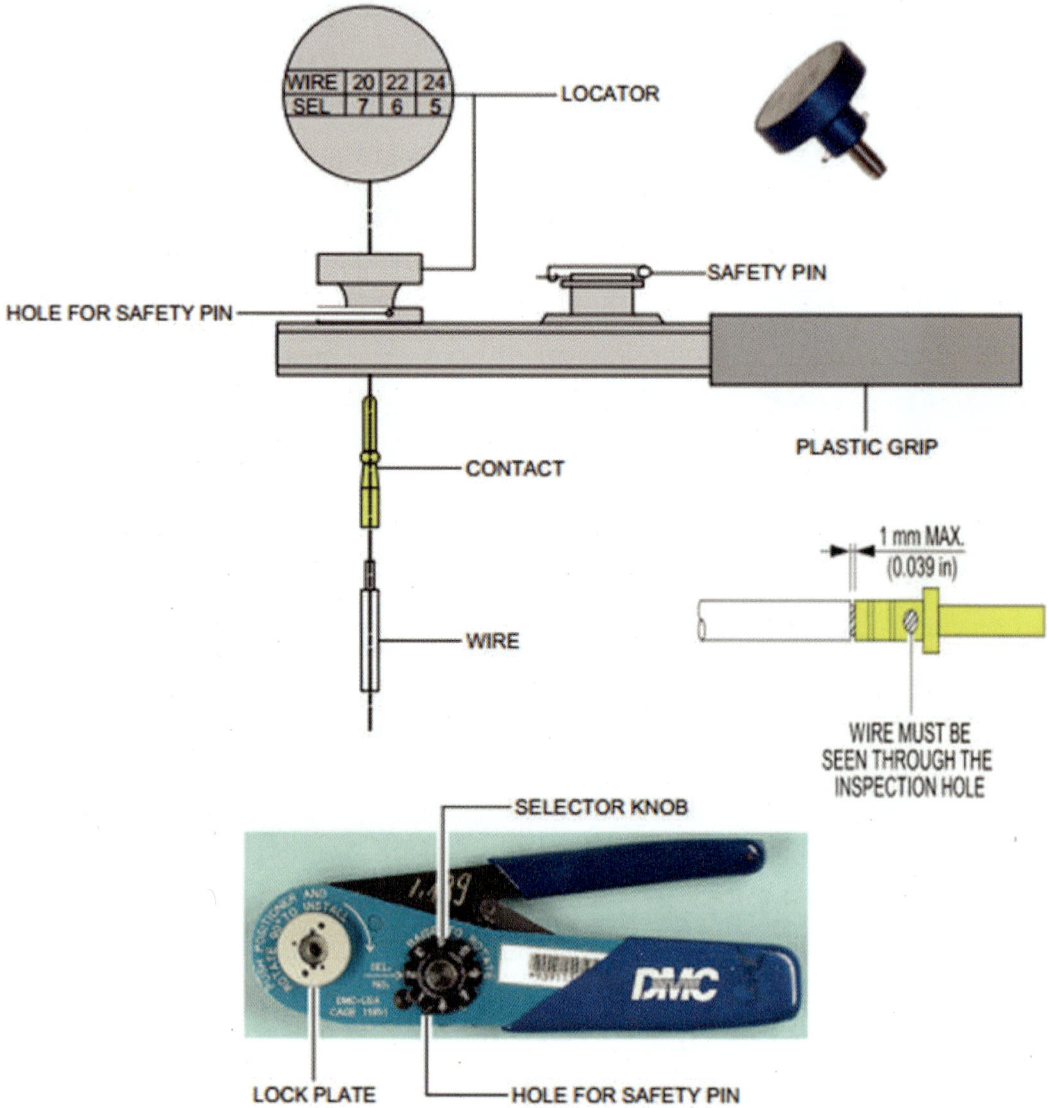

[그림 11-9] CONTACT CRIMPING

■ B737 AUTOMATIC LOAD SHED GALLEYS

실습번호	11-1	과목명	항공기 WDM & 고장탐구	회로도명	Contact 교환작업
자재		Pin contact		1EA	
		Socket contact		1EA	
		LED		1EA	
공구		Removal tool			
		Insert tool			
적용 Manual		SWPM		20-61-11	

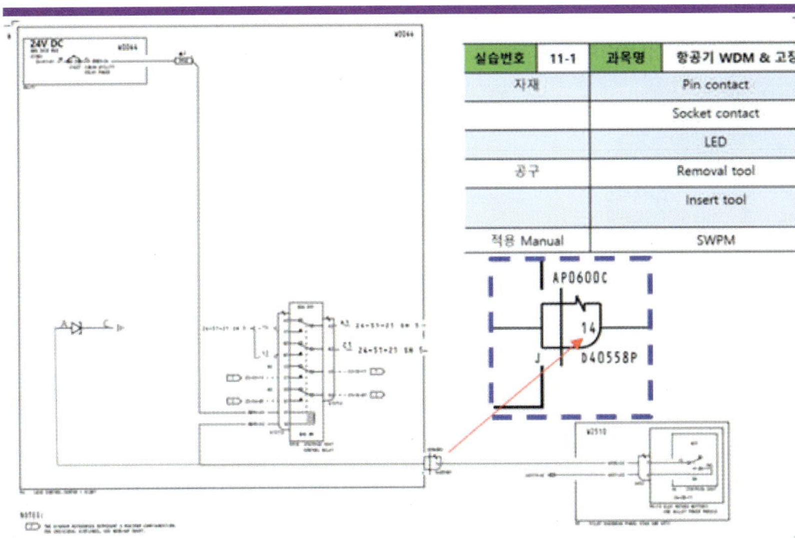

YD121~124	AUTOMATIC LOAD SHED GALLEYS 24-28-41

[실습번호 11-1] CONTACT 교환작업

■ CONTACT 교환작업

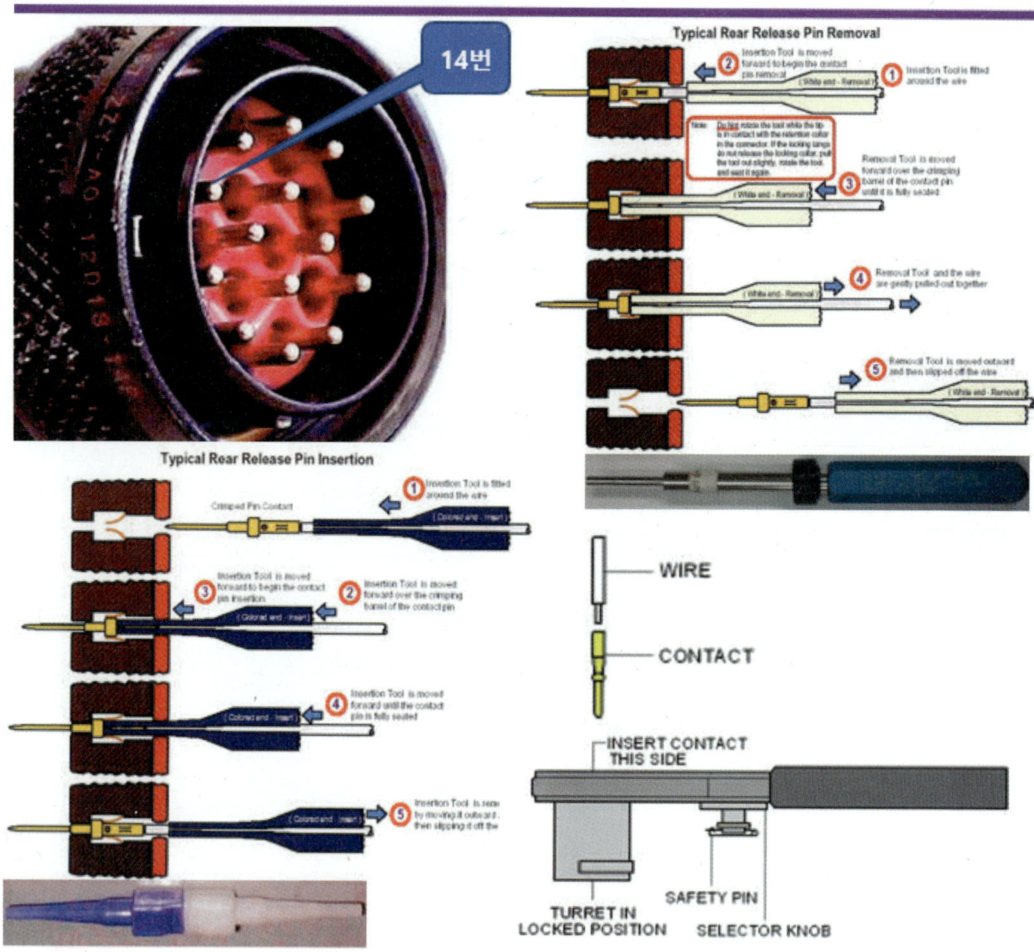

[실습번호 11-1] CONTACT 교환작업

■ 실제 작업사례

HL7889 (PAX)	**2023년 02.21일(화) "F/CTL FLAP SYS 1 DM" MSG Display 되어 NIS Defer (3 F/C) 후 운항 중 02.23일(목) 부품 입고로 교환하였으나 결함 동일하여 고장탐구 및 결함 해소를 위해 Ground 조치 하고 후속 OX212(ICN-SFO/STD 2040)편을 HL8880/A350 항공기로 변경과정에 TC 01+53분, AT 00+17분, Total 02+10분 지연 운항함** **Part (Y Flap PCU Hydraulic Motor, Y Flap PCU) 및 SFCC1 타 항공기와 교환 후 결함 동일하여 원상.** **2023년02월 25(토) 주간까지 Wiring (SFCC -> Manifold 간 Wire) 점검 중 (E/E 좌측 후방) 1100VC247 Connector Pin 3번 Pin 이 두께가 얇은 Pin으로 장착되어 있어 교환" 후 정상 동작함.**   BACC47CP2S  BACC47CP3S
관련사항	- Contact P/N. - Visual check.

[실습번호 11-1] Contact 교환작업

[실습목표]

(1) Contact 교환방법을 학습한다.

(2) Manual crimping tool 사용 방법을 학습한다.

[도면]

[재료] BACC47CN1S Pin contact/BACC47CP1S Socket contact.

[장비나 공구, Manual] DMC Pin tool, Crimping tool, 기본 공구. SWPM, ESPM.

[안전 및 유의 사항]

(1) Manual 절차를 준수한다.

(2) 정확한 공구를 사용한다.

[실습순서]

(1) 수리 절차를 확인한다.

(2) Pin, Socket contact를 선택한다.

[관계 지식] 고장탐구, 매뉴얼 사용 능력

[평가] Manual에 의거 평가한다.

NOTE

NOTE

Chapter 12

항공기 고장탐구 실습 I

- WDM Wire P/N 찾기 & 교환 실습
- Reading light 제작 실습

Chapter 12. 항공기 고장탐구 실습 I

□ 항공기 고장탐구 실습 I, II, III에서는 현장에서 가장 빈번하게 발생하는 3가지 결함에 대한 P/N 찾기 실습을 하나씩 해 보기로 한다.
먼저 WDM을 보고 Wire P/N를 찾는 것이다. ※ SWPM 20-00-13
절차는, 다음과 같다.

1. WDM W2101-0018-20->W2101->PK WTC-> SWPM 20-00-13 WT-> BMS13-48 TYPE 10 CLASS I GAGE 20 (SAP에는 T10, C1, G20 등 축약해서 등록되어있다)

■ B737 AUTOMATIC LOAD SHED GALLEYS

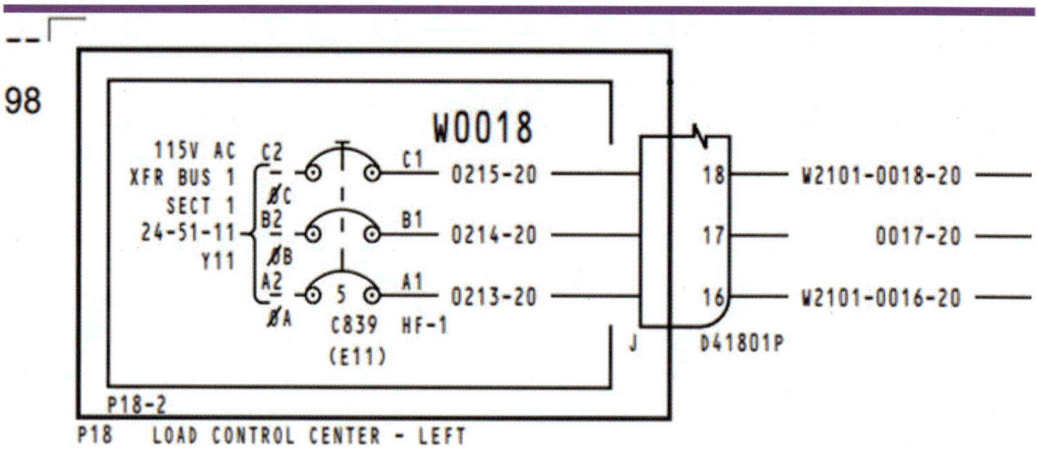

[그림 12-1] WDM WIRE P/N 찾기

■ B737 HF COMMUNICATIONS NO.1 (LEFT)

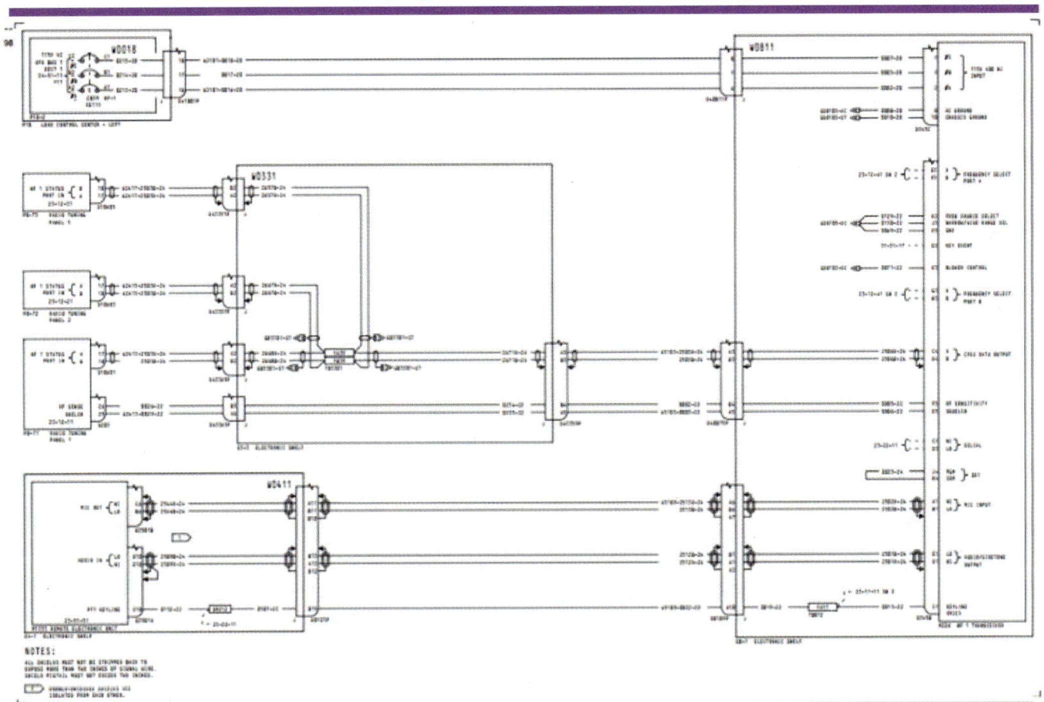

YD121~150	HF COMMUNICATIONS NO. 1 (LEFT) 23-11-11

[그림 12-2] WDM WIRE P/N 찾기

■ WIRE P/N 찾기

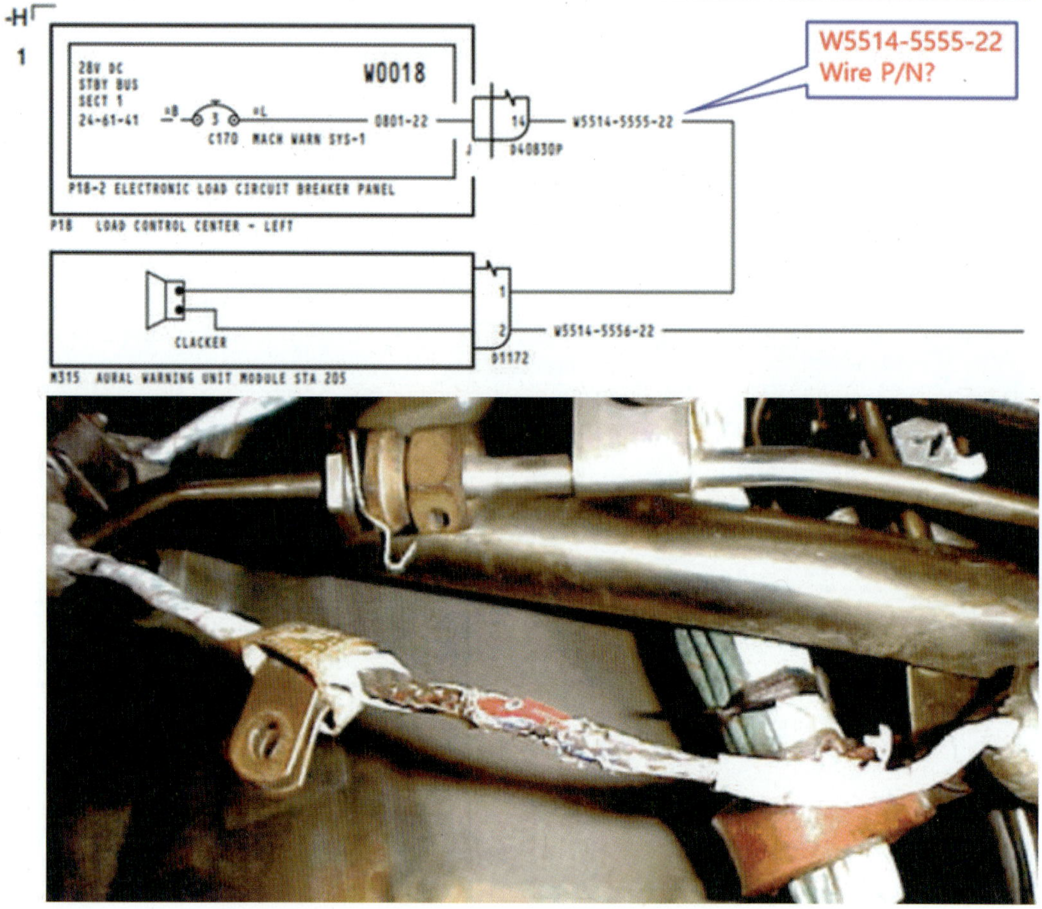

[실습번호 12-1] WDM WIRE P/N 찾기 & 교환 실습

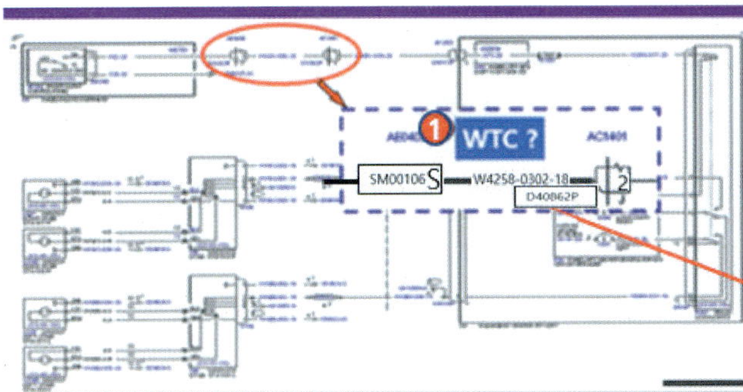

91-02-00 - - Circuit Breaker List
91-04-00 - - Bracket List
② 91-21-11 - - Wire List
91-21-12 - - Spare Wire List
91-21-13 - - Master Bundle List
91-21-21 - - Ground List
91-21-31 - - Splice List
91-21-41 - - Terminal Strip List
91-21-51 - - Hookup List

W4258-0302-18

③

YD121-YD126, YS501-YS502	B747 LIGHTS LOGO 33-25-61

Bundle No. / Wire No.	Part Number GA	CO	TY Fam	Description FT-IN	Diagram	From Equip	Term	Type	Splice	To Equip	Term	Type	Splice	Effectivity
W4258	286A4258			AB0340B DISCONNECT TO RIGHT AFT OVERHEAD (continued)										
0301	18		PA	11-8	33-25-61	SM00108		S		D40862P	1			YH601-YH606
0301	18		PA	5-4	33-25-61	SM00108		S		D40862P	1			YS501-YS502
0302	18		PA	5-4	33-25-61	SM00106		S		D40862P	2			YD121-YD126, YS501-YS502

④

Wire Type Code	7()7 Model Wiring Diagram Manual						Wire Specification or Part Number	Number of Conductors	Notes
	2	3	4	5	6	7			
PA	2	3	4	5	6	7	BMS 13-48 Type 10 Class 1	01	

실습번호	12-1	과목명	항공기 WDM & 고장탐구	회로도명	Wire P/N찾기
자재					
공구					
적용 Manual		WDM, SWPM		91-21-11 20-00-13	

P/N : BMS13-48T10CL1 G20
SAP에 신청한다.

[실습번호 12-1] WDM WIRE P/N 찾기 & 교환 실습

■ B777 PASSENGER READING LIGHTS

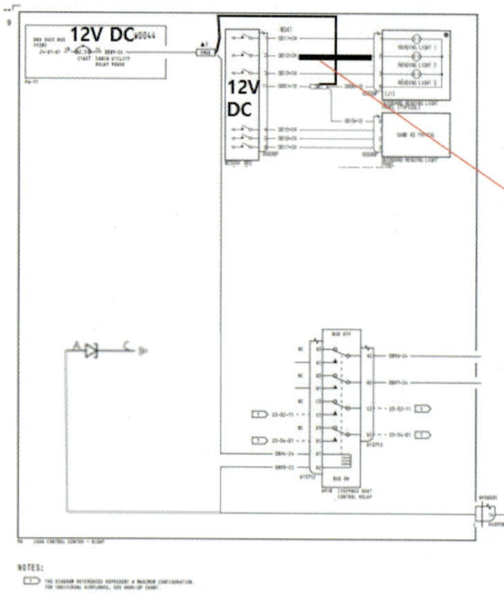

실습번호	12-1	과목명	항공기 WDM & 고장탐구	회로도명	Wire 교환 & R/L회로 작업
자재	Socket/pin contact			1 EA	
전선	AWG 24			3 feet	
공구	Hand crimping tool				
	Removal tool				
	Insert tool				
적용 Manual	SWPM			20-61-11	

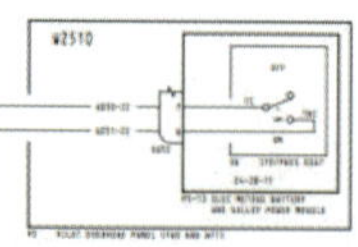

104-105	B777 PASSENGER READING LIGJHTS 33-23-11

[실습번호 12-1] WDM WIRE P/N 찾기 & 교환 실습

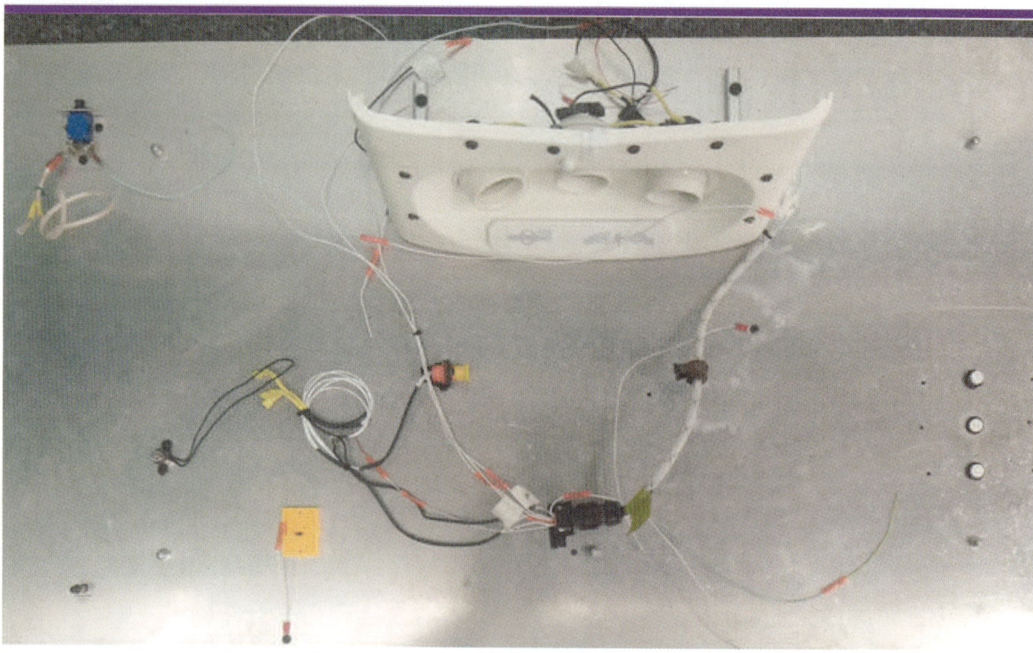

[실습번호 12-1] WDM WIRE P/N 찾기 & 교환 실습/READING LIGHTS KIT

[실습번호 12-1] WDM WIRE P/N 찾기 & 교환 실습

[실습목표]

(1) WDM을보고 Wire P/N 찾기를 학습한다.

(2) Wire 교환 방법을 학습한다.

[도면]

[재료] 전선 BMS13-48 TYPE 10 CLASS I GAGE 20

[장비나 공구, Manual] DMC Pin tool, WDM, SWPM.

[안전 및 유의 사항]

[실습순서]

(1) 찾고자 하는 Wire#를 지정한다.

[관계 지식] WDM, SWPM 매뉴얼 사용 능력

[평가] Manual 사용 능력을 평가한다.

NOTE

Chapter 13

항공기 고장탐구 실습 Ⅱ

- WDM Contact P/N 찾기 실습
- Contact 교환 실습
- Bundle routing 실습

Chapter 13. 항공기 고장탐구 실습 Ⅱ

□ 항공기 고장탐구 실습 I, II, III에서는 현장에서 가장 빈번하게 발생하는 3가지 결함에 대한 P/N 찾기 실습을 하나씩 해 보기로 한다.
두 번째는 WDM을 보고 Contact P/N & 공구를 찾는 실습이다.
절차는 다음과 같다.

1. WDM EQUIPMENT LIST D41801P-> BACC45FT10A5S9 -> SWPM CRI B -> BACC45FT( ) -> 20-61-11 -> BACC45FT -> 11PAGE-> BACC45FT-> INSERT CONFIGURATION 10-5에서 CONTACT SIZE를 찾는다. -> CONTACT SIZE 20번 -> CONTACT P/N 찾는다. -> CONTACT P/N에서 CONTACT SIZE 20번-> SOCKET 3개 중 하나 선택 BACC47CP1A.
그리고 Plug P/N 구조는, 여러 가지가 있으나, 여기서는 많이 사용하는 Bayonet type과 Threaded type 두 가지만 알아보자. 단, 다른 것도 유사하다.
※ SWPM 20-61-11

■ BAYONET, THREADED CONNECTOR P/N 구조

▶ Bayonet

BACC45FN 15 – 3 P 7
1 2 3 4 5 6

① **Basic number:** FN Receptacle FT Plug
② **Shell size:** Connector직경, 단 숫자가 실제 직경은 아님.
1 증가시 1/16inch씩 커짐.
③ **Cable clamp:** -없음
④ **Insert configuration:**
⑤ **Contact type:** P=Pin S=Socket
⑥ **Alternate key position:** Normal시 N또는 Blank

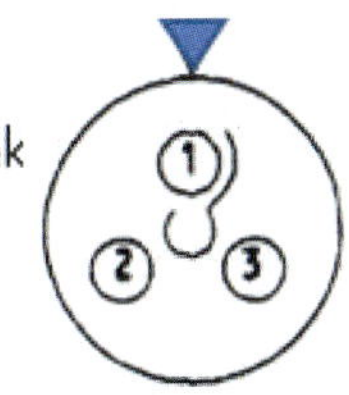

12-3

12-12

▶ Threaded

BACC45FM 15 – 3 P 7
1 2 3 4 5 6

① **Basic number:** FM Receptacle FS Plug
② **Shell size:** Connector직경, 단 숫자가 실제 직경은 아님.
1 증가시 1/16inch씩 커짐.
③ **Cable clamp:** -없음
④ **Insert configuration:**
⑤ **Contact type:** P=Pin S=Socket
⑥ **Alternate key position:** Normal시 N또는 Blank

[그림 13-1] PLUG P/N 구조

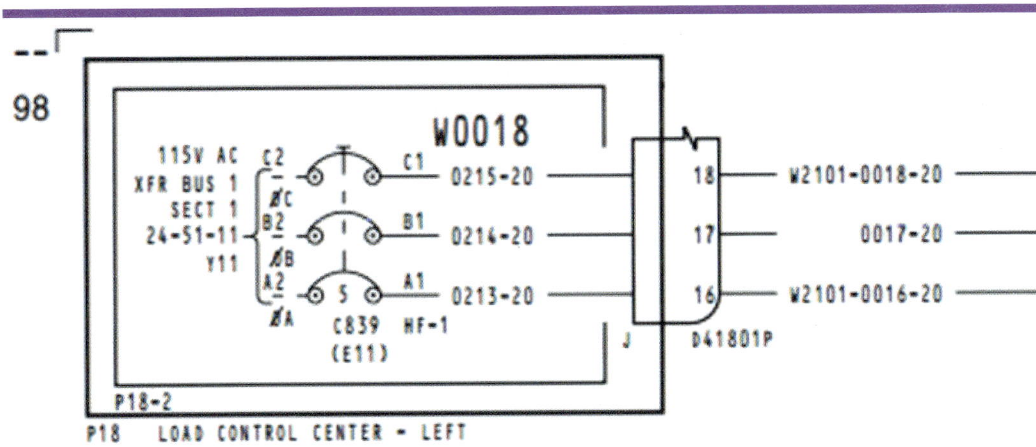

[그림 13-2] WDM CONTACT P/N 찾기

■ B737 HF COMMUNICATION NO.1

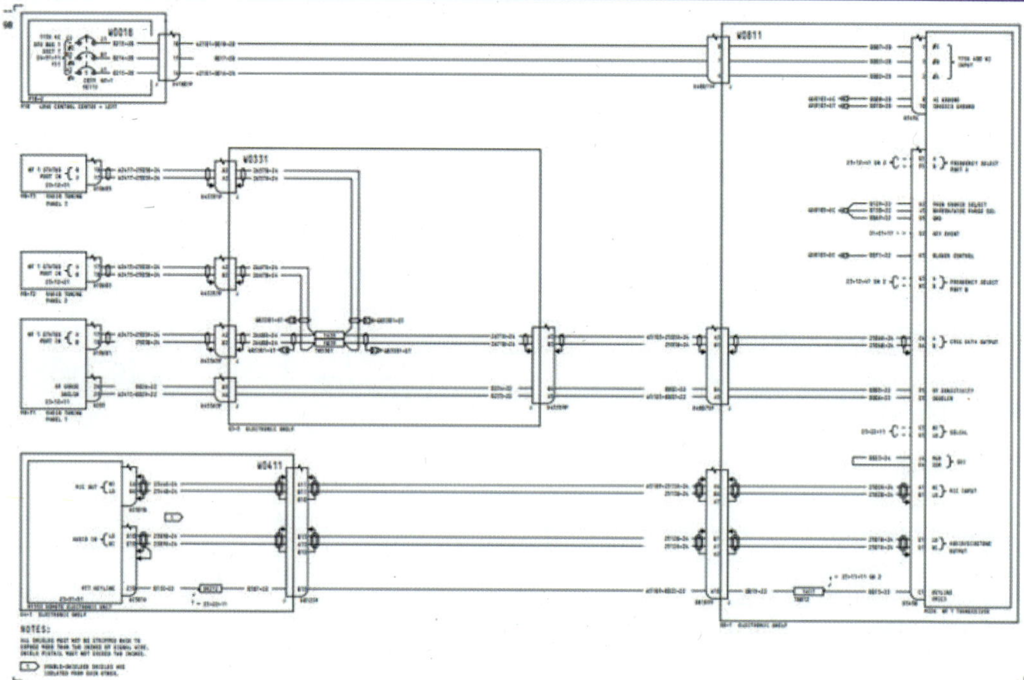

YD121~150	B737 HF COMMUNICATIONS NO. 1 23-11-11

[그림 13-3] WDM CONTACT P/N 찾기

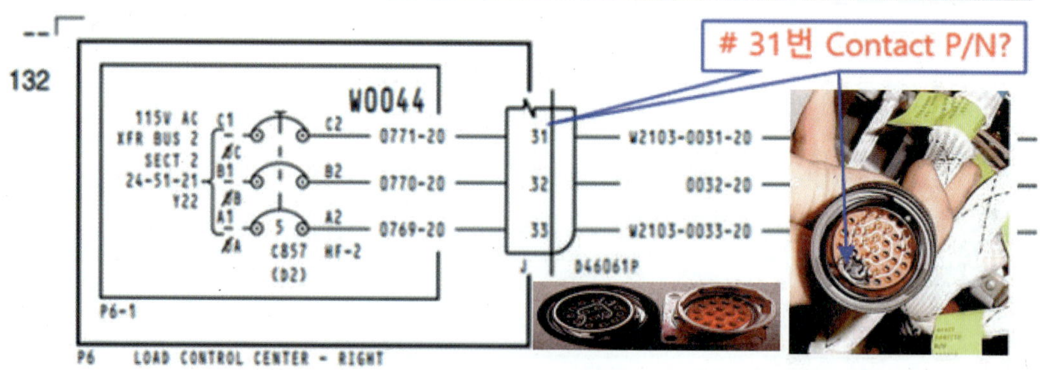

[실습번호 13-1] WDM CONTACT P/N 찾기 실습

실습번호	13-1	과목명	항공기 WDM & 고장탐구	회로도명	Contact P/N찾기
자재		MBF, AIRNAV		-	
공구		-			
적용 Manual		WDM, SWPM		91-21-11 20-10-11	

■ B747 LOGO LIGHTS

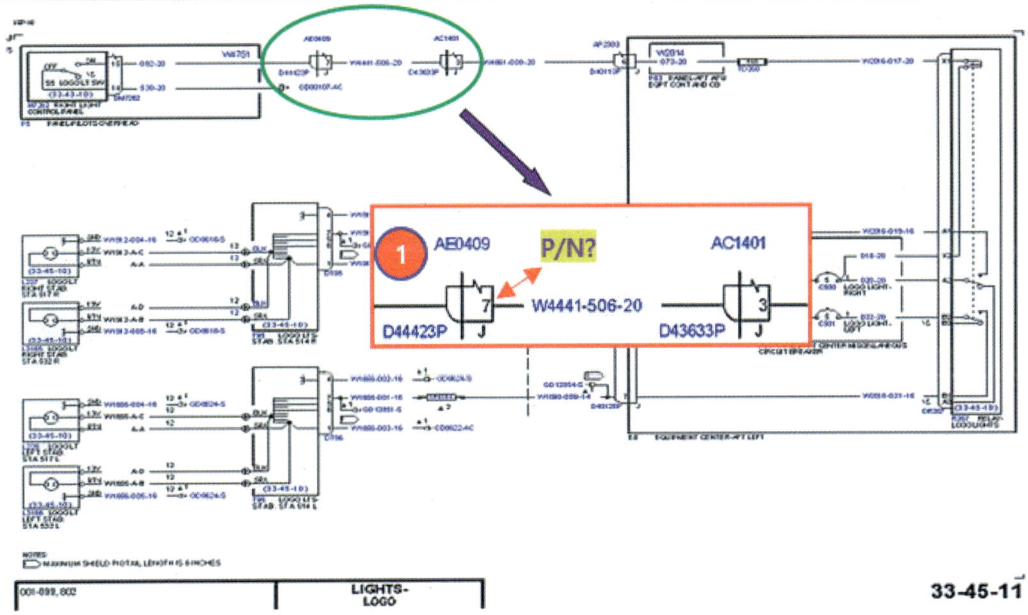

[실습번호 13-1] WDM CONTACT P/N 찾기 실습

- Chapter 91 CHARTS
- ② EQUIPMENT LIST
- CIRCUIT BREAKER LIST
- DISCONNECT BRACKET LIST
- WIRE LIST
- SPARE WIRE LIST
- MASTER BUNDLE LIST
- GROUND LIST
- SPLICE LIST
- TERMINAL STRIP LIST
- HOOKUP LIST

D43900
D44000
D44100
D44200
D44300
③ D44400
D44500
D44600
D44700
D80000
D95000
DA0000
DB0000
DB0100
DB0200

[실습번호 13-1] WDM CONTACT P/N 찾기 실습

④ **D44423J**

Desciption	Opt	Part Number	Used on Drawing	Location STA-WL-BL	Vendor	Qty	Diagram Reference	Effectivity
RECP		BACC45FN20-25P7		AE0409- -	81205	1	21-31-21	ALL

- CHAPTER 20-STANDARD WIRING PRACTICES MANUAL
  - CHAPTER 20 MANUAL FRONT MATTER
  - CHAPTER 20 CHAPTER FRONT MATTER
    - CHAPTER LIST OF EFFECTIVE PAGES
    - CHAPTER TABLE OF CONTENTS
    - CHAPTER CROSS-REFERENCE INDEX
      - A
      - ⑤ B

[실습번호 13-1] WDM CONTACT P/N 찾기 실습

STANDARD WIRING PRACTICES MANUAL

CHAPTER CROSS-REFERENCE INDEX

This Subject gives the procedures for the selection and the assembly of MIL-C-26500 type connectors.

[실습번호 13-1] WDM CONTACT P/N 찾기 실습

8 BACC45FN and BACC45FT Bayonet Coupled Connector

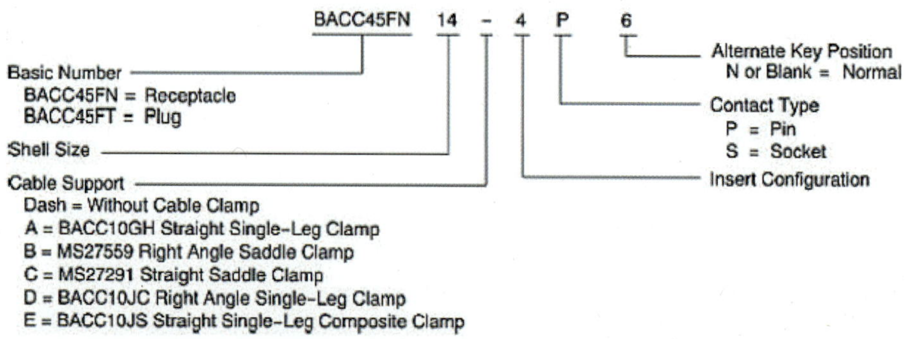

BOEING BACC45FN AND BACC45FT CONNECTOR PART NUMBER STRUCTURE
Figure 8

▶ D44423J 의 P/N가 "BACC45FN20-25P7" 이므로, 여기에서 Shell Size가 20, Insert Configuration이 25, contact Type 은 Pin 인 Receptacle Connector 임.

▶ Connector 의 모양과 Contact 크기를 알기 위해서는 "Shell Size – Insert Configuration"을 알아야 한다. Insert Configuration 이 "20-25" 임.

9

[실습번호 13-1] WDM CONTACT P/N 찾기 실습

10 Insert Configurations

A. MIL-C-26500 Type Connectors

NOTE: The insert configurations that are specified in Table XXXVII include the connector shell size as the first part of the configuration. Refer to Table I for the part number structure that is applicabe for the connector.

NOTE: The contact cavity size that is specified in Table XXXVII is equivalent to the size of the engaging end of the contact.

TABLE XXXVII
CONNECTOR INSERT CONFIGURATIONS

Insert Configuration	Contact Cavity		Reference
	Count	Size	
18-31	31	20	Figure 63
20-16	16	16	Figure 64
20-25	19	20	Figure 64
	6	12	

▶ **Connector 의 구성은 12번 핀이 6개, 20번 Pin이 19개 총 25개의 Pin으로 이루어져 있으며, "Figure 64"에서 상세 그림을 볼 수 있음.**

[실습번호 13-1] WDM CONTACT P/N 찾기 실습

11

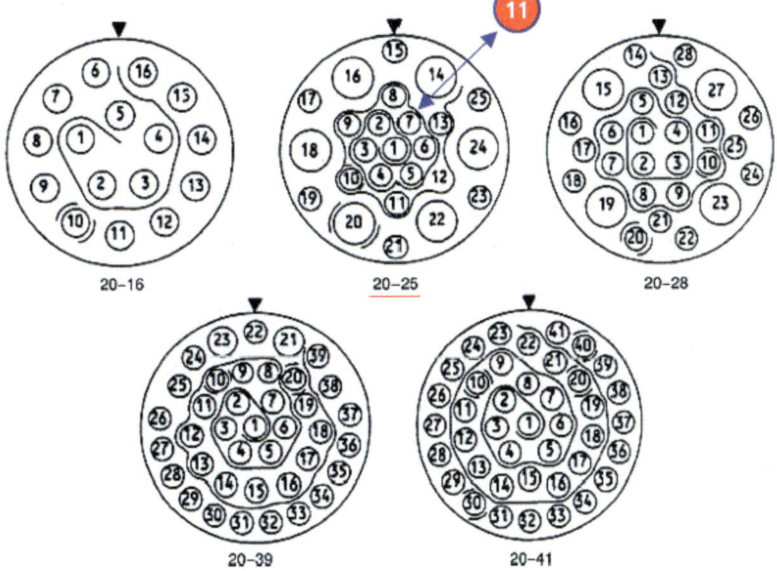

20-() INSERT CONFIGURATIONS
Figure 64

▶ Figure 64 에서 Connector 를 정면으로 본 모양이며, 이전 P/N 설명에서 보았듯이 25개 Contacts 모두 Pin으로 구성되었으며 그림에 7번의 크기는 "20번" 임.

[실습번호 13-1] WDM CONTACT P/N 찾기 실습

Wire Bundle No.: W4441 ⑫

Description: ENG 1 W/B TO E/E CHANNEL B Part Number: 61B44441

Bundle-Wire-Gauge	TY	FA	Length Ft	Length In	Diagram Reference	From: Equip	From: Term	From: TT	From: SP	To: Equip	To: Term	To: TT	To: SP	Effectivity
W4441-001-18	PQ	JA	53	0	78-36-12	D43607J	39	DK		D43089J	10	DK		001-006
W4441-001-18	PQ	JA	50	1	78-36-12	D43607J	39	DK		D43089J	10	DK		008-099
W4441-505-18	PA		88	8	33-44-12	D44423J	1	DL		D43633P	2			102-199
W4441-506-20	PA		91	0	33-45-11	D44423J	7			D43633P	3			001-003
W4441-506-20	PA		90	0	33-45-11	D44423J	7			D43633P	3			004-006, 802-999
W4441-506-20	PA		87	8	33-45-11	D44423J	7			D43633P	3			008-099
W4441-506-20	PA		88	8	33-45-11	D44423J	7			D43633P	3			102-199
W4441-507-20	PA		90	0	27-23-11	D44423J	4			D43804P	8			001-006, 802-999
W4441-507-20	PA		87	8	27-23-11	D44423J	4			D43804P	8			008-099

▶ Wire List 혹은 Hook-up List 에서 찾아볼 수 있듯이 D44423J의 7번에 "TT"가 Blank 이므로 D44423J 커넥터의 Standard Contact 를 사용.

▶ "TT"에 Code가 부여되어 있으면 WDM Front Matter에 있는 "code"에서 P/N가 나와있는 그 Contact을 사용.

⑬

[실습번호 13-1] WDM CONTACT P/N 찾기 실습

14 Contact Part Numbers and Description

TABLE XXV
BOEING STANDARD CONTACT PART NUMBERS

Contact Size	Contact Type	Finish	Boeing Standard	Color Code	
				Band	Color
2020	Pin	Rhodium	BACC47CN1	1	Red
		Gold	BACC47CN1A	1	Red
		Localized Gold	BACC47CN1S	1	Red
				2	Black
	Socket	Gold	BACC47CP1A	1	Red
		Localized Gold	BACC47CP1S	1	Red
				2	Black
		Rhodium	BACC47CP1T	1	Red

▶ Wire size, Contact size 모두 20번인 Standard Pin 이므로 상기 나열된 P/N 3개가 모두 호환 가능 함으로 3개중 1개를 선택하여 사용.

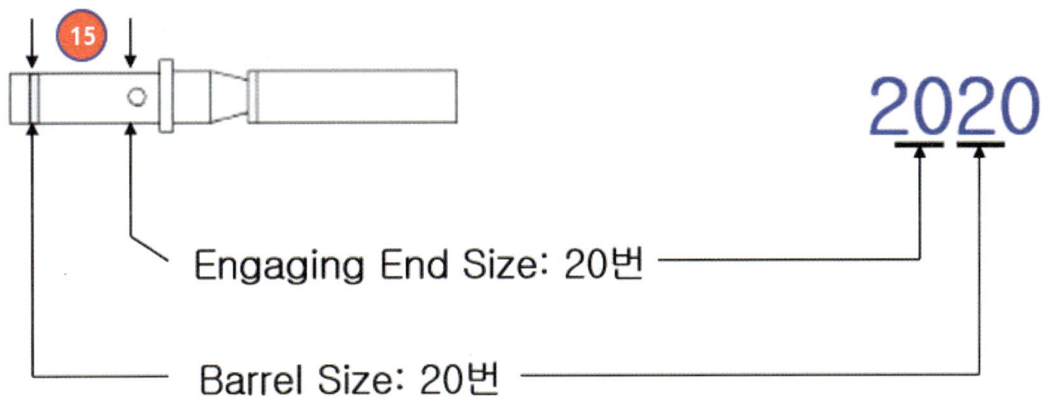

[실습번호 13-1] WDM CONTACT P/N 찾기 실습

▶ 다음엔 D44423J 커넥터에서 7번 Contact을 분리시키기 위해서 20-61-11의 Connector Disassembly 페이지로 접근..

17 CONTACT REMOVAL TOOLS

Contact Engaging End Size	Removal Tool
20	294-89
	AT 2020
	ATML 1907
	DRK20
	M81969/19-06
	M81969/19-07
	MS24256R20
	RX20-24
	RX20-24V5
	ST2220-3-13
	ZZL-R-9511-20

▶ 상기 나열된 Removal Tools 중 하나를 선택하여 Connector Disassembly 페이지에서 설명된 방법으로 7번 Pin을 분리.

[실습번호 13-1] WDM CONTACT P/N 찾기 실습

▶ Contact 에 전선연결 작업을 위해 Wire Preparation 페이지로 접근.

MIL-C-26500 FRONT RELEASE CONNECTORS

(19)

Wire Size (AWG)	Crimp Barrel Size	Removal Length (inch)		Special Instructions
		Target	Tolerance	
22	20	0.19	±0.02	-
		0.28	±0.02	For Pyle National ZZL-4()20-10() contacts only
	16	0.50	±0.03	Fold the conductor back
20	20	0.19	±0.02	-
		0.28	±0.02	For Pyle National ZZL-4()20-10() contacts only
	16	0.25	±0.02	-
	12	0.50	±0.03	Fold the conductor back

▶ Wire Size, Barrel Size가 20 이며, Wire P/N가 "ZZL-4( )20-10( )" 가 아니므로 Contact과 Wire Insulation 사이에 Gap을 0.19가 되도록 전선의 피복을 벗김.

[실습번호 13-1] WDM CONTACT P/N 찾기 실습

▶ 준비된 전선과 Contact의 연결작업을 위하여 Contact Assembly 페이지로 접근.

21 Contact Assembly

A. Selection of a Crimp Tool

TABLE XLVIII
RECOMMENDED CONTACT CRIMP TOOLS FOR ONE WIRE IN THE CRIMP BARREL

Wire Size (AWG)	Contact Size	Crimp Tool				
		Basic Unit		Locator		Code
		Part Number	Setting	Part Number	Color	
20	2020	M22520/1-01	4	M22520/1-02	Red	F
		M22520/2-01	7	M22520/2-02	-	E
	1616	M22520/1-01	4	M22520/1-02	Blue	I
	1212	M22520/1-01	6	M22520/1-02	Yellow	M

▶ Basic Unit, M22520/1-01을 사용 시 Setting을 4에 선택하면 Wire Size가 20번으로 선택된다. 이때 Locator, M22520/1-02를 사용하여 Color를 Red로 선택하면 20번 Contact의 깊이를 맞춤.

[실습번호 13-1] WDM CONTACT P/N 찾기 실습

22

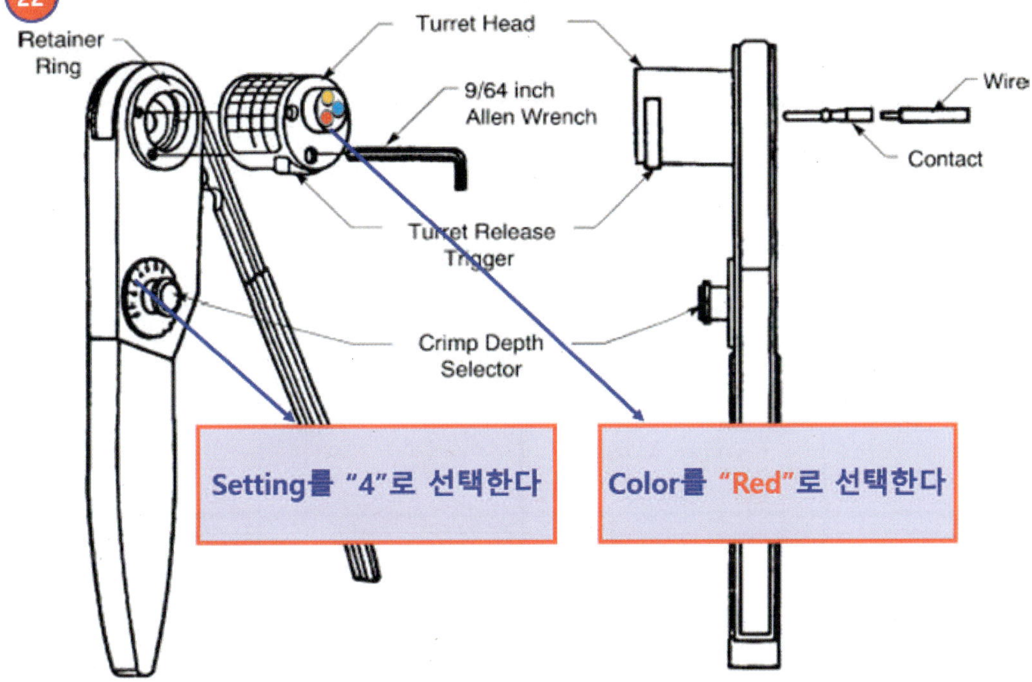

▶ Basic Unit, M22520/1-01을 사용 시 Setting을 4에 선택하면 Wire Size가 20번으로 선택된다. 이때 Locator, M22520/1-02를 사용하여 Color를 Red로 선택하면 20번 Contact의 깊이를 맞춤.

[실습번호 13-1] WDM CONTACT P/N 찾기 실습

▶ 조립된 Contact을 Connector에 끼워 넣기 위해 Contact Insertion 페이지에 접근..

(24)

TABLE LXXXIV
CONTACT INSERTION TOOLS

Contact Size	Wire O.D. (inch)	Basic Unit	Bit
2020	More than 0.06	294-88	-
		AT 1020	-
	Less than 0.06	ATB 1067	-
	-	DAK20	-
	Less than 0.06	DAK351	-
	More than 0.06	MS24256A20	-
		M81969/17-03	-
	Less than 0.06	RTM20-5	-
		RTPIT-085B	DAK602-2
	More than 0.06	RTPIT-085B	ST2220-2-1
	Less than 0.06	RTPIT-120B	DAK602-2
	More than 0.06	RTPIT-120B	ST2220-2-1
	Less than 0.06	ST2220-2	DAK602-2
	More than 0.06	ST2220-2	ST2220-2-1
	-	ZZL-R-9510-20	-

▶ 20-00-16(Wire O.D Specific Wire)을 참고하여 해당 전선이 0.06 인치 이하인지 확인 후 공구를 선택하여 Contact Insertion에 설명된 방법으로 Contact을 끼움.

[실습번호 13-1] WDM CONTACT P/N 찾기 실습

■ 실제 작업사례

HL7490 (PAX)	HL7490 (B747) L/H INBD LDG L,T Out 고장탐구결과 Wire cut된 것 발견 "Splice하고 Ground단자" 연결하였으나, 다음편 비행에서 L/H inboard landing light에서 Smoke 발생.
관련사항	- 고욘용, 저온용 Splice구분. - Splice교환 - Tool사용.

[실습번호 13-1] WDM Contact P/N 찾기 실습

[실습목표]

(1) WDM Contact P/N를 찾아 교환작업을 학습한다.

(2) WDM 사용 방법을 학습한다.

[도면]

[재료] BACC47CP1A.

[장비나 공구, Manual] DMC Pin tool, Crimping tool, 기본 공구, WDM, ESPM, SWPM.

[안전 및 유의 사항]

(1) Manual 절차를 준수한다.

(2) 정확한 공구를 사용한다.

[실습순서]

(1) 수리 절차를 확인한다.

(2) Size에 맞는 Crimping tool을 선택한다.

[관계 지식] 매뉴얼 사용 능력

[평가] Manual에 의거 평가한다.

■ BUNDLE ROUTING

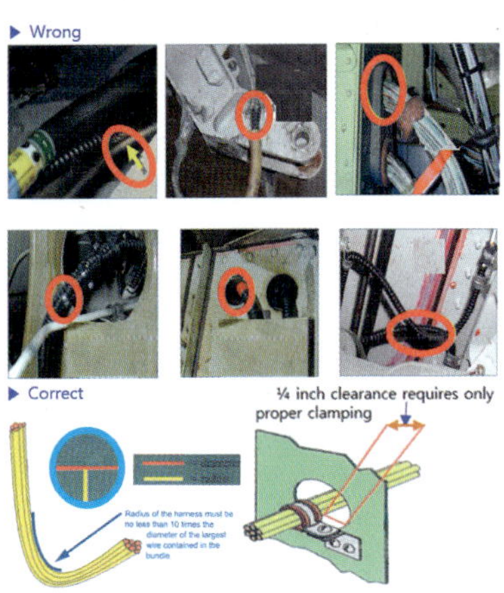

실습번호	13-2	과목명	Bundle 배선	회로도명	그림
자재		Clamp, Tie wrap, Racing tape etc.		5 EA	
Bundle		1EA			
적용 Manual		SWPM		20-10-11	

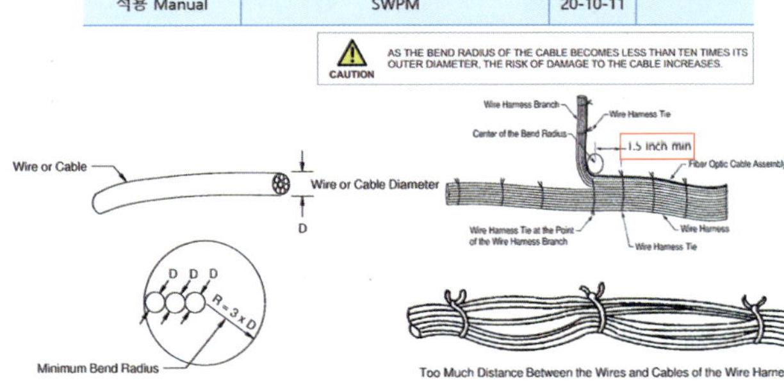

[실습번호 13-2] BUNDLE ROUTING 실습

※ Installation of electrical wire harness SWPM 20-10-11

- Wire harness와 Structure 및 Equipment의 Sharp edge 사이의 Minimum 1/8 inch를 유지해야 한다. 이것이 불가할 때는 Teflon sleeve 또는 Expand sleeve로 Secondary protection 한다.
- Control cable 또는 Fuel, Hydraulic fluid, 그리고 Oxygen이 흐르는 Line 사이에는 최소 2inch를 유지한다.
- Water가 흐르는 Line, pitot static line에 대해서는 최소 2inch를 유지한다.
- Bleed air duct에 대해서는 Duct의 Top으로부터 최소 2inch, Duct의 Side와 Bottom으로부터 최소 1inch를 유지한다.

※ Wire harness support SWPM 20-10-12

- Wire를 Support 하는 데는 Loop clamp, plastic tie strap, raceway, stringer clip이 있다.
- Clamp는 딱 맞는 것을 선정한다.
- 287T0011-(　) Loop clamp는 Diameter 1.25inch 이하인 여압 지역에 사용한다.
- BACC10GU Loop clamp는 비 여압 지역에 사용한다.
- Plastic tie strap은 항공기의 Pressurized area, Temperature 212°F 이하인 Area에 있는 Multiple, Twisted wire로 된 Cable인 Wire harness에 사용되며, Fabric optic cable로 된 Wire harness에는 사용할 수 없다.

■ WIRE HARNESS SUPPORT

▶ MOVEMENT OF A WIRE HARNESS IN A PLASTIC TIE STRAP

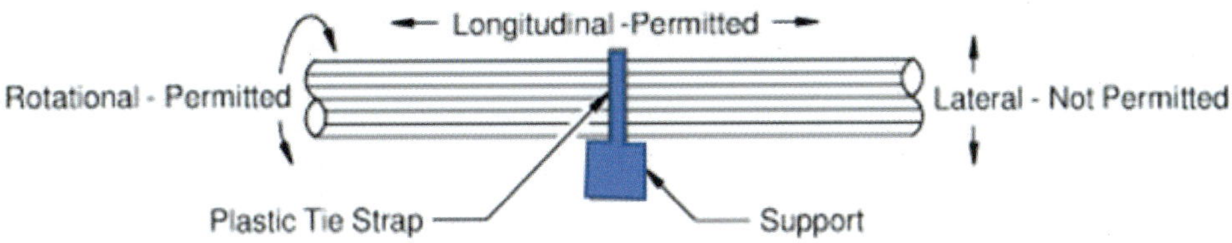

▶ CORRECT FIT OF A LOOP CLAMP WITH A CUSHION

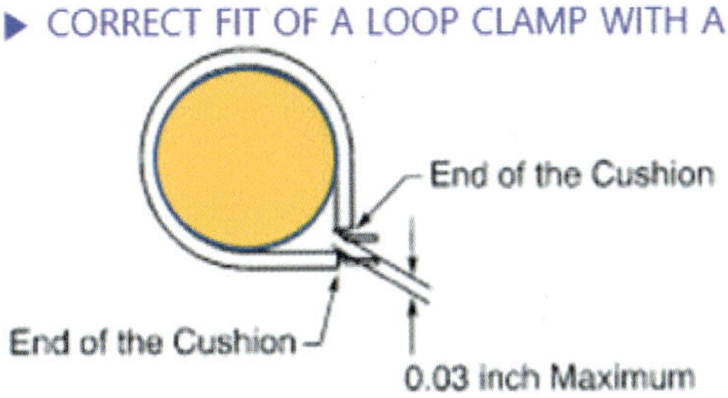

▶ POSITION OF THE ST2323B TOOL ON THE WIRE HARNESS

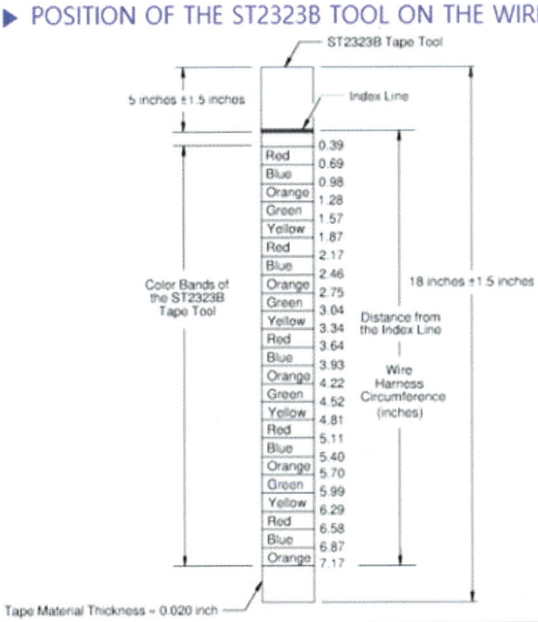

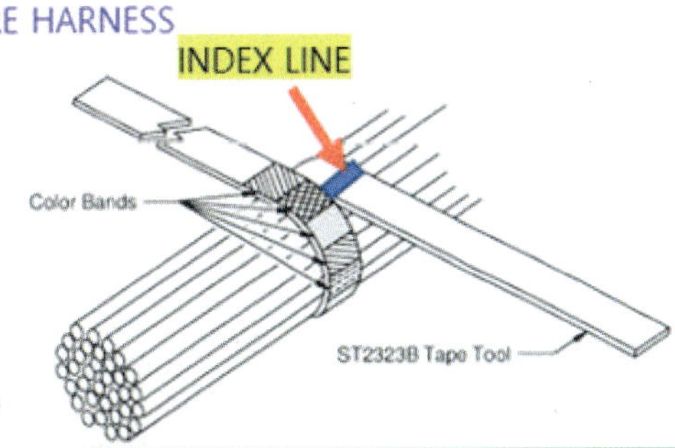

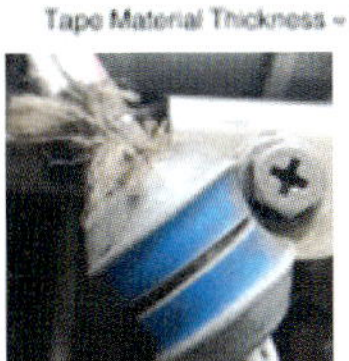

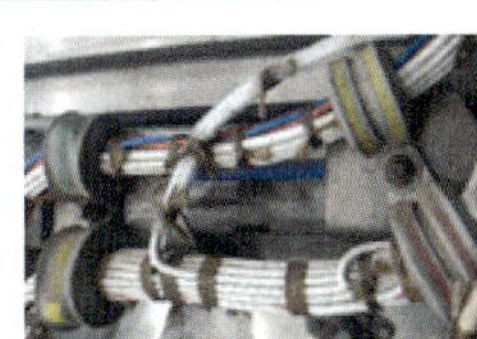

[실습번호 13-2] BUNDLE ROUTING 실습

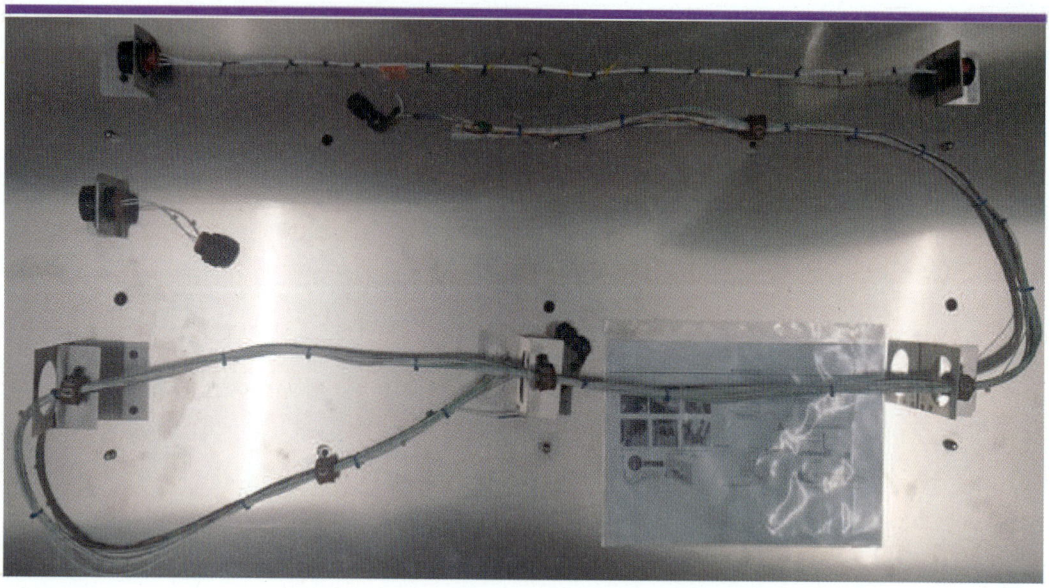

[실습번호 13-2] Bundle routing 실습 KIT

[실습번호 13-2] Bundle routing 실습

[실습목표]

(1) 전선 배선을 학습한다.

(2) Clamp 장착 방법을 학습한다.

[도면]

[재료] Racing tape P/N 1045M, Clamp P/N TA025041-01~05.

[장비나 공구, Manual] 기본 공구, ESPM, SWPM.

[안전 및 유의 사항]

(1) Manual 절차를 준수한다.

(2) 정확한 공구를 사용한다.

[실습순서]

(1) Wire harness를 Allocation 한다.

(2) Clearance & Radius를 준수한다.

[관계 지식] 전선 수리 & 배선 능력

[평가] Manual에 의거 평가한다.

NOTE

NOTE

Chapter 14

항공기 고장탐구 실습 Ⅲ

- WDM TB812 P/N 찾기
- TB812 교환 실습

Chapter 14. 항공기 고장탐구 실습 III

□ 항공기 고장탐구 실습 I, II, III에서는 현장에서 가장 빈번하게 발생하는 3가지 결함에 대한 P/N 찾기 실습을 하나씩 해 보기로 한다.
세 번째는 WDM을 보고 TB812 P/N과 관련 공구를 찾는 것이다.

절차는 다음과 같다.

1. WDM DIAGRAM EQUIPMENT LIST에서 TYPE "TB"-> TB0000~TB1000-> TB812 이면-> TB 800~900.

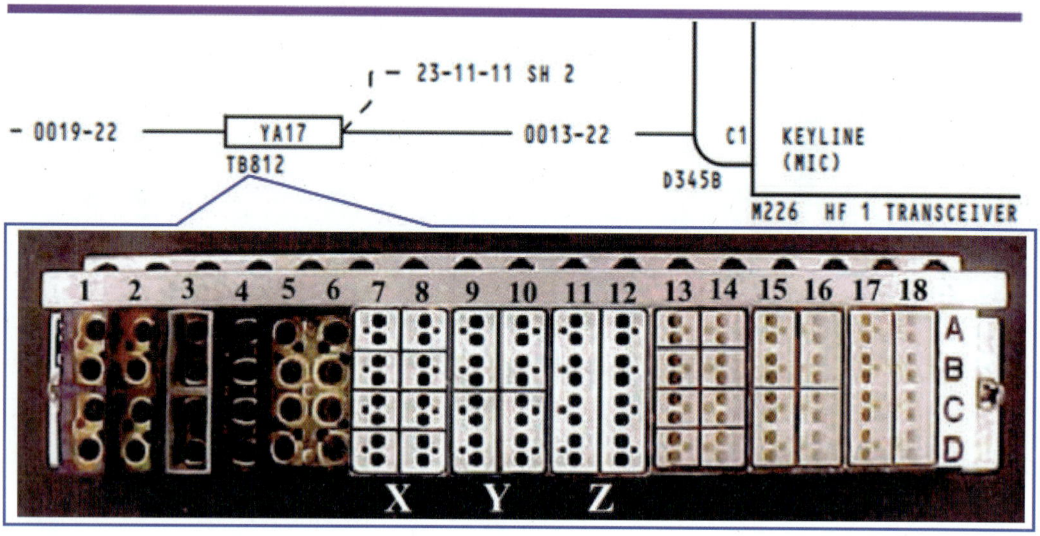

[그림 14-1] WDM TB P/N 찾기

■ B737 HF COMMUNICATION NO.1

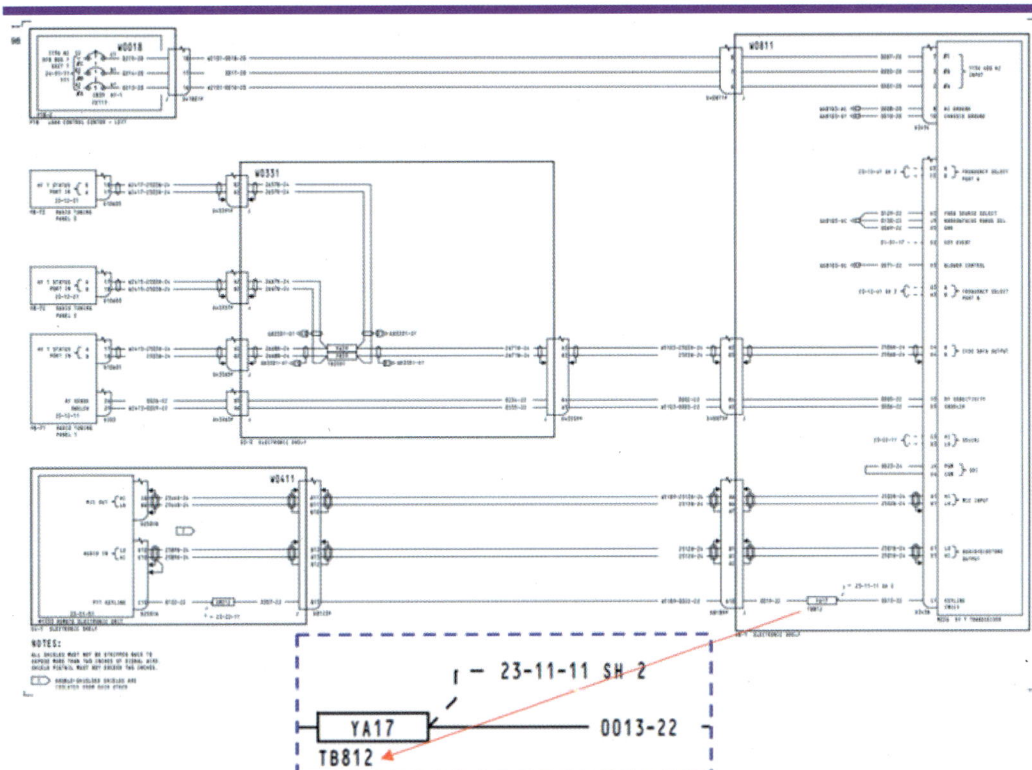

YD121~150	B737 HF COMMUNICATIONS NO. 1 23-11-11

[실습번호 14-1] WDM TB812 P/N 찾기 & 교환 실습

■ B737 HF COMMUNICATION NO.1

Equip	Opt	Part Number Part Description	Used on Dwg Vendor	Qty	Diagram Station / WL / BL	Effectivity
TB0805Y		S280W555-104 TERMINAL BLOCK	141A5170 81205	1	22-11-12 227/205/R015	ALL
TB0806		S280W555-606 TRACK-TERMINAL BLOCK	141A5170 81205	1	22-11-12 221/204/L004	ALL
TB0806V		S280W555-203 TERMINAL BLOCK	141A5170 81205	1	33-11-11 221/204/L004	ALL
TB0806X		S280W555-102 TERMINAL BLOCK	141A5170 81205	2	22-11-12 221/204/L004	ALL
TB0806Y		S280W555-104 TERMINAL BLOCK	141A5170 81205	1	22-11-12 221/204/L004	ALL
TB0806Z		S280W555-108 TERMINAL BLOCK	141A5170 81205	2	33-18-61 221/204/L004	ALL
TB0811	1	S280W555-516 TRACK-GND/TERM BLOCK 16 MODULES	284A2780 81205	1	23-11-11 E008-01/ /	YD121-YD126, YD541-YD547, YD561-YD564, YD591-YD595, YH601-YT396
TB0811Y		S280W555-104 TERMINAL BLOCK-	284A0781 81205	1	44-21-22 E008-01/ /	YH601-YT396
TB0812	1	S280W555-516 TRACK-GND/TERM BLOCK 16 MODULES	284A2780 81205	1	23-11-11 E008-01/ /	YD121-YD599
TB0812X		280W555-102 TERMINAL BLOCK	S84A2710 81205	1	23-11-11 E008-01/ /	YD121-YD150
TB0812Y		S280W555-104 TERMINAL BLOCK-	284A0781 81205	1	23-11-11 E008-01/ /	YD121-YD599
TB0812Z		S280W555-108	S84A2710	1	23-11-16	YD121-YD599

EQUIPMENT LIST

<table>
<tr><td>실습번호</td><td>14-1</td><td>과목명</td><td>항공기 WDM & 고장탐구</td><td>회로도명</td><td>TB P/N 찾기 & 교환 실습</td></tr>
<tr><td colspan="2">자재</td><td colspan="2">Term block</td><td>1 EA</td><td></td></tr>
<tr><td colspan="2"></td><td colspan="2"></td><td></td><td></td></tr>
<tr><td colspan="2">공구</td><td colspan="2">Hand crimping tool</td><td></td><td></td></tr>
<tr><td colspan="2"></td><td colspan="2">Removal tool</td><td></td><td></td></tr>
<tr><td colspan="2"></td><td colspan="2">Insert tool</td><td></td><td></td></tr>
<tr><td colspan="2">적용 Manual</td><td colspan="2">WDM, SWPM</td><td>23-11-11
20-90-15</td><td></td></tr>
</table>

YD121~150	B737 HF COMMUNICATIONS NO. 1 23-11-11

[실습번호 14-1] WDM TB812 P/N 찾기 & 교환 실습

■ SAP PART 불출 SHEET

GI for order

Material Doc Number/Item : 4914803541 / 0001
Requested Material : BRAYCO 300
Released Material : BRAYCO 300
Material Description : LUBRICANT, DOOR ANTI-ICING (1EA=1QT)
Equipment Number :
Batch No : 0002722042
Material Group : CHE001(Chemical)
Aircraft Type : Not
TRP(Y/N) : ? LLP(Y/N) :
ESDS : ? Lab/Office :
PMA(Y/N) : PML(Y/N) :
OEM Material :
AAR Repair Capability :
Comp. Repair Routing :
PFR Attachment Part :
Comp. Support :
Movement Type/Text : 261/GI for order
W/H Stock QTY : 14 /EA
From S/Loc : 0302(ICN2 DG WARE-BN)
Fixed S/L,Bin No.: 0302(ICN2 DG WARE-BN), 09A04
Reservation No. : 0006523492 / 0007
F/Location : HL7578
W/O No : 4004955032
TMDE 보유 부서 or S/Loc :
Attention : •호환품목은 IPC를 참조할것!
Comment :

Doc' Date : 2022.11.04 / 20:00:05
FFF Class : 20003594
Unit Price(KRW) : 26,929
Material Serial :
Expiration Date : 2027.06.30
Material Status : (Serviceable)
ATA / MRP Cn: / B10
EDTO(Y/N) : MSDS(Y/N) : ?
Inspection Type : CDCCL(Y/N) :
Mat'l Classification : MAINTENANCE
No Fault Found :
FAA Repair Capability :
Return Item Indicator : No
Reason for Mvt :
Released QTY : 1 /EA
To S/Loc : ()
Vendor : Special Stock :
Shop Code : Requested By :117806
Noti No : 003003565176 Issued By :AAKRMM102
Work Center : ICN-AH2
Org. Unit: 운항정비팀 전기전자고장탐구 1그룹

Received By : Issued By :

AAR-MM-309-01

[실습번호 14-1] WDM TB812 P/N 찾기 & 교환 실습

[실습번호 14-1] WDM TB812 P/N 찾기 & 교환 실습

[실습목표]

(1) WDM TB P/N 찾기 실습 학습한다.

(2) TB Block 교환방법을 학습한다.

[도면]

[재료]

[장비나 공구, Manual] BUNDY Tool, 기본 공구, WDM, SWPM, ESPM.

[안전 및 유의 사항]

(1) Manual 절차를 준수한다.

(2) 정확한 공구를 사용한다.

[실습순서]

(1) 절차대로 수행한다.

[관계 지식] 매뉴얼 사용 능력

[평가] Manual에 의거 평가한다.

기타, 항공기 Electrical devices와 Terminal에 관한 모든 수리와 정비 방법은 아래 도표를 참고하여 BOEING 항공기는 SWPM, AIRBUS 항공기는 ESPM을 참고하면 되며,

SWPM, ESPM을 이용 Repair 하기 위해선 P/N 정보와 Identification을 먼저 알아야 하는데 이러한 정보는 해당 기종 WDM CHAPTER 91에 아래 그림과 같이 나온다.

■ WDN CHAPTER 91

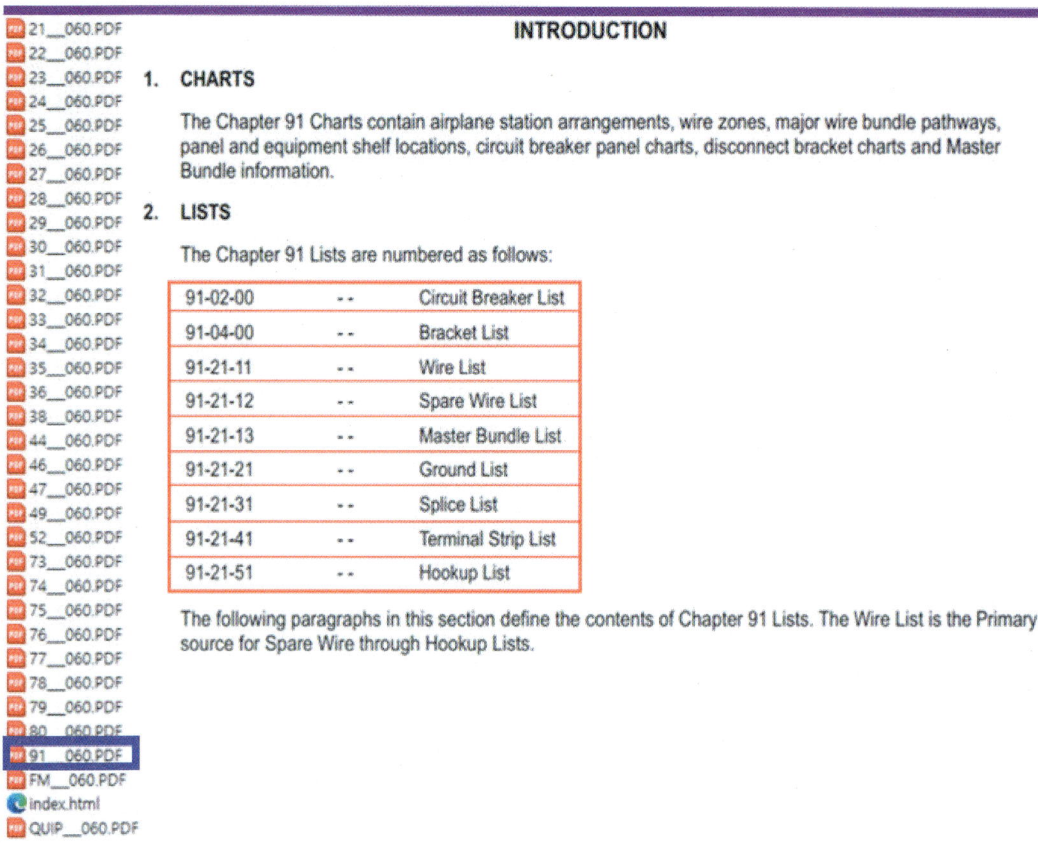

INTRODUCTION

1. **CHARTS**

The Chapter 91 Charts contain airplane station arrangements, wire zones, major wire bundle pathways, panel and equipment shelf locations, circuit breaker panel charts, disconnect bracket charts and Master Bundle information.

2. **LISTS**

The Chapter 91 Lists are numbered as follows:

91-02-00	- -	Circuit Breaker List
91-04-00	- -	Bracket List
91-21-11	- -	Wire List
91-21-12	- -	Spare Wire List
91-21-13	- -	Master Bundle List
91-21-21	- -	Ground List
91-21-31	- -	Splice List
91-21-41	- -	Terminal Strip List
91-21-51	- -	Hookup List

The following paragraphs in this section define the contents of Chapter 91 Lists. The Wire List is the Primary source for Spare Wire through Hookup Lists.

[그림 14-1] CHARTS 91

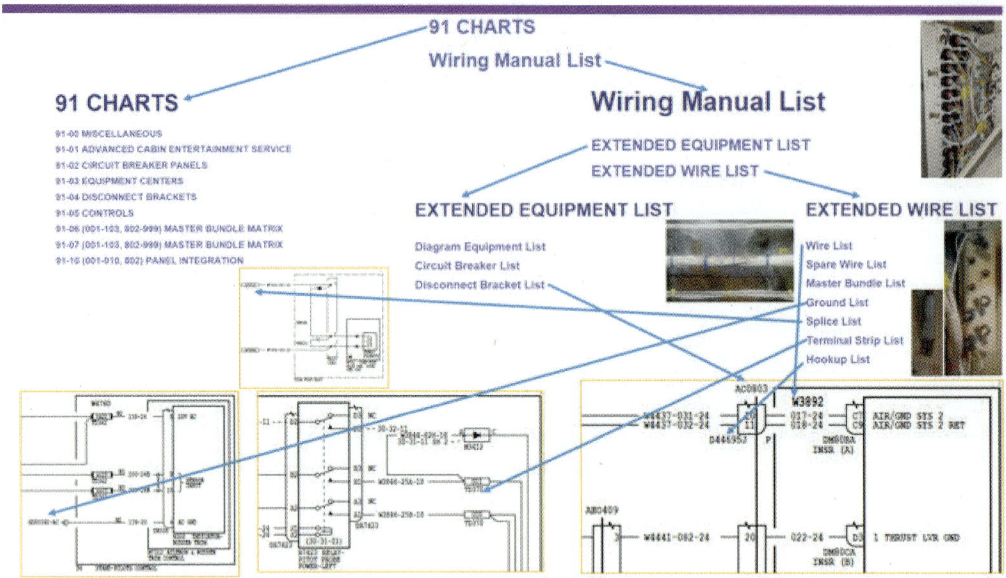

- **The Chapter 91 Charts;** 항공기 Station배치도, Wire zones, 주요 Wire bundle배선, Panel and equipment shelf위치, Circuit breaker panel배치도, Disconnect bracket배치도, Master Bundle정보 등이 있다.
- **The Splice List;** SP는 Bundle #가 틀린 Wire를 연결하거나, Vendor wire는 같은 Bundle #선만 연결한다.
- **Smoos (SM);** 하나의 Bundle wire내에서만 연결하기 때문에 따로 List가 없다.
- **The Hookup List;** 그라운드, 스플라이스, 터미널을 제외한 모든 Terminating장치. Ex) Plug/Jack.
- **The Ground List;** 는 두 가지가 있다. Ground Blocks (GB)는 여압 지역에서 사용하고 Ground Studs (GD) 는 여압, 비여압 지역 다 사용한다. GDM, GDX, GDY, GDZ, GBX, GBY, and GBZ는 Rack이나 Panel에서만 사용하니까 따로 리스트가 없다.

[그림 14-2] CHARTS 91

순번	작업종류	해당 페이지
1	MATERIAL	Ref SWPM 20-00-11
2	WIRE TYPE CODE	Ref SWPM 20-00-13
3	SHIELDED CABLE	Ref SWPM 20-25-11
4	INSTALLATION OF ELECTRICAL WIRE HARNESS	Ref SWPM 20-10-11
5	WIRE HARNESS SUPPORT	Ref SWPM 20-10-12
6	SLEEVES	Ref SWPM 20-10-18
7	CONNECTORS	Ref SWPM 20-60-11
8	DPX, DPD DA SERIES CONNECTOR	Ref SWPM 20-71-11
9	RF COAXIAL CONNECTORS	Ref SWPM 20-50-00/20-5-11/20-51-15
10	SHIELDED STRAIN RELIEF BACKSHELLS	Ref SWPM 20-25-12
11	ELECTRICAL BOND & GROUND	Ref SWPM 20-20-00
12	TERMINALS	Ref SWPM 20-30-00/20-30-11
13	TERMINAL BLOCK MODULE	Ref SWPM 20-90-11
14	SPLICES	Ref SWPM 20-30-12/20-30-13
15	SWITCHES	BDM-7022
16	RELAY	Ref SWPM 20-80-12/20-80-22
17	CIRCUIT BREAKER, FUSE, LIMITER	BDM-7220

[그림 14-3] SWPM, ESPM REFERENCE

NOTE

NOTE

Chapter 15

Final Examination

- 지필시험

Chapter 15. Final Examination

□ [채점 기준] 옳으면 각 5점, 기타 0점

1. 항공기의 전기 · 전자 작업에 관한 그림이다. 작업 명칭은 무엇인가?

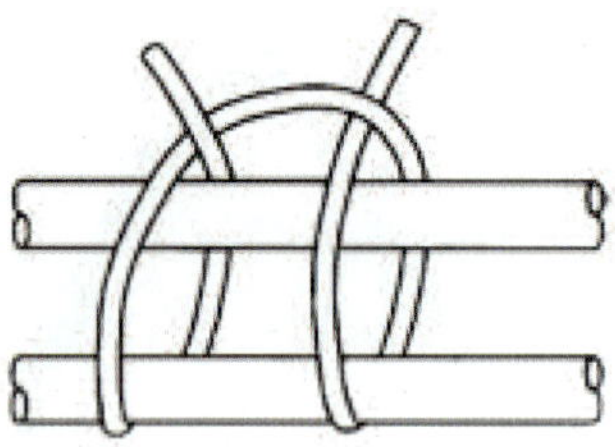

CLOVE HITCH KNOT

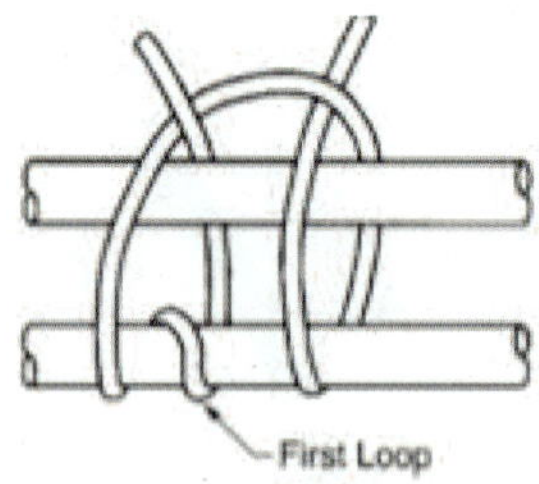

SPECIAL CLOVE HITCH KNOT

[답] ①

2. 항공기 전기 · 전자 작업에 관한 그림이다. 올바른 저항 값을 기록하시오.

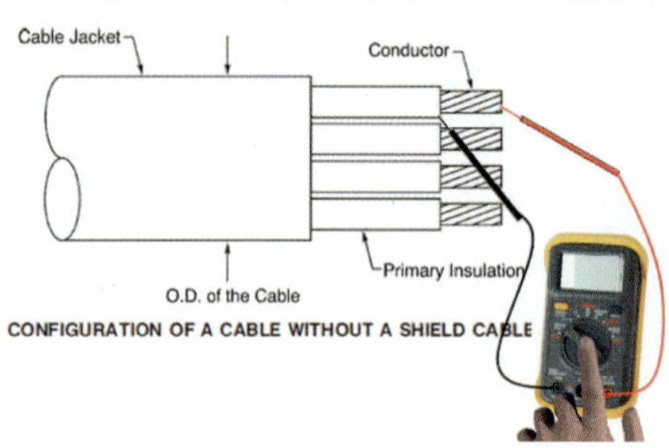

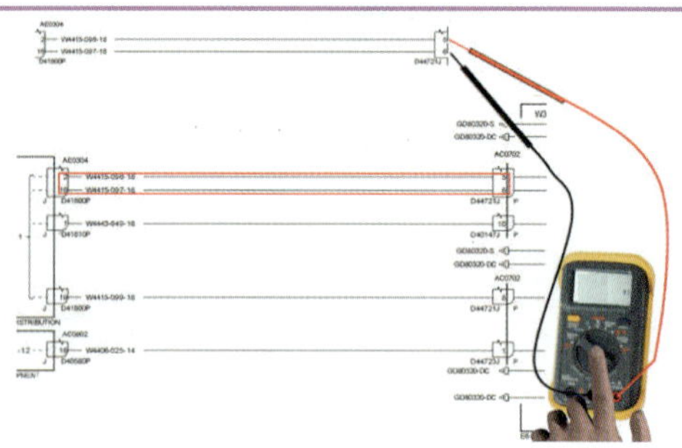

□ ① Ω　　□ ② Ω

[답] □ ① Ω　　□ ② Ω

3. 항공기의 전기 · 전자 작업에 관한 그림이다. ① 은 (-----release) ② 는 (-----release) ③ 은 (-----release) ④ 는 (-----release) 이다. ( )안에 올바른 내용은 무엇인가?

[답] ① -----release ② -----release
③ -----release ④ -----release

4. 다음은 항공기 고 진동에 관한 그림이다. 각항에 대하여 옳으면 O, 틀리면 X를( )안에 써넣으시오.

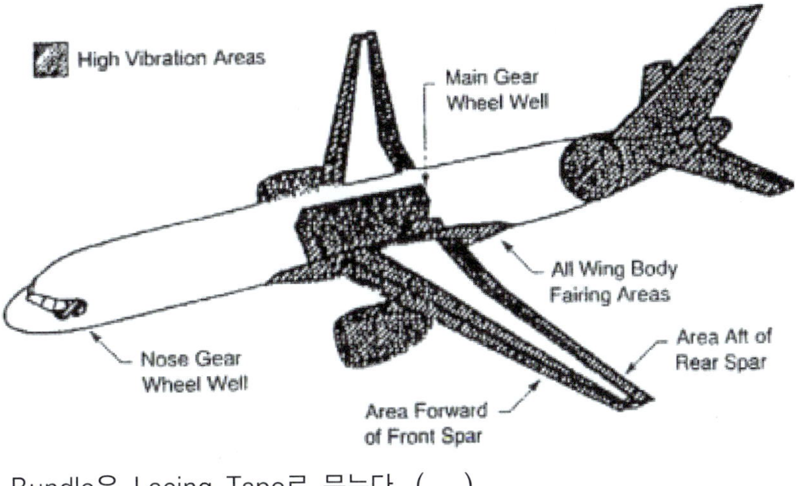

① Wire Bundle은 Lacing Tape로 묶는다. ( ).
② Lacing Tape 간격은 2inch로 한다. ( ).
③ Plastic Tie는 6~8inch로 한다. ( ).

5. 아래 그림을 보고, 물음에 답하시오.

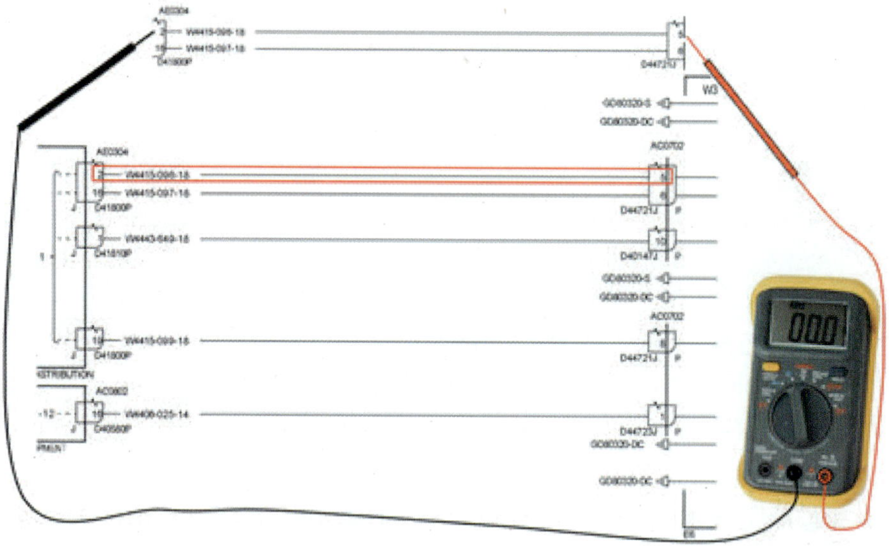

① Pin to pin open circuit check이다. (　　)

② 정상 시, 저항은 0.3Ω 이하이다. (　　)

③ 항공기 전원은 ON하고 점검하여야 한다. (　　)

6. 항공기 전선에 관한 작업에 관하여 아래 물음에 답하시오.

① Colorful 전선은 Data 전선이다. (　　)

② 전선은 Kink가 되어도 가능하다. (　　)

③ 전선은 될 수 있는 대로 일직선으로 배선한다. (　　)

7. 아래 내용은 Wiring 점검 시 관련된 내용이다. 괄호 안에 맞으면 O, 틀리면 X표 하시오.

① Wiring 점검할 때 전원을 차단하고 하며, Placard를 게시한다. (　　)

② 전압 Check 시는 Multimeter 단자 색깔은 구분이 없고, Multimeter만 먼저 Grounding 한다. (　　)

③ Wiring 점검할 때 가장 먼저 수행하는 것은 육안 점검이다. (　　)

④ 전압 Check에는 직렬로 한다. (　　)

⑤ Circuit breaker의 목적은 전선과 LRU를 보호하기 위한 것이다. (　　)

8. 교류회로에 있어서 전류의 흐름을 방해하는 성분의 총칭을 무엇이라 하는가?

① 저항(R)
② 유도성 리액턴스(XC)
③ 용량성 리액턴스(XL)
④ 임피던스(Z)

9. 항공기에 교류가 많이 사용되는 이유로 맞는 것은?

① 발광
② 전선 무게의 경감
③ 잡음의 감소
④ 전력제어 용이

10. 전기회로에서 C/B를 사용하는 이유로 맞는 것은?

① 전기회로 보호
② 전압 조절
③ 정류 작용
④ Switch 대신 사용

11. 항공기 전선의 수리 중 가장 좋은 방법은 무엇인가?

① Splice로 수리한다.
② Sleeve로 수리한다.
③ Terminal로 수리한다.
④ 전선을 교체한다.

수고하셨습니다.

NOTE

Appendix

- 항공기 전기·전자 결함 기초 수리 작업 실습
- 항공정비사 Bread board 이해
- 항공기 기체 분야 Dispatch 관련 주요 참고 Manuals
- 참고문헌, 저자약력

[부록1]
항공기 전기 · 전자 결함 기초 수리 작업 실습

초급 1	항공기 기초결함 수정 실습	
항공기	B737-800/900	HL8774
결함 내용	AIR ENG 2 HPSOV VALVE FAULT MSG ON	
정비사항	AIR ENG 2 HPSOV TERMINAL 교환	
자재 P/N	P/N 321897, 321898, BACT12AC2, BACT12AC53	
공구 P/N	 P/N AMP 49935	
실습		
참조 메뉴얼	1. AMM 36-11-00 2. MAINT BITE INDEX 3.	
학생	1. 2. 3. 4.	

초급 1	항공기 기초결함 수정 실습
평가	상(　　), 중(　　), 하(　　)
교수	김재술

초급 2	항공기 기초결함 수정 실습	
항공기	B737-800/900	HL7072
결함 내용	[SERQ]RECHK-L/H LANDING LIGHT FUNCTIONAL	
정비사항	REPLACED LANDING L'T ASSY'(7LB) AND OPER	
자재 P/N		
공구 P/N		
실습	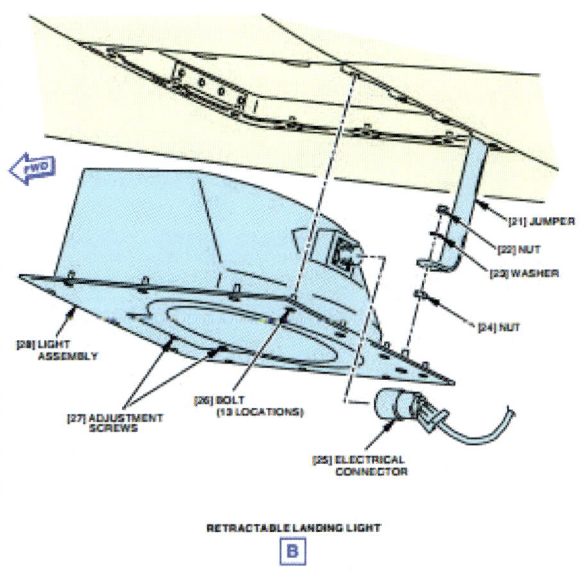 Retractable Landing Light - Light Assembly Replacement Figure 203/33-42-02-990-802 (Sheet 2 of 2) -	
참조 메뉴얼	1. AMM 33-42-02 2. 3.	

초급 2	항공기 기초결함 수정 실습
학생	1. 2. 3. 4.
평가	상( ), 중( ), 하( )
교수	김재술

<table>
<tr><th>초급 3</th><th colspan="2">항공기 기초결함 수정 실습</th></tr>
<tr><td>항공기</td><td>B737-800/900</td><td>HL7188</td></tr>
<tr><td>결함 내용</td><td colspan="2">[SE-Q] RECHK- CABIN AIR RECIRCULATION SYSTEM</td></tr>
<tr><td>정비사항</td><td colspan="2">WIRING REPAIR NML. (SPLICED)</td></tr>
<tr><td>자재 P/N</td><td colspan="2">D436-36, D436-37, NAS1388-1, NAS1388-2</td></tr>
<tr><td>공구 P/N</td><td colspan="2"> 
P/N AMP 59250 AD-1377</td></tr>
<tr><td>실습</td><td colspan="2">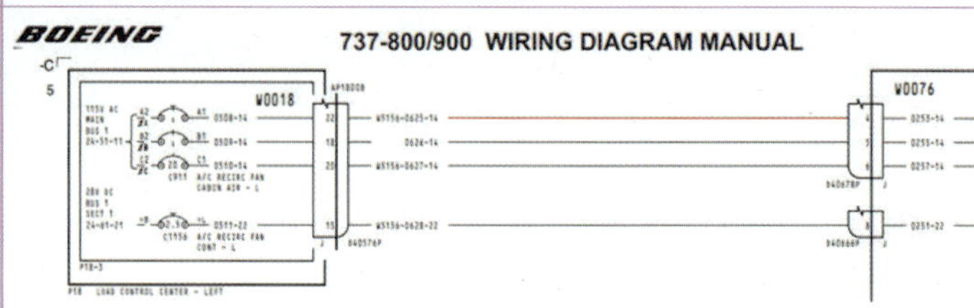
</td></tr>
<tr><td>참조 메뉴얼</td><td colspan="2">1. WDM 21-25-11
2.
3.</td></tr>
</table>

초급 3	항공기 기초결함 수정 실습
학생	1. 2. 3. 4.
평가	상(　　　), 중(　　　), 하(　　　)
교수	김재술

초급 4	항공기 기초결함 수정 실습	
항공기	A320F	HL7080
결함 내용	APU FAULT AFTER LANDING	
정비사항	WIRING CHAFFING REPAIRED AND REINSTALL TIE	
자재 P/N	 BACS38K5	
공구 P/N	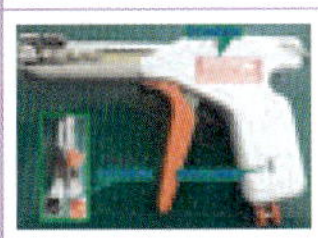 P/N GS4H	
실습	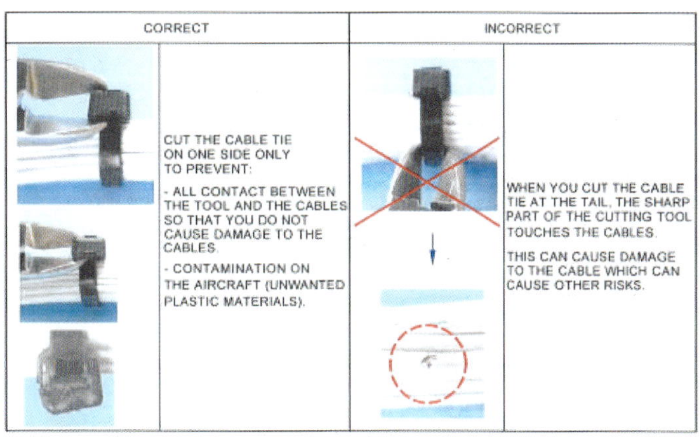 -	

초급 4	항공기 기초결함 수정 실습
참조 메뉴얼	1. WDM 49-16-00 2. 3.
학생	1. 2. 3. 4.
평가	상(　　), 중(　　), 하(　　)
교수	김재술

초급 5	항공기 기초결함 수정 실습	
항공기	A320F	HL7009
결함 내용	TAIL CONE STROBE LIGHT (19LV) ELEC PLUG	
정비사항	REPAIRED WIRE 3348-7875Y AND REPLACED	
자재 P/N	Wire P/N BMS13-48 TYPE 10 CLASS I GAGE 20	
공구 P/N	  P/N M22520/1-01, M22520/1-02 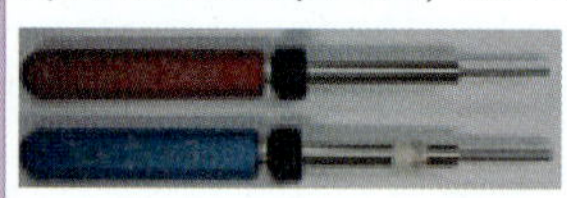 P/N Astro red #ST2220-3-13, #ST2220-3-14	
실습	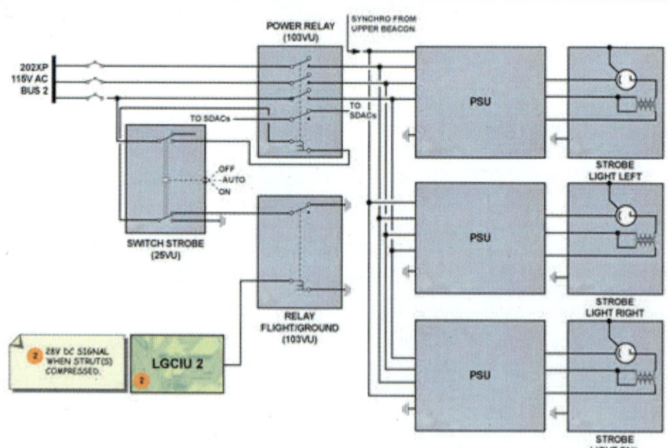 –	

초급 5	항공기 기초결함 수정 실습
참조 메뉴얼	1. AMM 33-48-00 2. 3.
학생	1. 2. 3. 4.
평가	상( ), 중( ), 하( )
교수	김재술

초급 6	항공기 기초결함 수정 실습	
항공기	A320F	HL9909
결함 내용	AUTO BRAKE MAX DECEL P/B LIGHT OUT	
정비사항	WIRE SPLICE REPAIRED	
자재 P/N	Splice P/N NAS 1388-1~2, PTFE P/N Material no 05-16	
공구 P/N	 P/N AMP 59250  Material no 05-16 PTFE	
실습	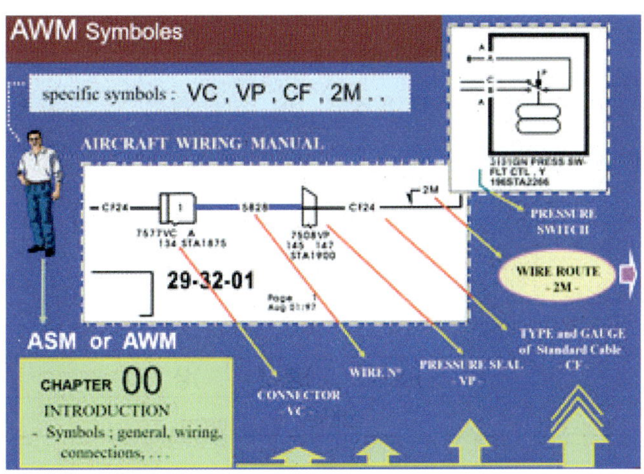	

초급 6	항공기 기초결함 수정 실습

<table>
<tr><th colspan="2">REPAIR TYPE</th><th>GENERAL DESCRIPTION</th><th>CONDITIONS OF APPLICATION</th></tr>
<tr><td rowspan="3">0*</td><td>A</td><td>- CUT THE INSULATION PARTS THAT ARE NOT FULLY DISCONNECTED WITH CUTTING PLIERS KNIPEX 7902125S1.</td><td>- DAMAGE ≤ 300 mm (11.81 in).</td></tr>
<tr><td>B</td><td>- REWORK THE ROUTING TO GET THE MINIMUM CABLE BEND RADIUS WITHOUT INTEGRITY TEST.</td><td rowspan="2"></td></tr>
<tr><td>C</td><td>- REWORK THE ROUTING TO GET THE MINIMUM CABLE BEND RADIUS WITH INTEGRITY TEST.</td></tr>
<tr><td rowspan="4">1</td><td>A</td><td>- WIND PTFE TAPE MATERIAL No 14JCB1 OR SELF-ADHESIVE TAPE ABS5334A02R OR PTFE ADHESIVE TAPE ABS5330 AROUND THE CABLE (FOR MORE INFORMATION, REFER TO ATA 20-53-29).</td><td>- DAMAGE ≤ 300 mm (11.81 in).
- FOR SELF-ADHESIVE TAPE ABS5334A02R OR PTFE ADHESIVE TAPE ABS5330 SEE LIMITS TO APPLY TAPE ON THE CABLE (REFER TO ATA 20-53-29).</td></tr>
<tr><td>B</td><td>- DISCONNECT THE CABLE TERMINATION*
- INSTALL THE CORRECT HEAT-SHRINK SLEEVE FOR THE APPLICABLE TEMPERATURE ZONE IN THE DAMAGE AREA (REFER TO THE SLEEVE ALLOCATION TABLE).</td><td>- THE LENGTH MUST BE EASY TO REMOVE.
- DAMAGE ≤ 300 mm (11.81 in).</td></tr>
<tr><td rowspan="2">C</td><td>- CUT THE CABLE AT THE DAMAGE.
- INSTALL THE APPLICABLE HEAT-SHRINK SLEEVE (REFER TO THE SLEEVE ALLOCATION TABLE) OR THE STANDARD SLEEVE.
- INSTALL THE APPLICABLE SPLICE ON THE DAMAGE (REFER TO THE REPAIR-SPLICE ALLOCATION TABLE).
- PROTECT THE SPLICE WITH AN APPLICABLE HEAT-SHRINK SLEEVE OR A STANDARD SLEEVE.</td><td>- THE LENGTH OF DAMAGE D IS LESS THAN THE LENGTH OF THE SPLICE.</td></tr>
<tr><td colspan="2">DAMAGE D

SPLICE + INSULATION
(REFER TO THE REPAIR-SPLICE ALLOCATION TABLE)
MAKE SURE THAT YOU USE THE CORRECT SLEEVE FOR THE AIRCRAFT TEMPERATURE ZONE.</td></tr>
</table>

* IF YOU USE A C-SHAPE, SIDE-ENTRY, HEAT-SHRINK SLEEVE, IT IS NOT NECESSARY TO DISCONNECT THE CABLE TERMINATION.

<table>
<tr><th>초급 6</th><th>항공기 기초결함 수정 실습</th></tr>
<tr><td></td><td>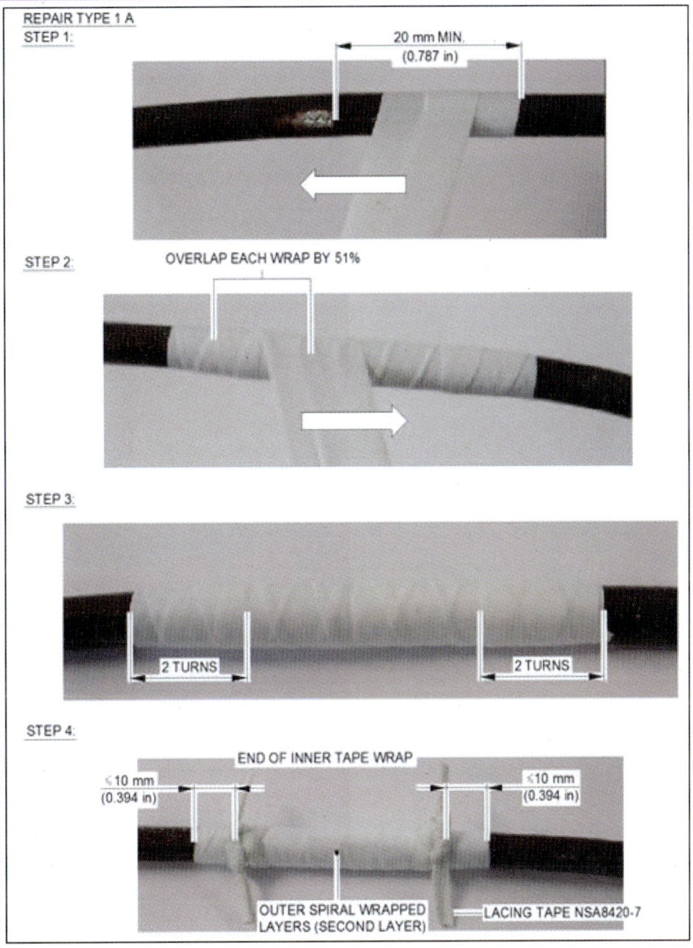

전선 수리 절차
1. Identify damaged wire, type & gauge.
2. Assess the wire damage.
3. Define the repair grade and repair method associated.
4. Do the wire /cable repair.
5. Identify the damage cause and solve it.</td></tr>
<tr><td>참조 메뉴얼</td><td>1. AMM
2.
3.</td></tr>
<tr><td>학생</td><td>1.
2.
3.
4.</td></tr>
</table>

초급 6	항공기 기초결함 수정 실습
평가	상(　　), 중(　　), 하(　　)
교수	김재술

초급 7	항공기 기초결함 수정 실습	
항공기	A320F	HL0340
결함 내용	AFTER ENG START,STATUS DISPLAYED A/THR I	
정비사항	RECYCLED RELATED C/B (FMGC1&2) AND	
자재 P/N		
공구 P/N		
실습		

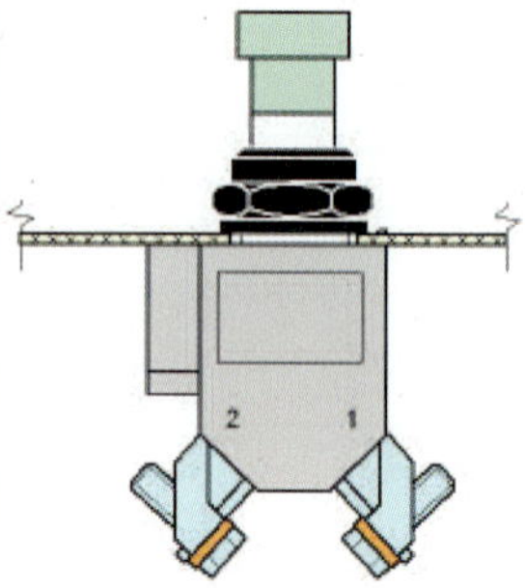

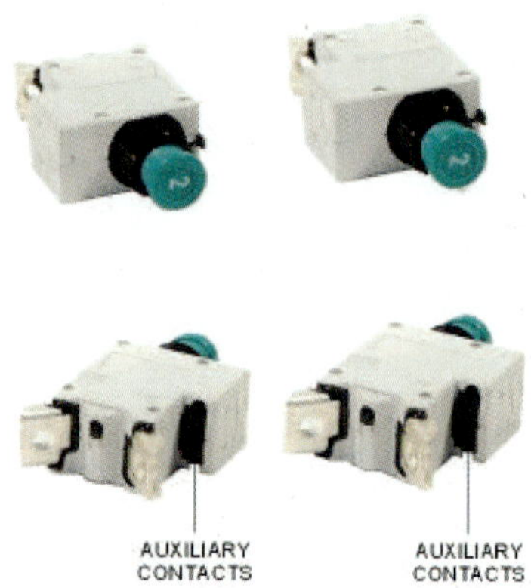

<table>
<tr><th>초급 7</th><th>항공기 기초결함 수정 실습</th></tr>
<tr><td></td><td>Circuit Breaker Terminal 의 구멍보다 큰 구멍이 있는 Terminal 을 Circuit Breaker 에 장착 할 때(그림 6 참조)
- 한 개의 AN960 Pressure Washer를 Terminal과 Lock Washer 사이에 장착한다.
- AN960 Pressure Washer는 Circuit Breaker Terminal과 같은 Size의 구멍이 있어야 한다. 예를 들어 Size 10 Terminal을 Size 8 Circuit Breaker Terminal에 장착할 때 AN960-8 Pressure Washer를 사용한다.
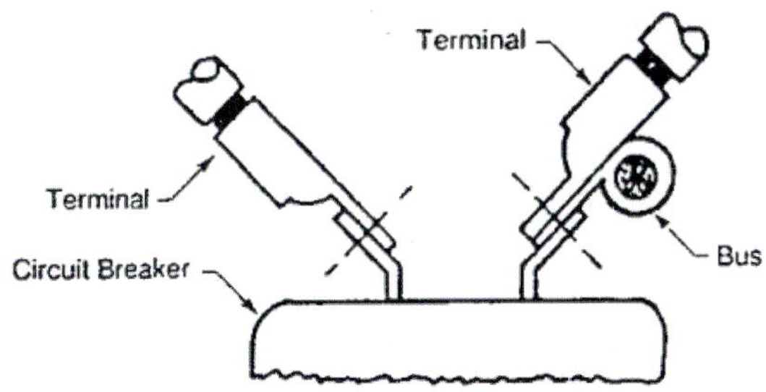

그림 6 CIRCUIT BREAKER 상의 TERMINAL 과 BUS 의 형태
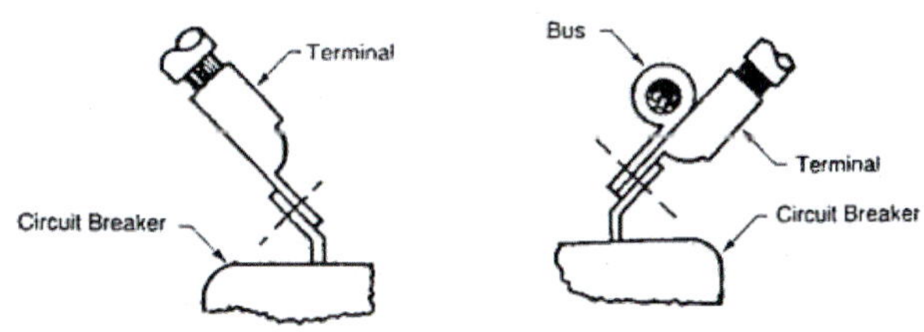
</td></tr>
<tr><td>참조 메뉴얼</td><td>1. AMM 22-83-00
2.
3.</td></tr>
<tr><td>학생</td><td>1.
2.
3.
4.</td></tr>
<tr><td>평가</td><td>상( ), 중( ), 하( )</td></tr>
<tr><td>교수</td><td>김재술</td></tr>
</table>

<table>
<tr><th>초급 8</th><th colspan="2">항공기 기초결함 수정 실습</th></tr>
<tr><td>항공기</td><td>A320F</td><td>HL8038</td></tr>
<tr><td>결함 내용</td><td colspan="2">NAV ATC/XPDR 1 FAULT</td></tr>
<tr><td>정비사항</td><td colspan="2">REPLACED ATC XPDR ANTENNA</td></tr>
<tr><td>자재 P/N</td><td colspan="2"></td></tr>
<tr><td>공구 P/N</td><td colspan="2"></td></tr>
<tr><td>실습</td><td colspan="2">CAUTION: MOVE THE ANTENNA [3] ONLY AS FAR AS NECESSARY TO DISCONNECT THE COAXIAL CABLE [1]. DAMAGE TO THE CABLE [1] CAN OCCUR IF YOU PULL THE CABLE [1].
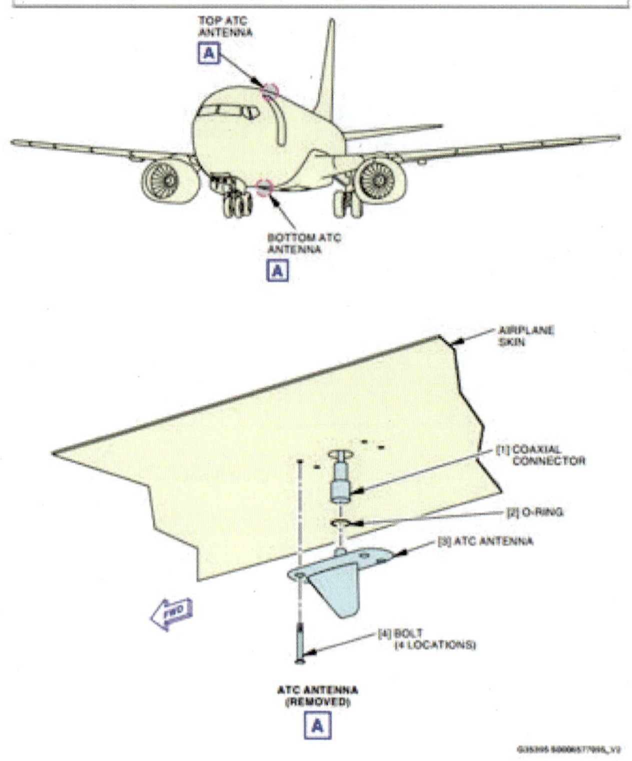

ATC Antenna Installation
Figure 401/34-53-01-990-801
WARNING: DO NOT GET SOLVENTS IN YOUR MOUTH OR EYES, OR ON YOUR SKIN. DO NOT BREATHE THE FUMES FROM THESE MATERIALS. PUT ON A PROTECTIVE SPLASH GOGGLE AND GLOVES WHEN YOU USE THESE MATERIALS. KEEP THESE MATERIALS AWAY FROM SPARKS, FLAME, AND HEAT. THESE MATERIALS ARE POISONOUS AND FLAMMABLE AND CAN CAUSE INJURY TO PERSONS OR DAMAGE TO EQUIPMENT.</td></tr>
<tr><td>참조 메뉴얼</td><td colspan="2">1. AMM 34-53-01
2.</td></tr>
<tr><td>학생</td><td colspan="2">1.
2.
3.
4.</td></tr>
</table>

초급 8	항공기 기초결함 수정 실습
평가	상(　　　), 중(　　　), 하(　　　)
교수	김재술

초급 9	항공기 기초결함 수정 실습	
항공기	A320F	HL3330
결함 내용	DURING TAXI ENG.1 FIRE LOOP B FAULT DISP	
정비사항	CLEANED LOOP DETECTORS PLUG AND CHK NML	
자재 P/N	Naphtha, alcohol, solvent, cloth	
공구 P/N		
실습	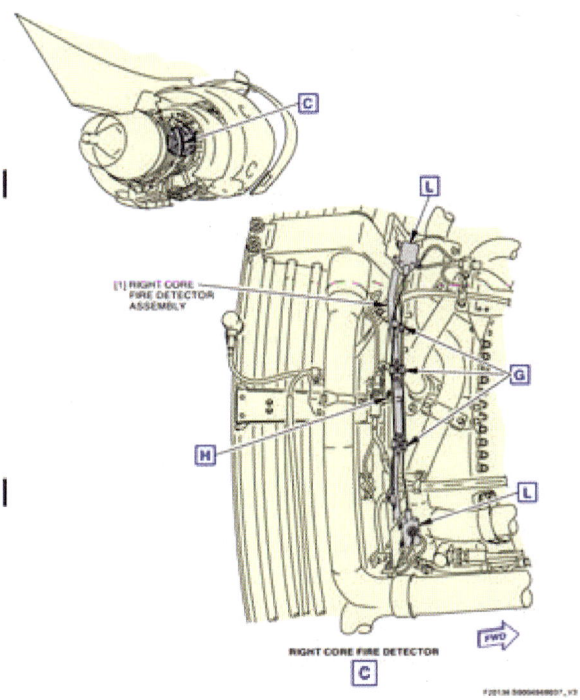 Engine Fire Detectors Installation Figure 401/26-11-01-990-801 (Sheet 4 of 13)	

<table>
<tr><th>초급 9</th><th>항공기 기초결함 수정 실습</th></tr>
<tr><td></td><td>

CLEANING OF WIRE HARNESSES

Table 3
SELECTION OF A CLEANING PROCEDURE FOR THE PRESSURIZED AREA

Contamination				Cleaning Procedure
Location	Form	State	Example	
A wire, a cable, or a wire harness support clamp	Fluid, petroleum based or a hydraulic fluid	Wet or dry	BMS3-11, chemical, chemical cleaner, corrosion inhibiting compound, fuel, hydraulic fluid, oil, paint	Paragraph 3.A.
	Fluid, not petroleum based	Wet or dry	Chemical, chemical cleaner, de-icing fluid, food products, lavatory waste water, urine, salt water, soft drink, solvent	Paragraph 3.D.
	Solid, not petroleum based	Dry	Dirt, fecal matter, food, soot	Paragraph 3.C.
	Solid, not petroleum based	Loose particles, abrasive	Dirt, foreign object, metal particle, corrosion particle that falls from a part, sand	Paragraph 3.C.
	Solid, not petroleum based	Loose particles, not abrasive	Dust, lint, food, foreign object	Paragraph 4.A.
	Semi-solid	Wet or dry	Adhesive, grease, mud, sealant	Paragraph 3.A.
	Mixture of fluid and solid, petroleum based or hydraulic fluid	Wet or dry	Oil and dirt	Paragraph 3.A.
	Mixture of fluid and solid, not petroleum based	Wet or dry	Lavatory waste water and dirt	Paragraph 3.D.
The external surface of an unsealed connector, a backshell, a strain relief clamp	Fluid; solid; mixture of a fluid and a solid; semi-solid	Wet or dry	All types	Paragraph 4.C.
The external surface of an environmentally sealed connector, a backshell, a strain relief clamp	Fluid; solid; mixture of a fluid and a solid; semi-solid	Wet or dry	All types	Paragraph 4.B.
The internal surface of a connector	Fluid; solid; mixture of a fluid and a solid; semi-solid	Wet or dry	All types	Subject 20-60-01

</td></tr>
<tr><td>참조 메뉴얼</td><td>1. AMM 26-00-00
2. SWPM 20-10-04
3.</td></tr>
<tr><td>학생</td><td>1.
2.
3.
4.</td></tr>
<tr><td>평가</td><td>상(　　), 중(　　), 하(　　)</td></tr>
<tr><td>교수</td><td>김재술</td></tr>
</table>

초급 10	항공기 기초결함 수정 실습	
항공기	A320F	HL3201
결함 내용	R WING FUEL PUMP 1 INDICATION INOP	
정비사항	REPLACED RELAY(18QA) AND CHK NML	
자재 P/N		
공구 P/N		
실습	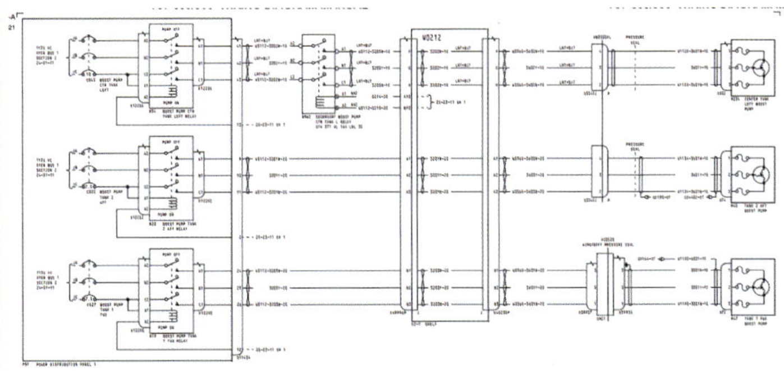 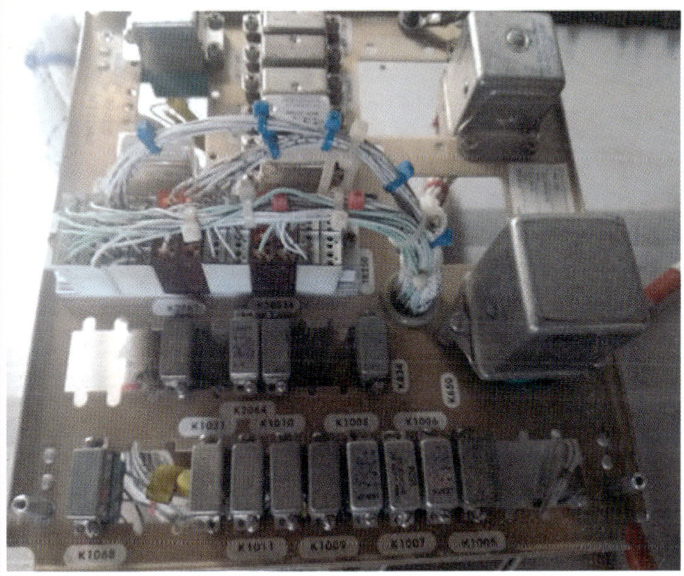 –	

초급 10	항공기 기초결함 수정 실습
참조 메뉴얼	1. AMM 28-23-11 2. 3.
학생	1. 2. 3. 4.
평가	상( ), 중( ), 하( )
교수	김재술

<table>
<tr><th>초급 11</th><th colspan="2">항공기 기초결함 수정 실습</th></tr>
<tr><td>항공기</td><td>A320F</td><td>HL7099</td></tr>
<tr><td>결함 내용</td><td colspan="2">[SERQ] RECHK - EIU 1 FUNCTIONAL</td></tr>
<tr><td>정비사항</td><td colspan="2">PERFORMED WIRING CHECK THEN NML</td></tr>
<tr><td>자재 P/N</td><td colspan="2">Connection-adapter, FLUKE 87 Multimeter</td></tr>
<tr><td>공구 P/N</td><td colspan="2"></td></tr>
<tr><td>실습</td><td colspan="2">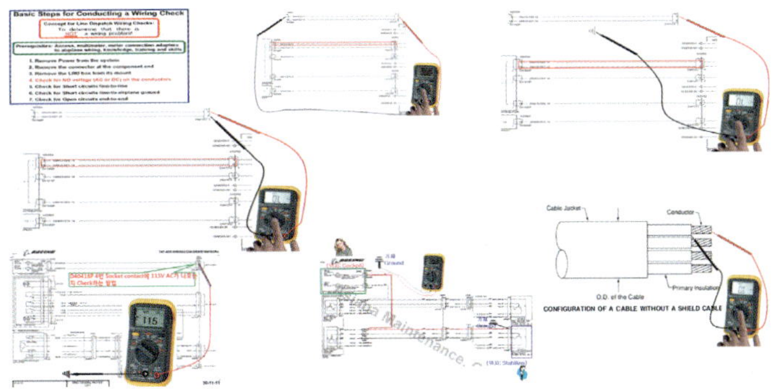
–</td></tr>
<tr><td>참조 메뉴얼</td><td colspan="2">1. AMM 20-00-00
2.
3.</td></tr>
<tr><td>학생</td><td colspan="2">1.
2.
3.
4.</td></tr>
<tr><td>평가</td><td colspan="2">상( ), 중( ), 하( )</td></tr>
<tr><td>교수</td><td colspan="2">김재술</td></tr>
</table>

초급 12	항공기 기초결함 수정 실습	
항공기	A320F	HL6043
결함 내용	[SERQ] RECHK- VENT AVNCS SYSTEM	
정비사항	WIRING CHECKED AND REINSTALL RACING TAPE	
자재 P/N	P/N BMS13-54GDT3C1FC	
공구 P/N		
실습	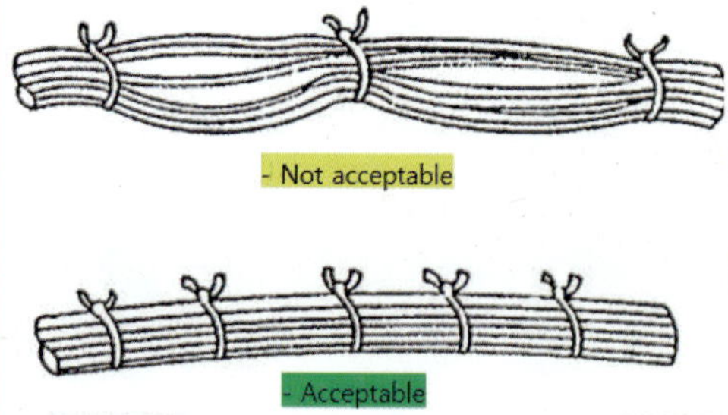 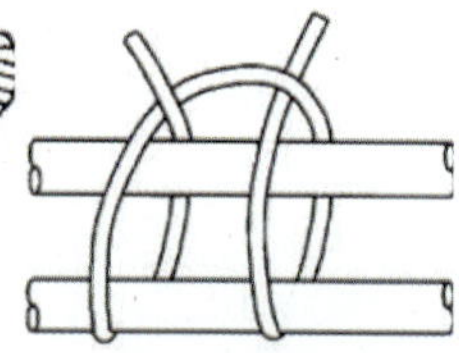 [CLOVE HITCH KNOT] 	
참조 메뉴얼	1. SWPM 20-10-11 2. 3.	
학생	1. 2. 3. 4.	
평가	상(　　), 중(　　), 하(　　)	
교수	김재술	

[부록2]
항공정비사 Bread board 이해

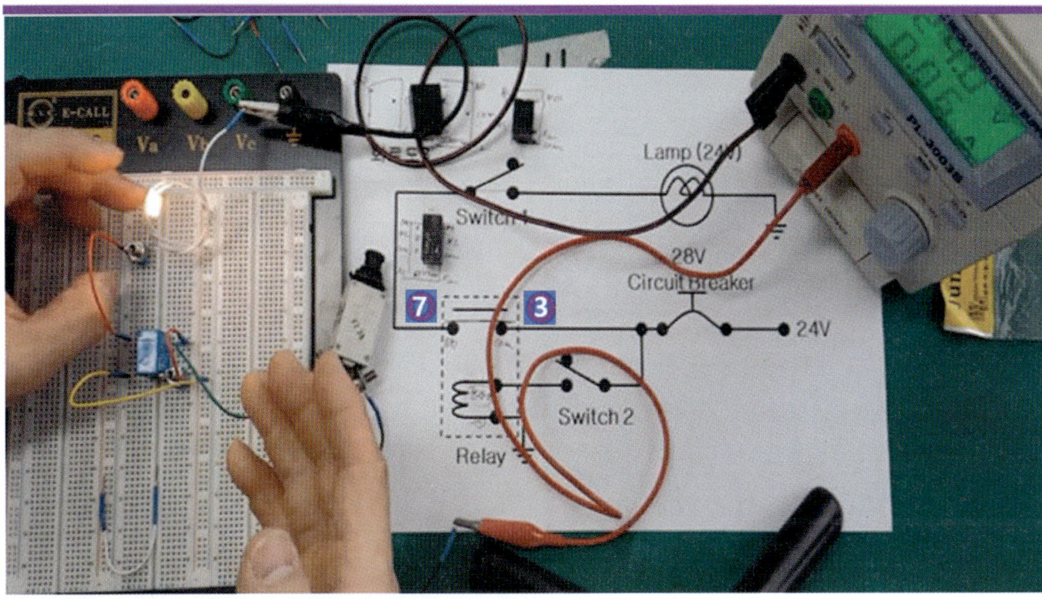

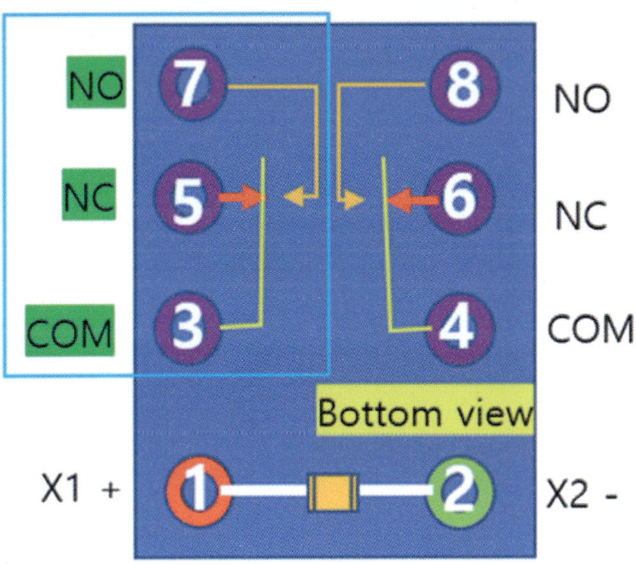

■ 전자 심볼

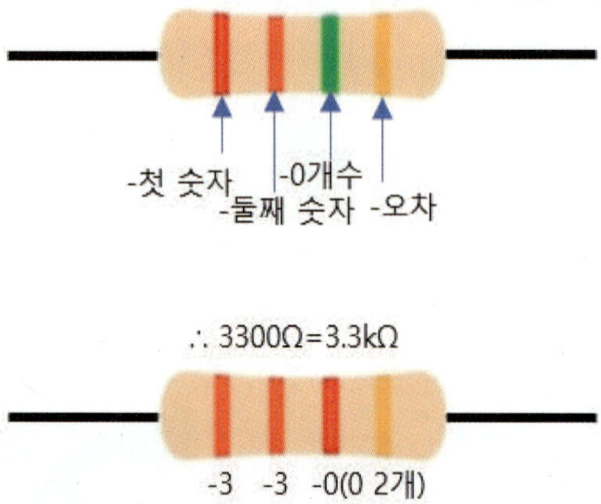

Colors	Values
검정색	0
갈 색	1
빨강색	2
주황색	3
노란색	4
초록색	5
파란색	6
보라색	7
회 색	8
하얀색	9
은 색	±10%
금 색	± 5%

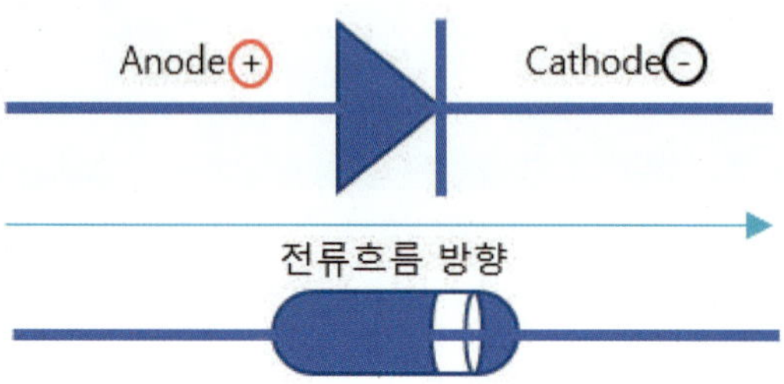

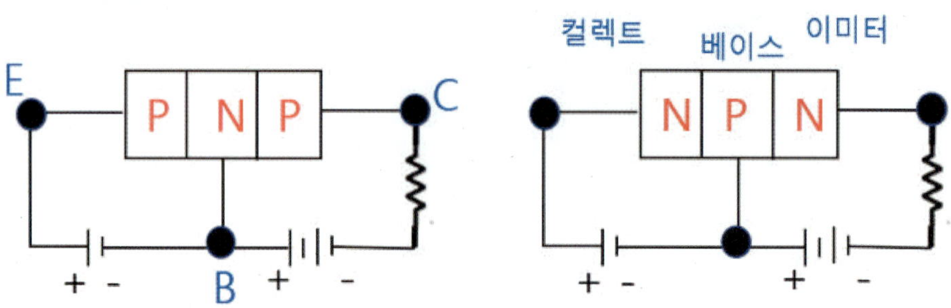

[PNP와 NPN형 판단하는 방법
- E와 B는 항상 순방향(+극은 P에, –극은 N에)]

[부록3]
항공기 기체 분야 Dispatch 관련 주요 참고 Manuals

구분	항공기	Manuals[7]
Fuel leaks	BOEING/B747	AMM 28-11-00-706-075
Windshield damage	AIRBUS/A320F	AMM 56-11-11-991-00400-A
Engine stall inspection	BOEING/B747	AMM 72-00-00-206-050-J00
Dragged engine nacelle	BOEING/B747	AMM 05-51-06-212-025
Hard landing inspection	AIRBUS/A320F, 330	AMM 05-51-11-200-004
Bird/Hail strike inspection	B737NG	AMM 05-51-18-210-801
Lightning strike condition	B737NG	AMM 05-51-19-210-804

7) 타 기종도 유사함

참고문헌

△ 국토교통부 항공정비사 표준교재 항공기 전자 전기계기 국토교통부 자격관리과 2016.

△ 아시아나항공 정비훈련원.

△ B747, B777, B737, A320F Training manual, WDM, FIM, SSM etc.

△ SWPM(BOEING), ESPM(AIRBUS).

저자약력

김재술

△ 현, 신라대학교 항공정비학과(전기전자) 교수.

△ 아시아나항공 운항정비팀 Avionics정비사.

△ 아시아나항공 정비훈련원 Avionics전임강사.